邊做邊學好好玩

小水豚教

!

輕鬆學好

HTML/CSS 網頁設計

初學者 OK!

Capybara Design
竹內直人、竹內瑠美 著

感謝您購買旗標書，
記得到旗標網站
www.flag.com.tw
更多的加值內容等著您…

● FB 官方粉絲專頁：旗標知識講堂

● 旗標「線上購買」專區：不用出門就可選購旗標書！

● 如您對本書內容有不明瞭或建議改進之處，請連上旗標網站，點選首頁的 聯絡我們 專區。

若需線上即時詢問問題，可至旗標官方粉絲專頁留言詢問，小編客服隨時待命，盡速回覆。

若是寄信聯絡旗標客服 email，我們收到您的訊息之後，將由專業客服人員為您解答。

我們所提供的售後服務範圍僅限於書籍本身或內容表達不清楚的地方，至於軟硬體的問題，請直接連絡廠商。

學生團體　訂購專線：(02)2396-3257 轉 362
　　　　　傳真專線：(02)2321-2545

經銷商　服務專線：(02)2396-3257 轉 331
　　　　將派專人拜訪
　　　　傳真專線：(02)2321-2545

國家圖書館出版品預行編目資料

小水豚教你做網站！輕鬆學好 HTML/CSS 網頁設計 / Capybara Design 竹內直人、竹內瑠美作；吳嘉芳譯．--

臺北市：旗標科技股份有限公司，2023.06　面；　公分

ISBN 978-986-312-750-5（平裝）

1. CST: HTML（文件標記語言） 2. CST: CSS（電腦程式語言）
3. CST: 網頁設計 4. CST: 全球資訊網

312.1695　　112005188

作　　者／竹內直人、竹內瑠美

翻譯著作人／旗標科技股份有限公司

發行所／旗標科技股份有限公司

台北市杭州南路一段 15-1 號 19 樓

電　　話／(02)2396-3257（代表號）

傳　　真／(02)2321-2545

劃撥帳號／1332727-9

帳　　戶／旗標科技股份有限公司

監　　督／陳彥發

執行企劃／蘇曉琪

執行編輯／蘇曉琪

美術編輯／陳慧如

封面設計／陳慧如

校　　對／蘇曉琪

新台幣售價：580 元

西元 2024 年 3 月 初版 2 刷

行政院新聞局核准登記 - 局版台業字第 4512 號

ISBN 978-986-312-750-5

序

感謝你選擇這本書。

當你拿起這本書，表示你多少也想過「如果可以學會做網頁好像也不錯」，對吧。甚至可能想過**「說不定可以在家接網頁設計方面的工作……」**、**「說不定我也可以成為網頁設計師……」**。有這種想法很好，我們想跟你說，這絕對不是做白日夢。因為在筆者身邊就有許多只靠自學而成為網頁設計師的人，我們也是其中之一。

這本書是寫給「想從零開始學做網站」或「想要從事網頁設計工作」的人。本書的主要概念就是**「讓你開心地做出 4 個網站，並在過程中自然地學會相關知識」**。

我平常是一位教學生寫程式的講師，學生常常問我「老師您有沒有推薦的書？」我個人認為，無論是買書或是上課，推薦給初學者的方式就是**「不會受挫，可以持之以恆地愉快學習」**。剛起步的階段，我並不建議去讀那種整本都是專業術語的艱深書籍。我覺得書一定要讓你願意動手寫寫看 HTML/CSS，這才是進步的捷徑。

因此，這本書減少了紙上談兵的理論，盡量改以實作（實際練習寫程式）為主。我們想讓你體驗「親自製作網站的樂趣」，並在練習過程中自然地學會相關知識。

為了提升學習樂趣，書中穿插可愛的吉祥物與漫畫來維持明快的節奏，並以淺顯易懂的文字來說明。我們也分享自己多年的經驗，讓你學到許多更有效率的做法。

- 本書可以學到初學者最需要的網頁設計基本知識與進階內容
- 作者是有 17 年資歷的網頁前端工程師，教學內容實用且符合職場需求
- 運用大量圖解與插畫來說明，將艱深的觀念變得淺顯易懂
- 範例檔案整合了**個人簡介、部落格、一頁式網站、多頁式網站**等 4 大類型的常見網站，搭配設計精美的網頁版面，提升學習的成就感
- 提供大量超值附錄給讀者下載，對學習網頁設計更有幫助

希望本書提供的知識可以幫助你「成為理想中的自己」，也希望本書可以讓你覺得「網頁設計不難但是博大精深，原來做網站很好玩！」
如果能讓你這樣想，筆者將深感榮幸。

2021 年 吉日　竹内 直人・竹内瑠美

CONTENTS

Part 2 建立社群媒體入口網站 062

CONTENTS

08 章：編寫線上邀請表單的 CSS

09 章：加上 CSS 動畫效果

10 章：製作響應式網頁設計

CONTENTS

如何閱讀本書

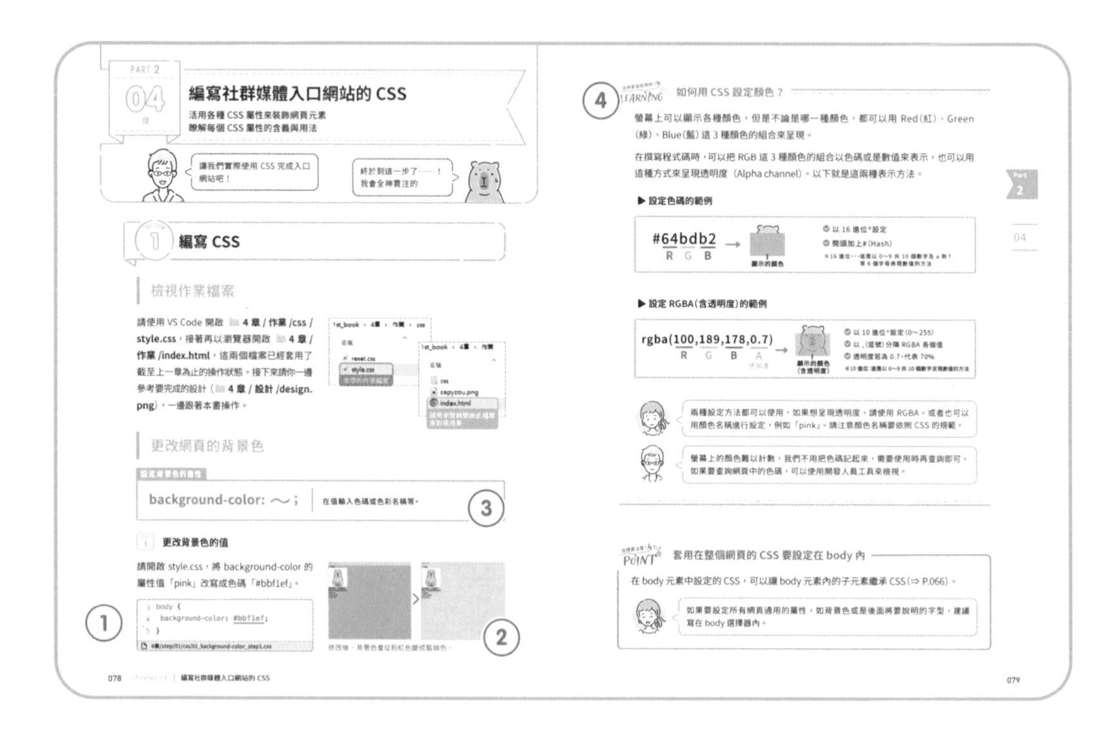
PART 2

04

編寫社群媒體入口網站的 CSS

活用各種 CSS 屬性來裝飾網頁元素
瞭解每個 CSS 屬性的含義與用法

讓我們實際使用 CSS 完成入口網站吧！

終於到這一步了……！我會全神貫注的

1 編寫 CSS

檢視作業檔案

請使用 VS Code 開啟 4 章 / 作業 /css / style.css，接著再以瀏覽器開啟 4 章 / 作業 /index.html，這兩個檔案已經套用了截至上一章為止的操作狀態。接下來請你一邊參考要完成的設計（4 章 / 設計 /design.png），一邊跟著本書操作。

1st_book › 4章 › 作業 › css
reset.css
style.css

1st_book › 4章 › 作業
css
capyzou.png
index.html

更改網頁的背景色

background-color: ～ ;　在值輸入色碼或色彩名稱等。

更改背景色的值

請開啟 style.css，將 background-color 的屬性值「pink」改寫成色碼「#bbf1ef」。

```
3 body {
4   background-color: #bbf1ef;
5 }
```

4章/step/01/css/01_background-color_step1.css

修改後，背景色會從粉紅色變成藍綠色。

078 Chapter 04 ｜ 編寫社群媒體入口網站的 CSS

LEARNING 如何用 CSS 設定顏色？

螢幕上可以顯示各種顏色，但是不論是哪一種顏色，都可以用 Red（紅）、Green（綠）、Blue（藍）這 3 種顏色的組合來呈現。

在撰寫程式碼時，可以把 RGB 這 3 種顏色的組合以色碼或是數值來表示，也可以用這種方式來呈現透明度（Alpha channel）。以下就是這兩種表示方法。

▶ 設定色碼的範例

#64bdb2 → 顯示的顏色
R G B
以 16 進位*設定
開頭加上#（Hash）

▶ 設定 RGBA（含透明度）的範例

rgba(100,189,178,0.7) → 顯示的顏色（含透明度）
R G B A
以 10 進位*設定（0～255）
以 ,（逗號）分隔 RGBA 各個值
透明度若為 0.7，代表 70%

兩種設定方法都可以使用，如果想呈現透明度，請使用 RGBA。或者也可以用顏色名稱進行設定，例如「pink」。請注意顏色名稱要依照 CSS 的規範。

螢幕上的顏色難以計數，我們不用把色碼記起來，需要使用時再查詢即可。如果要查詢網頁中的色碼，可以使用開發人員工具來檢視。

POINT 套用在整個網頁的 CSS 要設定在 body 內

在 body 元素中設定的 CSS，可以讓 body 元素內的子元素繼承 CSS（⇒ P.066）。

如果要設定所有網頁通用的屬性，如背景色或是後面將要說明的字型，建議寫在 body 選擇器內。

Part 2

04

079

① 程式碼說明

書上會列出目前步驟的程式碼狀態供參考，並且會以**粉紅色**標示「**目前步驟要撰寫或是修改的程式碼**」。若你看到的程式碼和書上不一樣，請參考每行程式碼左側的編號，或開啟此 Step 的範例檔案來參考程式碼。

② 螢幕截圖（目前的網頁畫面）

操作每個步驟時，都會提供目前網頁的狀態截圖，供你比對目前的操作結果是否正確。這些螢幕截圖都是使用瀏覽器開啟網頁檔案的截圖。若有必要，會同時顯示 Before => After 的對照圖，以便瞭解操作前後的變化。

③ HTML 標籤與 CSS 屬性說明框

每個 HTML 標籤或 CSS 屬性第一次出現在書上時，都會以這個說明框說明基本用法。

④ 補充知識說明框（4 種等級）

書上會提供許多補充知識，依難度分為 4 種等級：**LEARNING**（這裡要徹底瞭解）、**POINT**（這裡要注意）、**RANK UP**（可以跳過）、**SELF WORK**（適合想自我測試的人），這四種圖解可參考 P.031 的說明。你可以依自己的學習狀況評估要詳讀或是跳過。

各篇 學習重點

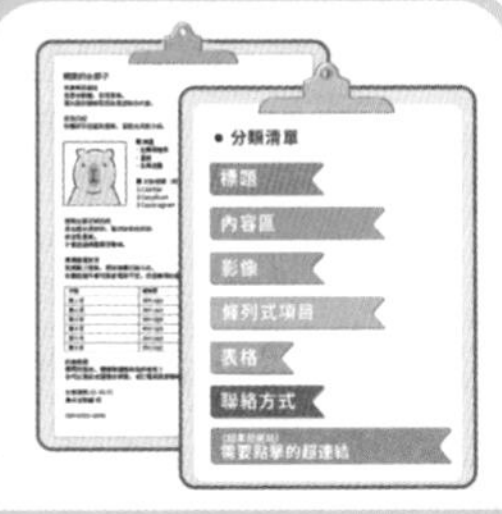

・學習前的準備工作
・整理資料的技巧
・HTML 的基本知識

Part01

・CSS 的基本知識
・盒子模型（Box Model）

Part02

・Flexbox 排版
・文件結構的標籤

Part03

・CSS 動畫
・網頁字型
・響應式網頁設計
（電腦版 → 手機版）

Part04

・CSS 格線佈局
・提升活用資訊的能力
・響應式網頁設計
（手機版 → 電腦版）

Part05

本書製作的網站 01

社群媒體入口網站

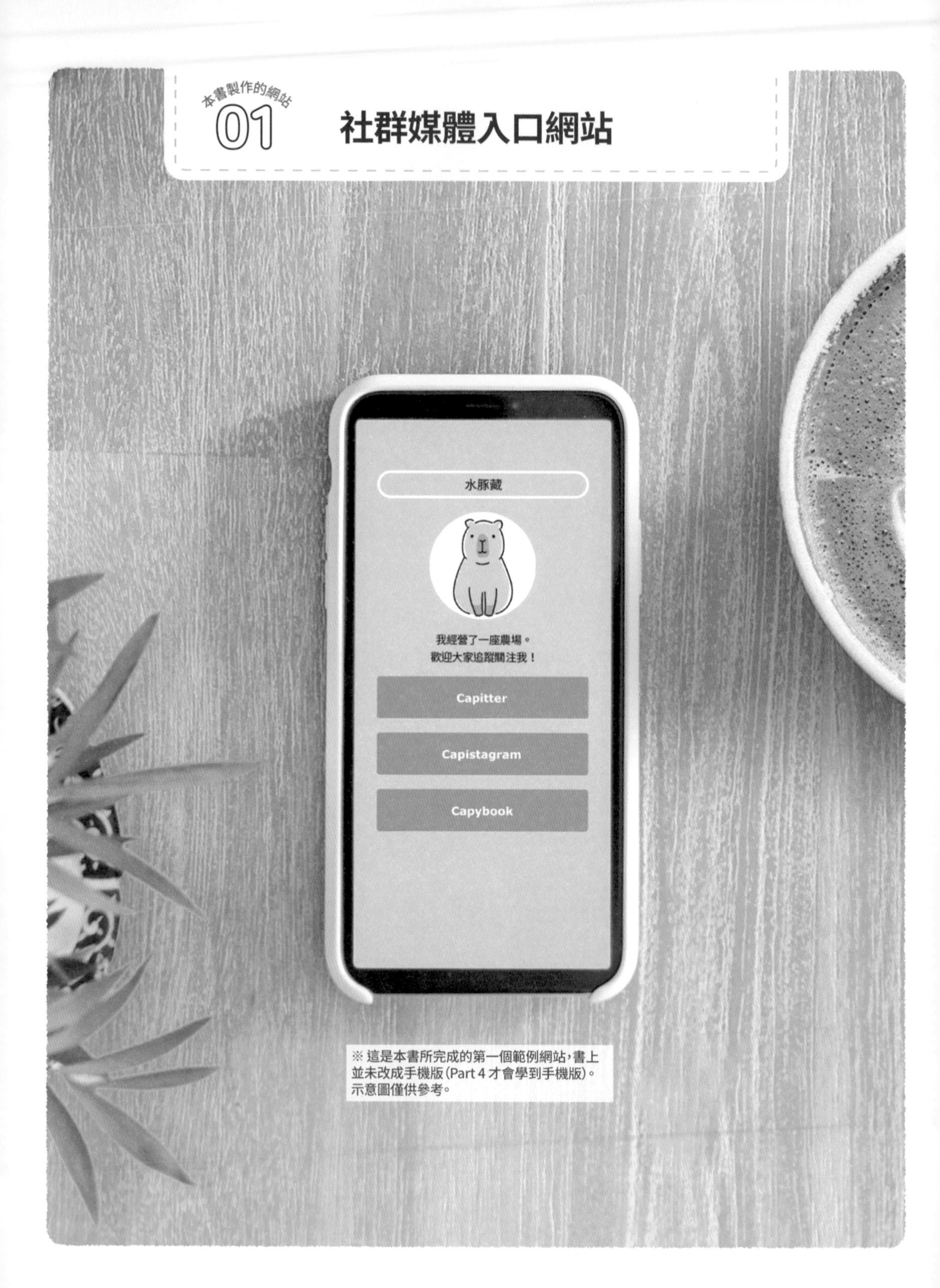

※ 這是本書所完成的第一個範例網站，書上並未改成手機版（Part 4 才會學到手機版）。示意圖僅供參考。

本書製作的網站 02

兩欄式網站：水豚農場部落格

一頁式網站：水豚的婚禮邀請

本書製作的網站

04 多頁式網站：水豚餐廳官網

下載範例檔案與四大超值附錄

閱讀前請先下載所有附件檔案

本書提供完整的範例與練習檔案，還有四大超值附錄，開始閱讀之前請至以下網址下載。

https://www.flag.com.tw/DL.asp?F3469

從這個網址可下載包含本書所有附件的壓縮檔「**F3469.zip**」，下載完成之後請解壓縮，就會看到名為「**1st_book**」的範例檔案資料夾和「**四大超值附錄**」資料夾。

使用附件檔案的注意事項

附件中所有的檔案，包括照片、插圖、文字檔等，**僅限個人學習使用，請勿挪作其他用途**。附件檔案的著作權屬於作者，圖片則依圖庫網站的規定歸屬於創作者，不可任意轉發。

但是，範例檔案中的 HTML 和 CSS 程式碼你就可以自由運用。例如更換程式碼中的照片、插圖、文字，即可改造成其他網站。改造的網站可放入個人作品集，亦可上線使用。不過，請勿將網頁版型當成個人的設計成果（各範例網站的版型設計者仍為本書作者）。

範例檔案的操作環境說明

範例檔案的操作環境如下。若你的操作環境或瀏覽器和書上不同，測試效果可能會有差異。

電腦用的瀏覽器 	Google Chrome / Microsoft Edge / Safari / Mozilla Firefox
智慧型手機用的瀏覽器	Chrome for Android / Safari on iOS（※只有 Part4 之後的內容支援智慧型手機）

書上的操作過程截圖，使用的作業系統為 Mac（macOS Big Sur）/ Windows（Windows10）。除非書上有特別標示，否則所有截圖都是以「Windows」環境為主來示範操作的截圖。

範例檔案並未使用 Internet Explorer 確認執行狀態

知名瀏覽器 Internet Explorer（簡稱 IE）的開發商 Microsoft 為了讓使用者改用另一套瀏覽器 Microsoft Edge，已從 2022 年 6 月起停用 IE 瀏覽器，因此本書的範例並未使用 IE 測試。

四大超值附錄簡介

附件檔案中包含「**四大超值附錄**」資料夾，幫大家整理許多實用資訊，包括製作網站、上傳網站的方法，還有範例檔案的設計檔案，請參考這些資料來幫助學習。

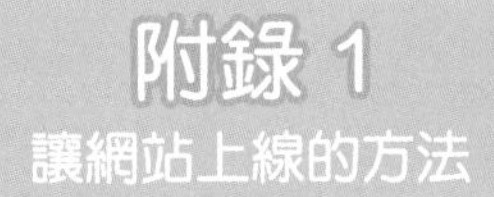

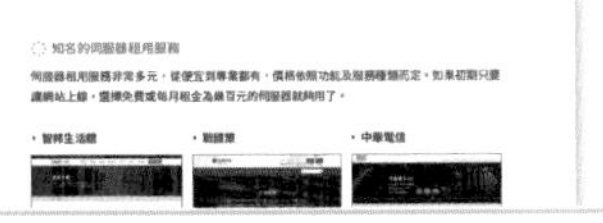

本書的內容著重在「製作網站」的方法，不過應該有讀者想了解如何將網站發布在網路上。因此我們特別整理一篇文章「讓網站上線的方法」，此 PDF 檔案收錄於附錄 1 資料夾中。

這篇文章的內容包括租用伺服器、上傳檔案等說明，並依照符合台灣讀者的使用方式改寫。書上常出現的水豚等熟悉的角色也會出現在文章中，協助你輕鬆閱讀 PDF 的內容。

運用範例

- **看完本書後，想讓網站上線時，可以當作操作說明書使用。**
- **建議可以當作瞭解網站上線流程的參考書。**

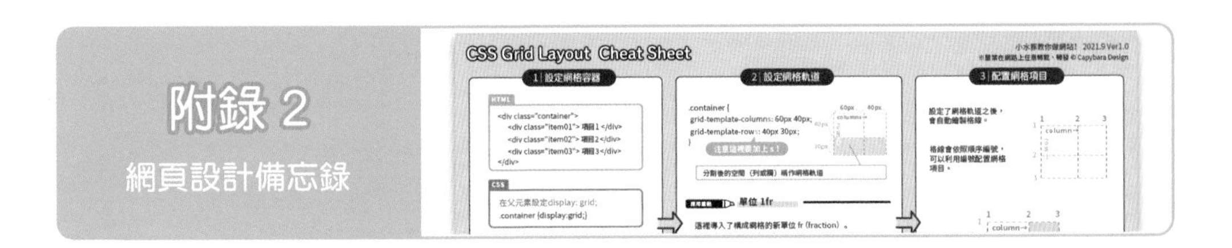

附錄 2 包含四份 PDF 文件，作為你學習本書的補充資料，分別是「**Flexbox 彈性盒子排版技巧**」、「**CSS 格線佈局排版技巧**」、「**CSS 簡寫技巧**」、「**網頁設計快速鍵**」等四大主題。

運用範例

- **你可以將文件列印出來放在手邊，或顯示在螢幕上，以便在學習過程中隨時參考。**
- **備忘錄中歸納了本書中許多重要功能，當你想複習時，可以立即瀏覽附錄。**

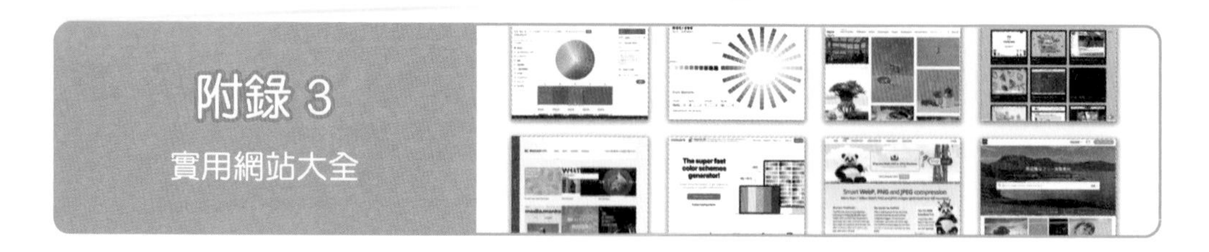

網路上有各式各樣的資源，可以協助我們做出更專業的網站，包括配色、可商用的圖庫等，在本書中也示範過使用網路上的漸層色碼（⇒ P.234）。需要這類資源時，只要上網搜尋，就能找到大量網站，但是，你可能不曉得哪些才是有用的。因此作者在附錄 3 中為你整理了實用網站大全，嚴格挑選了作者實際使用過的網站。分成「網頁設計篇」及「程式碼篇」，內含配色、圖庫、版型參考等超過十種的相關主題。

- **其中有幾個網站在本書的解說過程中也曾提供參考，可以當作學習的補充教材。**
- **這些參考網站是作者親自試用並選出的實用工具，可縮短你盲目搜尋的時間。**

附錄 4
本書範例網站設計檔案 (Adobe XD)

本書包含四個精緻的範例網站，都是作者用「**Adobe XD**」這套應用程式製作完成的版面。作者也將這些設計檔案（版面設計圖）提供給大家，收錄於附錄 4。在本書的 Part 2 曾分享幾種書上範例的變化設計版本（⇒ P.065），這些變化設計也包括在附錄 4 的設計檔案中。

※ 請注意這些設計檔案都是使用 Adobe XD 應用程式製作，因此您的電腦中必須安裝這套軟體才能開啟。若你尚未安裝，請參考附錄 4 中的「**Adobe XD 下載說明**」這份文件。

運用範例

- **使用設計檔案，可練習網頁設計師的工作流程，包括匯出影像、擷取顏色與數值。**
- **想成為網頁設計師的人，亦可將這些設計檔案當作製作版面設計圖的參考資料。**
- **若你是進階學習者，可從版面設計圖開始編寫程式碼，搭配本書的說明來學習。**

範例檔案「1st_book」的內容說明

附件檔案中的「**1st_book**」資料夾中，收錄了本書各章的練習檔與完成檔案。將它開啟之後，會看到每一章都有專屬的資料夾。

本書每一章的最前面，都會請讀者開啟該章資料夾內的「**作業**」資料夾，其中包含練習用的檔案和素材，可讓你跟著本書從頭開始練習。

在練習的過程中，你可能會有所困惑，不知道目前的狀態對不對，這時候可以開啟該章的「**STEP**」資料夾，找到目前所做的步驟資料夾，其中儲存了每一個實作步驟的狀態。

練習完畢時，即可開啟「**完成**」資料夾來參考完成的檔案。

各章都會提供詳盡的範例檔案，希望能在你的學習過程中派上用場。

準備好檔案之後，
終於要開始進入主題了！
由開場漫畫揭開序幕吧

開 場

今天也是
滿載而歸耶～
SUPER MARKET
歡迎光臨
心動!!
水豚子
回家後…
好想搭訕水豚子…
我來寫封情書好了！
救命啊…
我的字好醜…
還是要打字印出來呢？
可是家裡沒有印表機…
一直寫不好!!!
啊啊啊!!
對了!!
把情書做成
網頁吧

請看一下
這個網站！
https://www
這樣感覺
很帥欸…
雖然這麼想
可是我不會做網站啊啊啊～！

唉
怎麼辦…
啊!!!
只好拜託
人類朋友了！！
致敬

我該怎麼弄
才能做出網站啊！？
網頁
設計師
網頁前端
工程師

Part 1

練習編寫 HTML

馬上來學習製作網站的基本知識「HTML」吧
HTML 是什麼？？
是 Hot Tomato Meat Lunch 的縮寫嗎？
HTML 是「HyperText Markup Language」的縮寫
HyperText Markup Language
差很多欸…！！

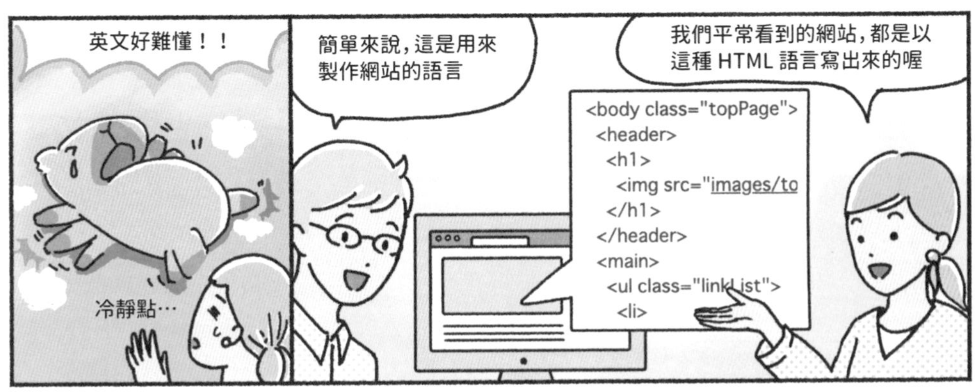

英文好難懂！！
冷靜點…
簡單來說，這是用來製作網站的語言
我們平常看到的網站，都是以這種 HTML 語言寫出來的喔
<body class="topPage">
<header>
<h1>
<img src="images/to
</h1>
</header>
<main>
<ul class="linkList">
<li>

喔喔～原來網站是這樣製作出來的啊
目不轉睛…
我們馬上來學習「HTML」是什麼吧！
首先從準備電腦環境開始吧
我會努力的！

PART 1

01 章

暖身練習

本章要學習的是，在編寫 HTML 之前，需要先掌握的知識以及準備工作。首先，請用輕鬆的心情開始學習吧。

請準備好需要的電腦環境，並且收集必備的物品。

我知道了！我會認真準備的。

SECTION 1 開始學習之前的準備工作

確認本書的說明範圍

請一邊確認下列的網站製作過程，一邊瞭解本書的教學範圍。
本書的後半部，也將會介紹更詳細的製作流程。

網站從製作到上線的簡要流程

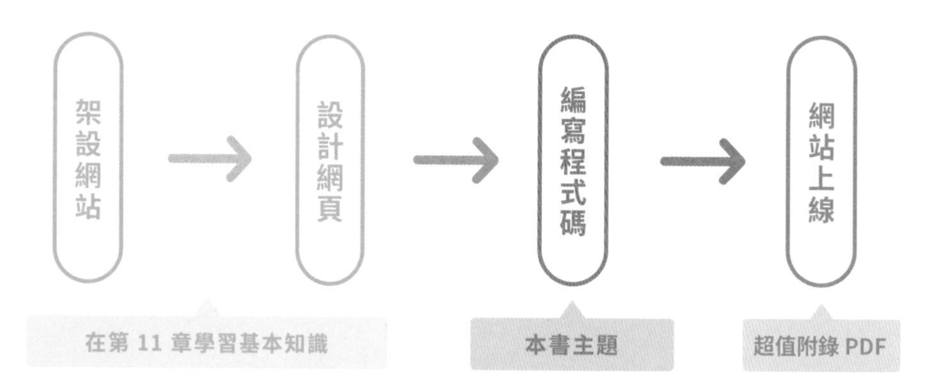

本書學習的內容，主要是「編寫程式碼（colding)」，並把程式碼轉換成可以瀏覽的網站。第 11 章將學習「架設網站」與「設計網頁」的基本流程。至於「網站上線」的方法，將在本書提供的「超值附錄 PDF」中說明，如果有需要，請務必當作參考。

「網站上線」就是把網站的相關檔案上傳到網路，讓每一個人都可以在網路上瀏覽。所需的步驟會在附錄中詳細說明。

瞭解網站的架構

顯示網站的方式

把網站上傳（公開）到稱為「伺服器」的網路空間之後，任何人都可以上網瀏覽該網站。

「瀏覽器」是用來瀏覽網站的應用程式總稱。訪客在瀏覽器輸入 URL 後，即可連到網站。

舉例來說，放置網站的伺服器空間就像地點，而 URL 就是該地的地址。

當你（訪客）在瀏覽器輸入 URL（地址），就能連到位於該伺服器（地點）的網站。

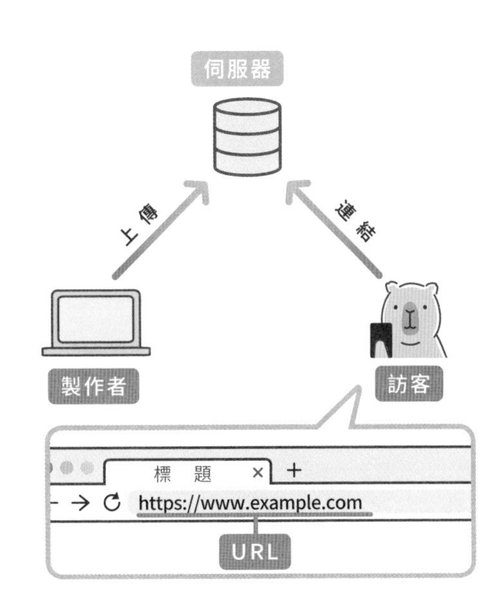

一般而言，我們不必自己架設伺服器（網路空間），只要向相關業者「租用」即可。租用伺服器的方法及實際的上傳步驟，請參考本書的超值附錄 PDF。

架設網站需要哪些檔案？

我們在上網購物時，經常可看到一頁式網站，這是最簡單的網站架構，其中包含一個主要的 HTML 檔案，還會包含相關的 CSS 檔案、圖片與影片、JavaScript 檔案等。

本書要帶大家學習的「HTML」與「CSS」就是構成網站的基本元素。

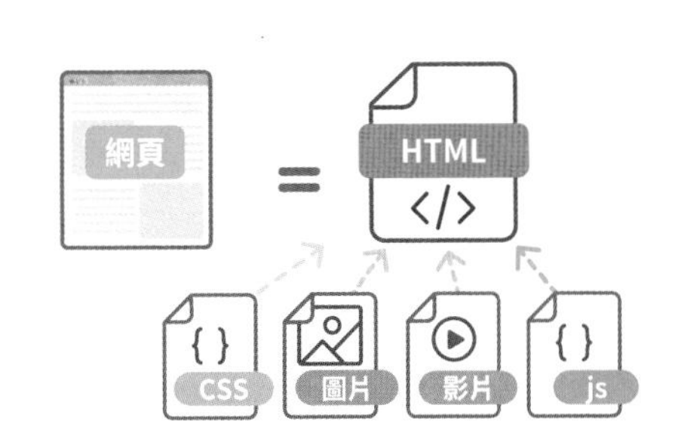

我們平常看到的網站，其實使用了各式各樣的技術呢！

安裝必要的應用程式

安裝網頁瀏覽器

什麼是網頁瀏覽器？

瀏覽網站的應用程式稱為網頁瀏覽器（以下簡稱為瀏覽器）。瀏覽器有很多種類，Mac 系統內建的瀏覽器是「Safari」，而 Windows 系統則是「Microsoft Edge」(以下簡稱為「Edge」)。

瀏覽器的市佔率(使用率)

以筆者所在的日本為例，電腦的瀏覽器市佔率第一名是 Google Chrome，智慧型手機則是 Safari 的市佔率最高※。其他還有 Firefox、Edge、Internet Explorer（以下簡稱 IE）等不同的瀏覽器，佔比如下圖所示。

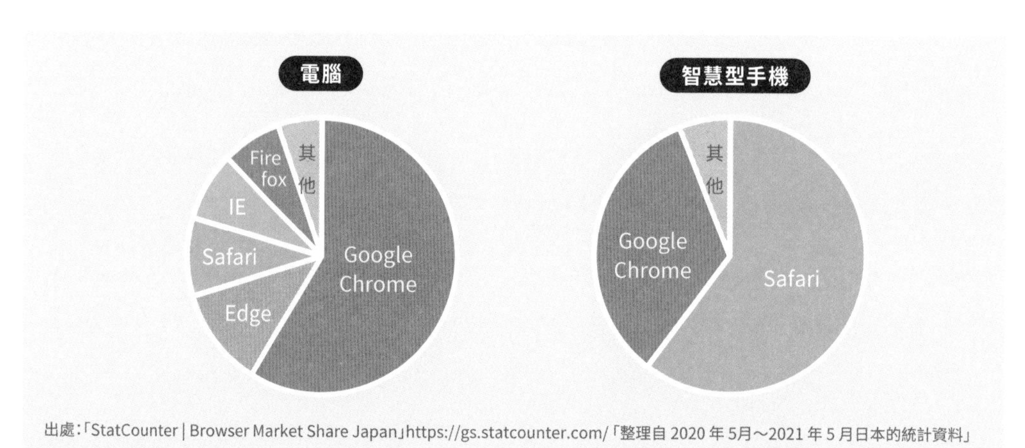

出處：「StatCounter | Browser Market Share Japan」https://gs.statcounter.com/「整理自 2020 年 5月～2021 年 5 月日本的統計資料」

※ 編註：根據統計結果，台灣市佔率第一的網頁瀏覽器也是 Google Chrome，它在電腦瀏覽器的市佔率為 61.22%，在手機瀏覽器的市佔率為 48.48%（資料來源為「Statcounter」網站截至 2022 年 12 月的統計數據）。

網站的顯示結果會隨著瀏覽器而異，因此製作網站時，建議養成用多種瀏覽器確認的習慣。

雖然近年來，隨著技術更新，各家瀏覽器的顯示差異已經變小了。不過建議還是使用幾個市佔率高的瀏覽器來檢視網頁的顯示效果。

網頁的瀏覽器經常會更新。因此請先記住每個瀏覽器支援新功能的速度都不太一樣。

下載及安裝 Google Chrome 的方法

根據前面的統計結果，本書將使用目前市佔率最高的 Google Chrome 瀏覽器來示範以及執行操作，請檢查看看你的電腦中有沒有安裝這個應用程式。

如果你的電腦還沒有安裝，請依照以下步驟來安裝吧！

STEP 1 下載 Google Chrome

請進入 Google Chrome 首頁「https://www.google.com/chrome/」，按下畫面上的「下載 Chrome」鈕，即可下載安裝檔案。

請使用你平常習慣用來瀏覽網頁的瀏覽器下載喔！

註：這是撰寫本書的當下所擷取的網站影像，可能會與你看到的畫面有出入。

STEP 2 安裝 Google Chrome

下載後，在下載的檔案按兩下，即可依照指示執行安裝。

如果你是使用 Mac 電腦，請把 Google Chrome 圖示拖放至應用程式資料夾。

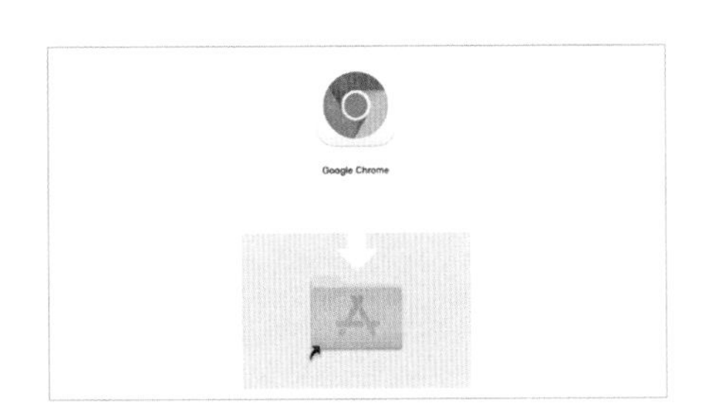

STEP 3 請試著開啟 Google Chrome

安裝完成後，在 Google Chrome 圖示按兩下，如果正常啟動，就代表安裝完成了。

安裝撰寫網頁用的編輯器

什麼是編輯器？

可以建立文件的應用程式就稱為編輯器，例如電腦中內建的「文字編輯」或「記事本」等。只要在編輯器中輸入 HTML 或是 CSS 程式碼，就可以儲存成網站需要的檔案。

雖然電腦內建的記事本可以編輯網頁，但是若使用寫程式專用的編輯器，會更方便。因此本書將以免費又好用的「Microsoft Visual Studio Code」這個應用程式來示範。

下載及安裝 VS Code 的方法

STEP 1 下載 VS Code

本書接下來都會以「Microsoft Visual Studio Code（簡稱為 VS Code ）」來示範教學，因此請先下載這個應用程式。請進入 VS Code 網站「https://code.visualstudio.com/download」，依照你的電腦系統環境（Windows 或 Mac）點選所需的版本，即可下載。

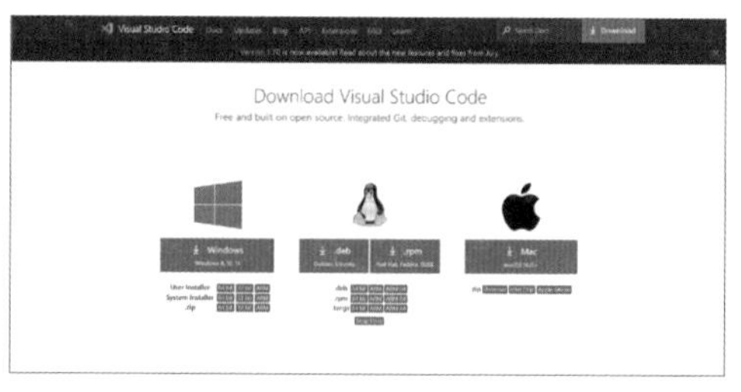

註：這是撰寫本書的當下所擷取的網站影像，可能會與你看到的畫面有出入。

STEP 2 安裝後啟動程式

在下載的檔案按兩下，即可執行安裝。出現「Visual Studio Code」檔案時按兩下啟動。

安裝時建議將程式檔案安裝在電腦中的「Program Files」資料夾，這樣會比較容易找到檔案。

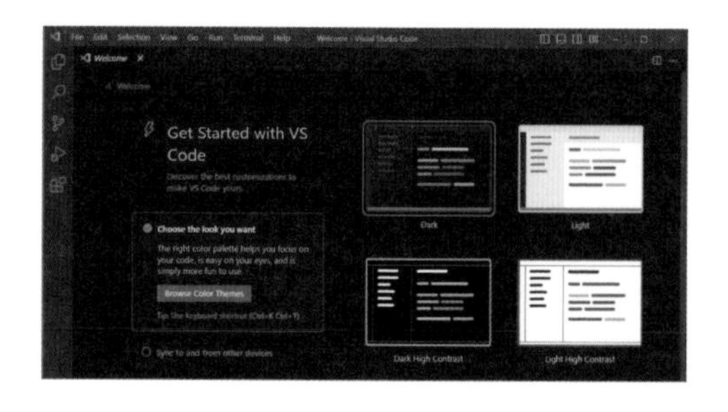

終於安裝好了！可是介面好像是英文欸……。

將 VS Code 介面轉換成繁體中文

在預設狀態下，VS Code 的環境是英文介面，可透過以下步驟轉換成繁體中文。

STEP 1 自動安裝繁體中文語言套件

VS Code 安裝完成時，會在視窗的右下角出現訊息，提醒你安裝繁體中文語言套件。請按「安裝並重新啟動」鈕，即可改成繁體中文介面。

STEP 2 手動切換成繁體中文介面

如果你安裝好之後沒看到步驟 1 的訊息，也不用驚慌，可以手動切換成繁體中文介面。請執行『【View → Command Palette】』命令，輸入「Configure Display Language」並點擊下方顯示的「Configure Display Language」，在清單中選擇繁體中文即可。

STEP 3 重新啟動 VS Code

設定完成後，如圖按下畫面中的「Restart」鈕，重新啟動 VS Code 之後，就會轉換成繁體中文介面。

可以改成中文介面，真是讓我鬆一口氣啊～。

設定 VS Code 的外觀(色彩主題)

VS Code 預設的外觀（色彩主題）是深色介面，印在書上時不容易辨識，為了讓本書的讀者輕鬆閱讀，我們更改為淺色的外觀。你可以依自己的需要來設定外觀，請注意程式碼的顏色也會隨著色彩主題的設定而產生變化。

STEP 1 在歡迎畫面變更 VS Code 的外觀

在重新啟動之後，會開啟歡迎畫面，並且可以改變介面的佈景主題。請按下「瀏覽色彩主題」鈕，開啟色彩佈景主題清單。

以下將示範如何改成淺色的外觀。之後你可以隨時變更，只要執行『【檔案→喜好設定→主題→色彩佈景主題】』命令，即可再次變換外觀。

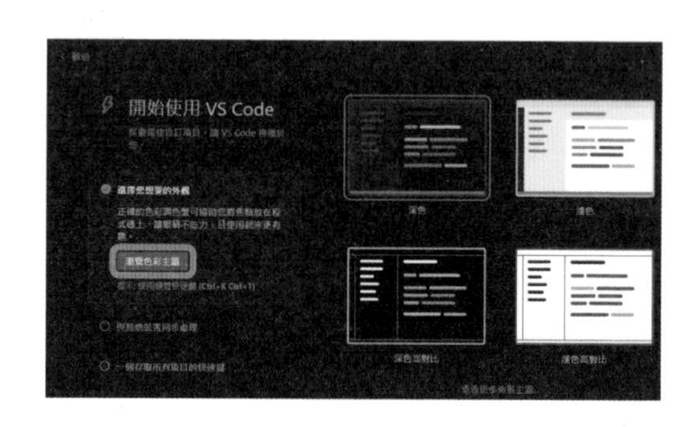

STEP 2 開啟色彩佈景主題選單

按下畫面中的「瀏覽色彩主題」鈕，即可開啟色彩佈景主題清單。如果沒有喜歡的主題，可點選「瀏覽其他色彩佈景主題」來尋找更多選項。

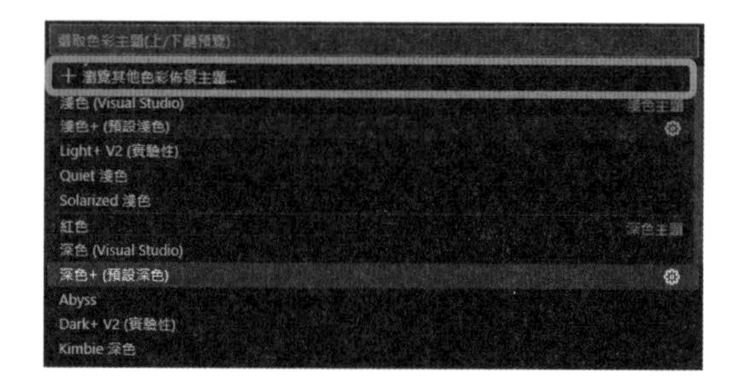

STEP 3 搜尋與安裝其他色彩佈景主題

在此我們推薦讀者一個很多設計師愛用的佈景主題「Brackets Light Pro」，請輸入名稱來尋找，找到後點選名稱即可安裝。

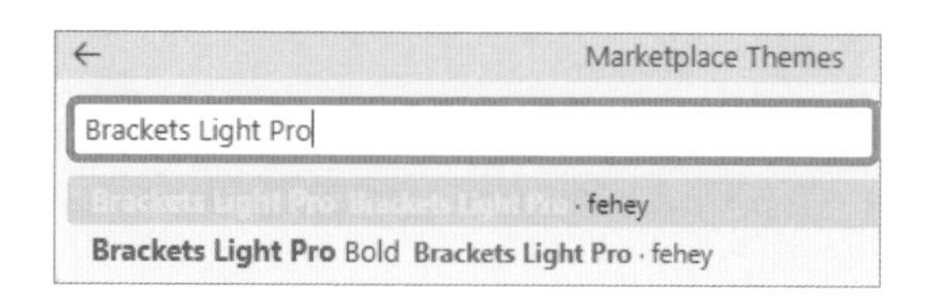

STEP 4 更改成淺色的佈景主題

按下「確定」鈕，即可立即改變色彩佈景主題，看到介面變成淺色了。

有效率的學習方法

本書的學習方法

跟著書操作卻做不出來時，請比對「每個步驟的範例檔案」

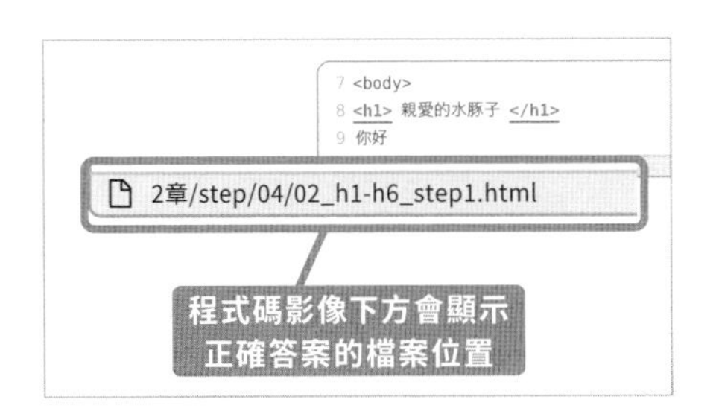

在本書中，我們將實際編寫程式碼，並製作出範例網站。此外，針對書上的每個步驟，都有準備正確的檔案，假如你跟著書操作，卻看到與書上不同的結果，建議隨時和範例檔案比對。

可以立刻找出錯誤的能力也很重要。

建議逐行設定 CSS

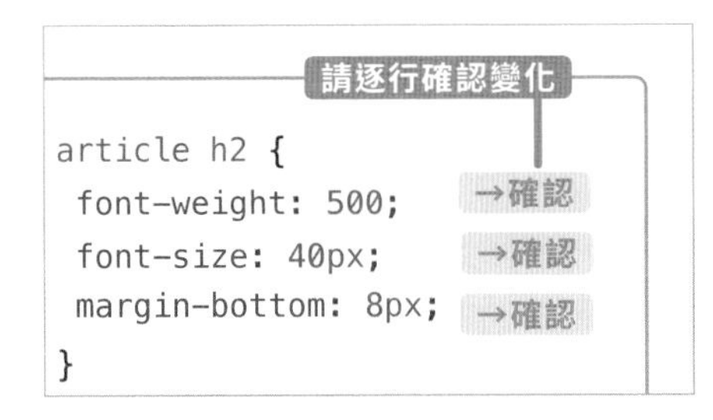

因版面限制的關係，有時書上會在同一個步驟輸入多行程式碼，請利用瀏覽器確認每一行的變化，有助於加深理解。

書中會盡量顯示 Before => After 的影像。

比較難的內容可以先跳過！最重要的是先看完整本書

左圖是本書常用的標示，請注意「LEARNING」與「POINT」的地方比較重要，請讀者要盡量看完；「RANK UP」與「SELFWORK」則是比較進階的內容，即使跳過不看也不會妨礙學習喔。

建議你先看完整本書之後，再閱讀先前跳過的部分，也可以善用本書提供的附錄來練習喔！

確認實作使用的檔案

請開啟先前下載的 **1st_book 資料夾**，就會看到每一章都有專屬的資料夾。

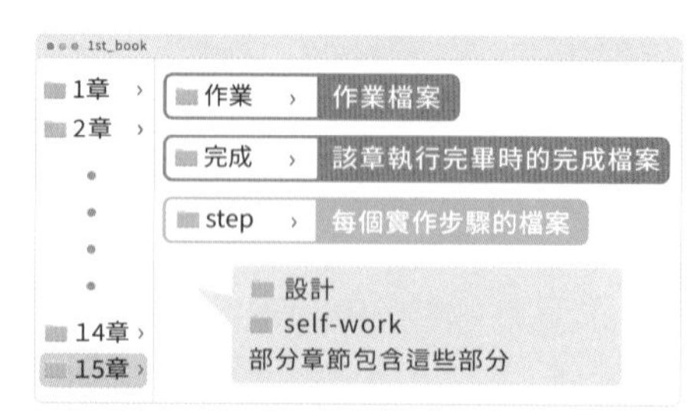

下載檔案的方法請參考 P.16

閱讀接下來的每一章時，請開啟該章的「**作業**」資料夾，其中準備了許多練習檔案，可讓你練習該章的實作。「**完成**」資料夾內放入了該章執行完畢的完成檔案。「**STEP**」資料夾中則是儲存了每個實作步驟的狀態。

開啟顯示檔案的副檔名

副檔名代表檔案的種類。例如純文字檔案是「.txt」，HTML 檔案則會顯示為「.html」，不同種類的檔案將顯示不一樣的副檔名。

操作時，會出現不同副檔名的檔案，為了方便你瞭解，請先如下設定顯示副檔名。

STEP 1 副檔名的顯示設定

【Mac】開啟 Finder，執行左上方的『【Finder → 偏好設定 → 進階】』命令，勾選「**顯示所有檔案副檔名**」即可。

【Windows】請開啟**檔案總管**，按一下【檢視】標籤，勾選「**副檔名**」項目即可。

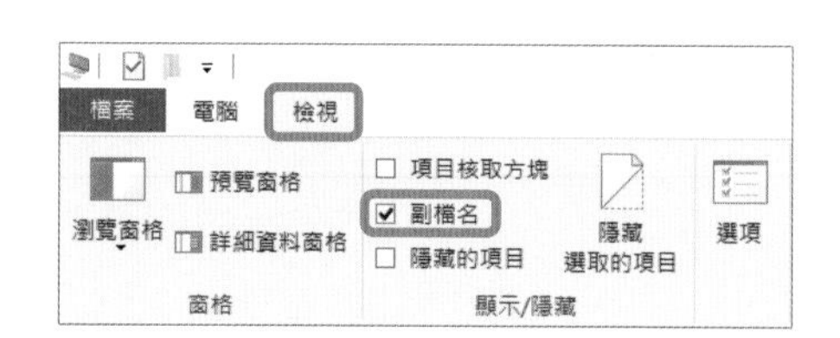

調整操作畫面

在編寫程式碼之前，建議先調整好畫面配置，操作起來會比較方便喔！

接下來請把 VS Code 視窗拉到螢幕左邊，把瀏覽器視窗拉到右邊，讓兩者同時顯示。這樣一來，每次操作的同時都能立即更新瀏覽器，確認目前製作的狀態，會比較有效率。

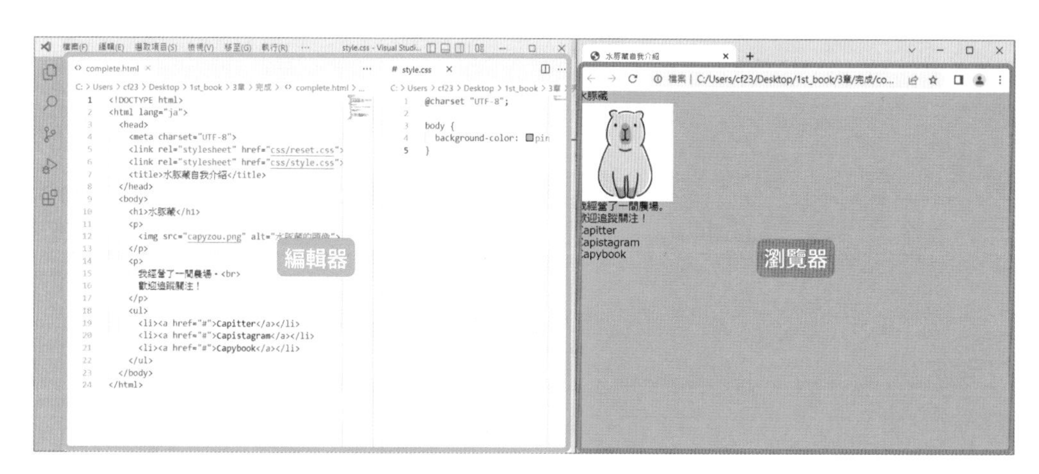

如果你是使用筆記型電腦，要在同一個螢幕上同時顯示編輯器與瀏覽器可能會覺得很擁擠。你可以利用虛擬桌面的功能，或是按下 Alt ＋ Tab（Mac 筆電是 command ＋ Tab）切換顯示編輯器與瀏覽器，會比較容易操作。

上面的並列操作適用於寬螢幕的環境，如果你的電腦螢幕很小，就用切換的方式吧！

與範例不一致時該怎麼辦？

在你練習的過程中，可能會因為程式碼打錯字等問題而出現與範例不一致的情況。

我們很難發現自己的錯誤，請善用可以找出「程式碼差異」的工具。

右圖就是提供這種服務的網站，你只要拷貝＆貼上「每個步驟的檔案程式碼」與「你輸入的程式碼」，就能顯示兩個程式碼的差異。

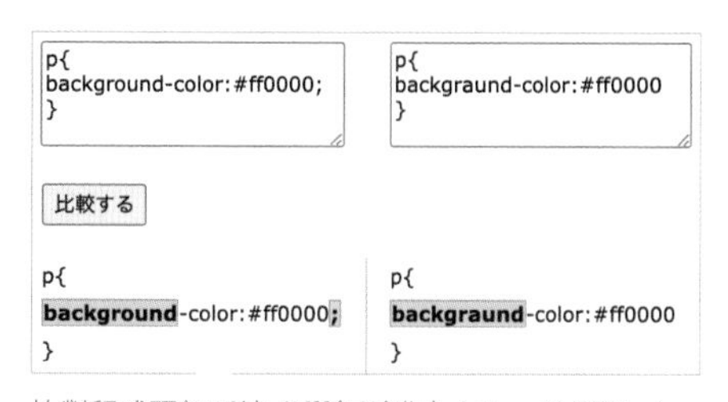

比對程式碼的網站 difff（日文版） https://difff.jp/

※ 編註：你也可以上網搜尋類似功能的中文網站，例如「DiffNow」：https://www.diffnow.com/

動手寫寫看！

請試著在剛才安裝的 Google Chrome 瀏覽器中顯示文字吧！

哇～好緊張喔～！我會成功嗎！？

在瀏覽器中顯示文字

STEP 1 在 VS Code 輸入文字

請開啟 VS Code，執行『【檔案 → 新增文字檔】』命令，然後在畫面中輸入這行字「你好，我是水豚。」。請在「你好，」的後面按下 Enter 鍵換行。

STEP 2 將檔案儲存為 .html 檔

執行『【檔案→儲存】』命令，命名為「warming_up.html」，並把檔案儲存在你容易找到的位置。

STEP 3 用瀏覽器開啟剛才儲存的檔案

在剛才儲存的檔案上面按兩下，就會開啟預設的 Google Chrome 瀏覽器，如果有顯示和右邊一樣的文字，就表示成功囉！

剛剛在 VS Code 中有設定換行，但是在瀏覽器中沒有換行，這個目前先別在意。

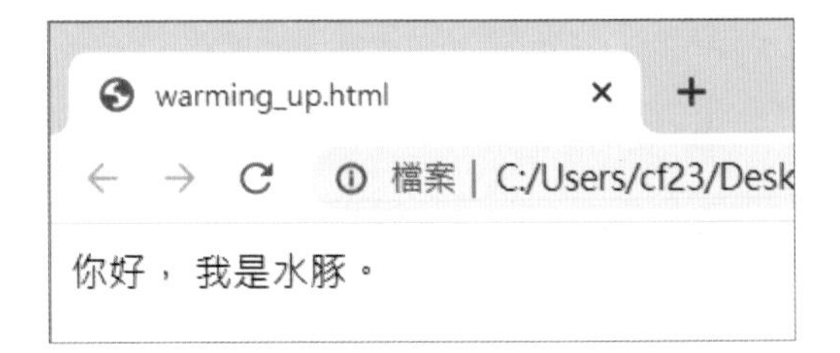

使用瀏覽器開啟檔案時要按兩下喔！換行的程式碼，翻到 P.49 就會有詳細的說明。

如果在檔案按兩下卻沒有啟動 Google Chrome

在檔案上按右鍵，執行『【開啟檔案→ Google Chrome】』命令。如果是 Mac，請在檔案按右鍵，執行『【打開檔案的應用程式→ Google Chrome】』命令。

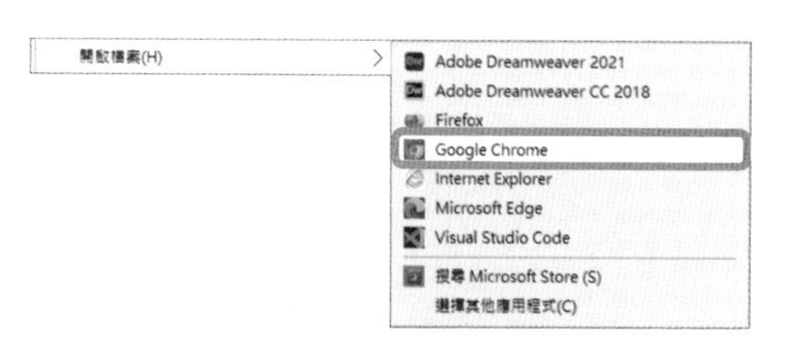

熱身練習到這邊就完成了喔！會不會覺得太簡單？之後會再反覆做這個步驟，所以很重要。

如果你習慣用 Google Chrome 以外的瀏覽器，例如 Microsoft Edge，也可以用這個方式指定。

使用快速鍵

下面列舉幾組快速鍵，你不知道也沒關係，但如果記住它們，就能提高工作效率。最基本的是只要記住拷貝＆貼上的快速鍵，就能立刻提升工作速度。

▶ 拷貝

選取想拷貝的文字，按下 Ctrl ＋ C（Mac 是 Command ＋ C）。

▶ 貼上（貼上拷貝的文字）

選擇要貼上文字的位置，按下 Ctrl ＋ V（Mac 是 Command ＋ V）。

▶ 存檔

使用 Ctrl ＋ S（Mac 是 Command ＋ S）可以儲存編輯中的檔案。建議你隨時存檔，萬一發生問題，也能回溯到上次已經存檔的地方，非常方便。

▶ 復原上個動作

使用 Ctrl ＋ Z（Mac 是 Command ＋ Z）可以取消上一個動作。如果多按幾次，可以回溯多個步驟（請注意每個應用程式可回溯的步驟上限可能不一樣）。

▶ 開新檔案

使用 Ctrl ＋ N（Mac 是 Command ＋ N）可以開啟一個新檔案。

PART 1

02 章

學習 HTML 的基本知識

瞭解什麼是標記
透過實作學會 HTML 的標籤種類及用法

進行標記的時候，最重要的是必須具備「整理資料」的能力。

我最不會整理了⋯⋯。

SECTION 1 為什麼標記很重要

什麼是「HTML 標記」？

編寫 HTML 時，我們會使用標籤（tag）來標記（markup）文字，這是為了把某些特性添加到文字上。標記就是**替字串加上「有意義的標記」**。

但是在暖身練習時，沒有做什麼標記，也可以在瀏覽器上顯示文字啊！這樣不行嗎？

水豚君你說的沒錯。那麼標記的作用到底是什麼呢？一起來看看以下這些原因吧！

為什麼要做標記？

讓電腦瞭解資料的意義

我們在閱讀文章時，會一邊讀一邊瞭解文字的含義，但是電腦只能辨識「這是一串文字」。

HTML 是一種讓電腦瞭解文字意義的共通語言，透過標記就可以讓電腦理解文字的意義。

前面在做暖身練習時，雖然我們有在編輯器裡按下 Enter 鍵想「換行」，但瀏覽器裡顯示的結果卻沒有換行。這就是因為「換行」這個資訊還沒有用標記附加上去。

提升網頁親和力（Web Accessibility）

需要標記的另一個原因，是因為視障者是使用「以聲音朗讀畫面資料的軟體或瀏覽器」來瀏覽網頁的。適當的標記可以讓朗讀功能發揮效果。

這是水豚正在
吃蘋果的照片

使用者取得網頁資訊的方便性，就稱為「**網頁親和力**」。除此之外，還有幾種相關的說法，例如「無障礙網頁」、「網路易用性」等。製作網站時，必須考慮到各種使用者是否都能順利使用，如身障人士及老年人等，設身處地為他們著想，這點很重要。

提供正確資料給 Google 等搜尋引擎

Google 之類的搜尋引擎，是透過網路爬蟲程式收集網頁內容。網頁若有標記，則搜尋引擎就可以透過標記瞭解網頁的正確內容。

若能讓搜尋引擎讀取到正確的網頁內容，可能就會提高該網站的搜尋排名。

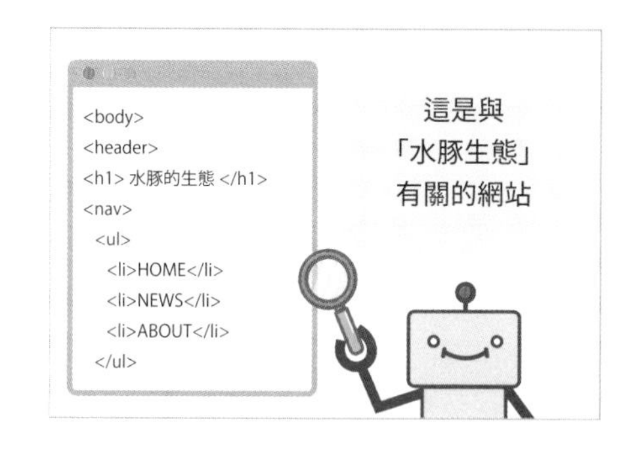
<body>
<header>
<h1> 水豚的生態 </h1>
<nav>
<ul>
<li>HOME</li>
<li>NEWS</li>
<li>ABOUT</li>
</ul>
這是與
「水豚生態」
有關的網站

讓電腦可以適當解釋、使用的資訊，稱為「**機器可讀（machine-readable）**」。

可以跳過
RANK UP

注意語義標記

根據意義來做標記，稱為「**語義標記（Semantic markup）**」。「Semantic」直譯為「語義」，亦即正確掌握資訊的含義後再做標記。如果沒有按照語義做標記，就無法達到標記的目的「讓電腦正確瞭解資訊」了。基於這個原因，本書會教你用 CSS 來裝飾網頁，而不要用 HTML 裝飾或整理外觀。詳情請參考第三章。

整理資料（以水豚的情書為例）

其實我已經寫好要給水豚子的情書了。

那麼，接下來就根據你這封情書，來練習標記的準備工作吧！

思考資料內容的意義並整理歸納

STEP 1 將資料整理和分類

依照左下圖的分類清單，試著將右頁的情書內容分類。

● 分類清單
標題
內容區
影像
條列式項目
表格
聯絡方式
（如果是網站）
需要點擊的超連結

例 把「親愛的水豚子」分類成標題時

標題

親愛的水豚子

很高興認識你
我是水豚藏，恕我冒昧。
這次與你聯絡是因為我想和你約會。

自我介紹
你應該不知道我是誰，容我先自我介紹。

■ 興趣
・在農場種菜
・溫泉
・收集岩鹽

■ 社群媒體（依追蹤人數多寡
1.Capitter
2.CapyBook
3.Capistagram

想對水豚子說的話
我在超市遇到你，雖然想和你說話，
卻沒有勇氣，
才會透過網路跟你聯絡。

農場營運狀況

2 章 / love letter 儲存了這張情書的圖檔（loveletter.png），如果你有印表機，可以列印出來，試著在紙上圈出每個類別。完成的情書請見 P.040。

親愛的水豚子

很高興認識你
我是水豚藏，恕我冒昧。
這次與你聯絡是因為我想和你約會。

自我介紹
你應該不知道我是誰，容我先自我介紹。

■ 興趣
・在農場種菜
・溫泉
・收集岩鹽

■ 基本資料
姓名：水豚藏
年齡：3 歲
職業：經營農場

■ 社群媒體（依追蹤人數多寡排序）
1.Capitter
2.CapyBook
3.Capistagram

想對水豚子說的話
我在超市遇到你，雖然想和你說話，
卻沒有勇氣，
才會透過網路跟你聯絡。

農場營運狀況
我脫離上班族，開始務農已經 6 年。
你聽到這件事可能會覺得不安，但是農場的營業額逐年增加，不用擔心將來的生活。

年數	營業額	原因
第 1 年	100 capy	
第 2 年	300 capy	
第 3 年	500 capy	
第 4 年	800 capy	
第 5 年	200 capy	這一年遇到嚴重乾旱
第 6 年	500 capy	

約會邀請
請問你是否、**願意跟這樣的我約會呢？**
你可以親自來這裡告訴我，或打電話與我聯絡。

水豚湖畔 11-33-12
農夫水豚藏 收

080-XXXX-XXXX

嗯～該怎麼分類呢？

這是你第一次練習，別想太多，先試試看吧。

年數	營業額	原因
第 1 年	100 capy	
第 2 年	300 capy	
第 3 年	500 capy	
第 4 年	800 capy	
第 5 年	200 capy	這一年遇到嚴重乾旱
第 6 年	500 capy	

看了答案，跟你的整理方式比較看看，覺得如何呢？資料的整理方式會依內容而異，所以每個人整理的結果可能會不一樣，即使和上圖有一點差異也不用擔心。

原來如此，那我就懂了。可是為什麼要整理資料呢？我想要趕快做出 HTML 網頁啊。

前面有說明過，接下來要根據文字意義標記 HTML，因此必須徹底掌握內容的含義，妥善整理資料才行，這個步驟非常重要喔。

HTML 和 CSS 都有公開的規範（規則）

HTML 與 CSS 的規範（規則）都已經發布在網路上，隨時都可以上網檢視。

- HTML 的規範：https://html.spec.whatwg.org/multipage/
- CSS 的規範：https://www.w3.org/Style/CSS/

網站內容為英文，若你搜尋網路，也可以找到熱心網友翻譯成中文的內容。

HTML 原本是由 W3C（全球資訊網協會）制定規範，依照版本命名並發布在網路上，例如 HTML 4、HTML 5，都是 HTML 的版本名稱。在 2019 年 5 月左右，整合成 WHATWG（網頁超文字應用技術工作小組）的 **HTML Living Standard（動態標準）**。

在最新規範 HTML Living Standard 中，已經沒有版本名稱，但是每天都會更新。

HTML 5 沿用了基本規範，但並未全部更新，因此在本書中可以直接運用 HTML 5 的基本知識。

CSS 也是由 W3C 制定規範。以稱為模組（Module）的小單位來制定規範，最新版的 CSS Level 3 一般就稱為 CSS 3。而在撰寫這本書的當下，正在制定 CSS Level 4。

因此，**本書中的說明將以 HTML Living Standard 及 CSS3～4 為基準**。

光看這些規範比較難懂，而且不知道怎麼使用，所以才有像本書這樣的書籍，我們會以淺顯易懂的方式和案例來介紹，請大家要記得背後有這些基本規範。

HTML 的基本寫法

整理資料辛苦了。接下來終於要在 HTML 加上標記。首先要說明 HTML 的基本原則。

HTML 怎麼寫？

HTML 的寫法？

一個 HTML 中會包含各種**元素**。每個元素是一組成對的**標籤**，前面是**開始標籤**、後面則是**結束標籤**（結束標籤的前面會加上斜線），用成對的標籤包圍著內容文字。

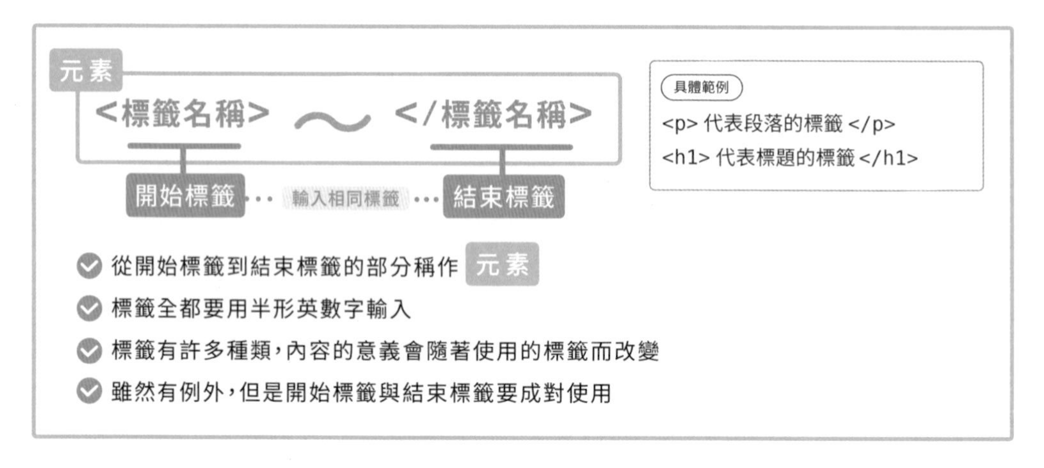

屬性與屬性值

部分 HTML 標籤會加入附加資料。附加資料及其內容稱作**屬性**。

建立 HTML 的架構

首先來練習輸入固定的 HTML 文件架構。

STEP 1 輸入 HTML 文件的架構（制式組合）

請開啟 VS Code，執行『【檔案→新增文字檔】』命令，輸入以下程式碼。

```
1  <!DOCTYPE html>
2  <html lang="zh-Hant-TW">
3  <head>
4  <meta charset="UTF-8">
5  <title> 給水豚子的情書 </title>
6  </head>
7  <body>
8  你好。
9  </body>
10 </html>
```

- 第 1 行：設定 HTML 的版本
- 第 2 行：利用屬性將網頁的語言設定為繁體中文
- 第 4 行：設定編碼
- 第 5 行：設定標題

2章/step/03/01_base_step1.html

※ 在你輸入的過程中，部分程式碼會自動變成不同顏色（這是 VS Code 內建的功能），因此會呈現與上圖不同的色彩。

上圖中的架構，是編寫 HTML 文件時的固定描述，也就是最低限度的「制式組合」，你不需要死記，請試著自己寫寫看。

這裡要注意！ POINT 編寫 HTML 的基本注意事項

程式碼只要錯一個字，網頁就可能會無法正常顯示，所以務必謹慎輸入。基本原則是**「除了內文之外，全都是半形英數字」**，此外也請一併注意以下重點。

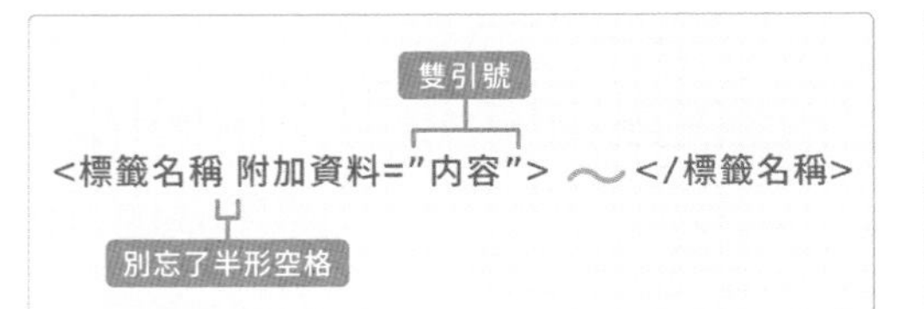

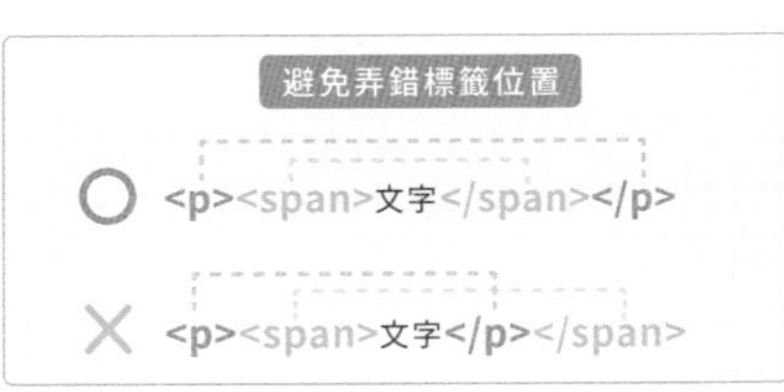

在標籤中可以再加入哪種標籤，都有一定的規範。例如在 <body> 標籤中不可加入 <head> 標籤。這些原則將在 P.111 的「Rank Up」專欄中說明。

STEP 2 儲存檔案

接著來存檔吧！

請執行『【檔案→另存新檔】』命令，將檔案的名稱更改為 **index.html**，並儲存在桌面等容易找到檔案的位置。

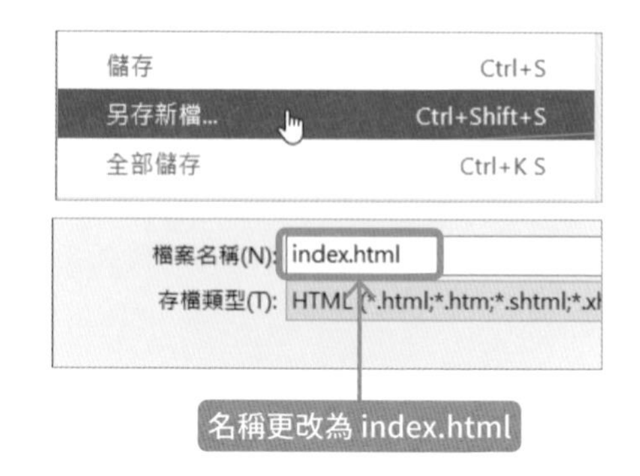

STEP 3 使用瀏覽器開啟網頁

請用瀏覽器開啟剛才儲存的 index.html，如果顯示和右圖一樣的狀態，就代表成功了。

使用 <title> 標籤包圍的文字會顯示在瀏覽器的標籤部分，以 <body> 標籤包圍的文字會顯示在畫面中。

為什麼這兩段文字顯示的位置不一樣呢？

這裡要徹底瞭解 LEARNING

在 <body> 標籤輸入的內容會顯示在瀏覽器的畫面上

在前面的「制式組合」中，我們輸入到 <body>～</body> 標籤裡的部分，就會被瀏覽器當作網頁的內容。

換句話說，你想顯示在網頁中的內容，就要放在 <body> ～</body> 標籤內。

另外，輸入到 <head>～</head> 標籤裡的內容，是提供給電腦的資料，並不會顯示在網頁的內容區。

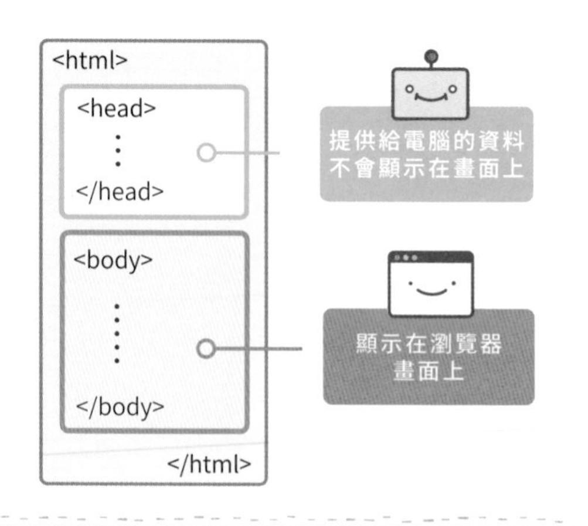

學習「制式組合」的網頁結構

「制式組合」可分成「head」與「body」兩個部分。這兩個標籤都是放在 <html> 標籤內。

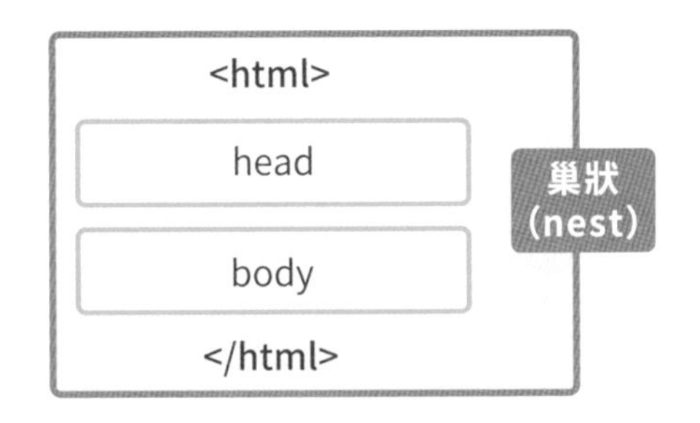

像這樣把小標籤放入大標籤內的嵌入式結構，稱為**巢狀（nest）結構**。位於外側的標籤稱為**父元素**，嵌入內部的標籤稱作**子元素**。

以右圖中的結構為例，對「head」與「body」而言，「html」是父元素；而對「html」而言，「head」與「body」是子元素。

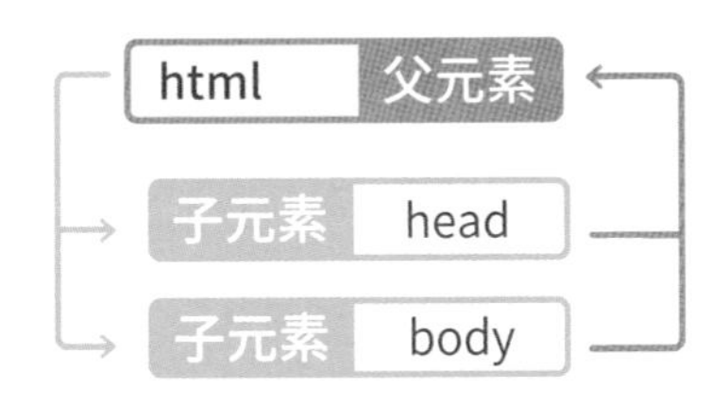

巢狀結構、父元素、子元素這幾個名詞很重要，希望你先記下來。

「制式組合」中的標籤含義

標籤	說明
<!DOCTYPE html>	宣告文件版本是 HTML5（HTML Living Standard）。
<html>～</html>	表示這是 HTML文件內容，而lang=" zh-Hant-TW" 代表這是繁體中文文件。
<head>～</head>	在制式組合中，只會輸入「編碼設定」與「標題」。 除此之外，這裡也是提供電腦各種資訊的地方。
<meta charset="UTF-8">	把編碼設定為 UTF-8。如果沒有設定編碼， 文字可能無法正常顯示（會變成亂碼），所以一定要設定編碼。
<title>～</title>	描述網頁的標題，會顯示在瀏覽器的標籤上。
<body>～</body>	這是顯示在瀏覽器的畫面上，輸入讓使用者瀏覽的內容。

你不需要死背這些標籤，只要瞭解它們代表的含義就好。

開始做標記(以水豚的情書為例)

終於要標記我的情書了！是不是有很多事情要記住啊？

HTML 標籤看起來很多，但是不要緊張，其實沒有太多要死背的部分。若你常使用，自然就會記住，即使忘記了，只要邊查邊寫就可以了。

把要標記的內容拷貝到作業檔案

STEP 1 用 VS Code 開啟要編輯的檔案

請使用 VS Code 開啟範例檔案的 **2 章 / 作業 /index.html**。這個檔案**已經幫你輸入「制式組合」的網頁內容**。

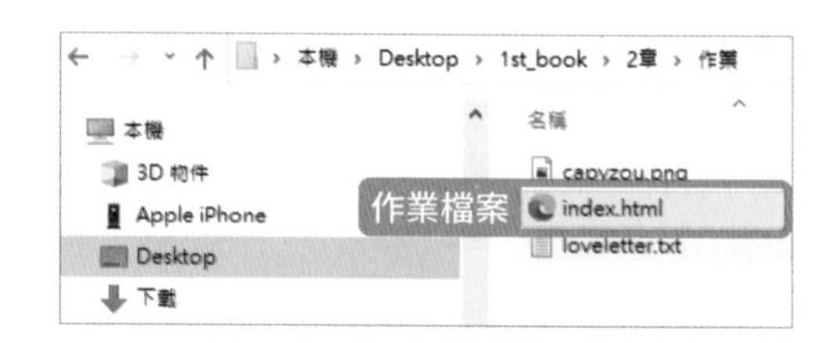

STEP 2 拷貝＆貼上文字內容

請開啟同一個資料夾內另一個純文字檔「loveletter.txt」，拷貝其中的文字，然後回到 index.html，把拷貝的文字貼在 <body>～</body> 之間，接著儲存檔案。存檔之後，使用瀏覽器開啟 index.html，確認是否顯示了剛才貼上的內容。

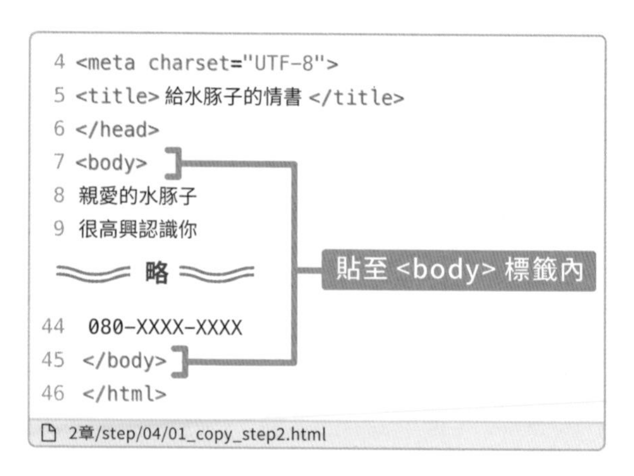

```
4 <meta charset="UTF-8">
5 <title>給水豚子的情書</title>
6 </head>
7 <body>
8 親愛的水豚子
9 很高興認識你
      略
44  080-XXXX-XXXX
45  </body>
46  </html>
```


親愛的水豚子 很高興認識你 我是水豚藏，恕我冒昧，這次與你聯絡是因為我想和你約會。自我介紹 水豚藏的大頭照 你應該不知道我是誰，容我先自我介紹。■興趣 ．在農場種菜 ．溫泉 ．收集岩鹽 ■基本資料 姓名：水豚藏 年齡：3 歲 職業：經營農場 ■社群媒體（依追蹤人數多寡排序） 1.Capitter 2.CapyBook 3.Capistagram 想對水豚子說的話 我在超市遇到你，雖然想和你說話，卻沒有勇氣，才會透過網路跟你聯絡。農場營運狀況 我脫離上班族，開始務農已經6年，你聽到這件事可能會覺得不安，但是農場的營業額逐年增加，不用擔心將來的生活。年數 營業額 原因 第1年 100capy 第2年 300capy 第3年 500capy 第4年 800capy 第5年 200capy 這一年遇到嚴重乾旱 第6年 500capy 約會邀請 請問你是否願意跟這樣的我約會呢？你可以親自來這裡告訴我，或打電話與我聯絡。水豚湖畔 11-33-12 農夫水豚藏 收 080-XXXX-XXXX

用瀏覽器檢視，網頁內的文字內容沒有換行。

※ 文字的位置會隨著瀏覽器的寬度而改變。

標記出「標題」

立刻來標記剛才的情書吧！
你可以想成要把剛才整理的內容（P.40 的解答範例）轉換成各種 **HTML 標籤**。

顯示標題的標籤

<h1> ～ </h1>

h 是「heading」的第一個字母，是用來顯示標題的標籤。
分成 h1～h6 等六個階層，h2～h6 的寫法都一樣。

分別使用標題

請依照標題的重要性分別使用 h1 ～ h6，
避免在 <h1> 標籤後面使用 <h3> 標籤，
要依照右圖的重要度依序使用。

h1 h2 h3 h4 h5 h6

重要度  高 ⟷ 重要度 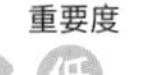 低

STEP 1 用 <h1> 標籤標記「大標題」

VS Code 的每行程式碼前面都有編號，找出第 8 行的「親愛的水豚子」，這就是情書的標題，所以要用 <h1> 標籤標記。請如下在句子前後輸入 <h1> 和 </h1>，儲存後請更新瀏覽器，確認是否有套用。

```
7 <body>
8 <h1> 親愛的水豚子 </h1>
9 很高興認識你
```

2章/step/04/02_h1-h6_step1.html

未來我們也可以在同一頁中使用多個 <h1> 標籤，但是初學時我們先以一頁一標題的方式學，會比較容易瞭解。

親愛的水豚子 很高興認識你 我是水豚藏，恕我冒昧。 這次與你聯絡是因為我想和你約會。 自我介紹 水豚藏的大頭照 你應該不知道我是誰，容我先自我介紹。 ■ 興趣 ．在農場種菜 ．溫泉 ．收集岩鹽 ■ 基本資料 姓名：水豚藏 年齡：3 歲 職業：經營農場 ■ 社群媒體（依追蹤人數多寡排序） 1.Capitter 2.CapyBook 3.Capistagram 想對水豚子說的話 我在超市遇到你，雖然想和你說話， 卻沒有勇氣，才會透過網路跟你聯絡。 農場營運狀況 我脫離上班族，開始務農已經6年。 你聽到這件事可能會覺得不安，但是農場的營業額逐年增加，不用擔心將來的生活。 年數 營業額 原因 第1年 100capy 第2年 300capy 第3年 500capy 第4年 800capy 第5年 200capy 這一年遇到嚴重乾旱 第6年 500capy 約會邀請 請問你是否願意跟這樣的我約會呢？ 你可以親自來這裡告訴我，或打電話與我聯絡。 水豚湖畔 11-33-12 農夫水豚藏 收 080-XXXX-XXXX

親愛的水豚子

很高興認識你 我是水豚藏，恕我冒昧。 這次與你聯絡是因為我想和你約會。 自我介紹 水豚藏的大頭照 你應該不知道我是誰，容我先自我介紹。 ■ 興趣 ．在農場種菜 ．溫泉 ．收集岩鹽 ■ 基本資料 姓名：水豚藏 年齡：3 歲 職業：經營農場 ■ 社群媒體（依追蹤人數多寡排序） 1.Capitter 2.CapyBook 3.Capistagram 想對水豚子說的話 我在超市遇到你，雖然想和你說話， 卻沒有勇氣，才會透過網路跟你聯絡。 農場營運狀況 我脫離上班族，開始務農已經6年。 你聽到這件事可能會覺得不安，但是農場的營業額逐年增加，不用擔心將來的生活。 年數 營業額 原因 第1年 100capy 第2年 300capy 第3年 500capy 第4年 800capy 第5年 200capy 這一年遇到嚴重乾旱 第6年 500capy 約會邀請 請問你是否願意跟這樣的我約會呢？ 你可以親自來這裡告訴我，或打電話與我聯絡。 水豚湖畔 11-33-12 農夫水豚藏 收 080-XXXX-XXXX

在瀏覽器中重新整理內容後，你會看到使用 <h1> 標籤標記的文字被放大顯示並且換行。

更新瀏覽器的快速鍵

【Windows】 Ctrl ＋ R（或 F5 ）【mac】 Command ＋ R

我們修改網頁時會經常需要重新整理瀏覽器，建議你務必記住這組快速鍵。

STEP 2 用 <h2> 標籤標記「中標題」

接著要用 <h2> 標籤標記出第二重要的標題，在整篇情書中，總共有五個地方要標記。

```
 8 <h1> 親愛的水豚子 </h1>
 9 <h2> 很高興認識你 </h2>
```

```
11 這次與你聯絡是因為我想和你約會。
12 <h2> 自我介紹 </h2>
```

```
26 3.Capistagram
27 <h2> 想對水豚子說的話 </h2>
```

```
29 卻沒有勇氣，才會透過網路跟你聯絡。
30 <h2> 農場營運狀況 </h2>
```

```
39 第6年 500capy
40 <h2> 約會邀請 </h2>
```

2章/step/04/02_h1-h6_step2.html

親愛的水豚子

很高興認識你

我是水豚藏，恕我冒昧。 這次與你聯絡是因為我想和你約會。

自我介紹

水豚藏的大頭照 你應該不知道我是誰，容我先自我介紹。 ■ 興趣 ・在農種菜 ・溫泉 ・收集岩鹽 ■ 基本資料 姓名：水豚藏 年齡：3 歲 職業：經營農場 ■ 社群媒體（依追蹤人數多寡排序） 1.Capitter 2.CapyBook 3.Capistagram

想對水豚子說的話

我在超市遇到你，雖然想和你說話， 卻沒有勇氣，才會透過網路跟你聯絡。

農場營運狀況

我脫離上班族，開始務農已經6年。 你聽到這件事可能會覺得不安，但是場的營業額逐年增加，不用擔心將來的生活。 年數 營業額 原因 第1年 100capy 第2年 300capy 第3年 500capy 第4年 800capy 第5年 200capy 這一年遇到嚴重乾旱 第6年 500capy

約會邀請

請問你是否願意跟這樣的我約會呢？ 你可以親自來這裡告訴我，或打電話與我聯絡。 水豚湖畔 11-33-12 農夫水豚藏 收 080-XXXX-XXXX

用 <h2> 標籤標記的文字，就會以略小於 <h1> 標籤的大小顯示標題，並且換行。

STEP 3 用 <h3> 標籤標記「小標題」

接著再用 <h3> 標籤標記出次要的標題。

```
14 你應該不知道我是誰，容我先自我介紹。
15 <h3>■ 興趣 </h3>
```

```
18 ・收集岩鹽
19 <h3>■ 基本資料 </h3>
```

```
22 職業：經營農場
23 <h3>■ 社群媒體（依追蹤人數多寡排序）</h3>
```

2章/step/04/02_h1-h6_step3.html

親愛的水豚子

很高興認識你

我是水豚藏，恕我冒昧。 這次與你聯絡是因為我想和你約會。

自我介紹

水豚藏的大頭照 你應該不知道我是誰，容我先自我介紹。

■ 興趣

・在農場種菜 ・溫泉 ・收集岩鹽

■ 基本資料

姓名：水豚藏 年齡：3 歲 職業：經營農場

■ 社群媒體（依追蹤人數多寡排序）

1.Capitter 2.CapyBook 3.Capistagram

標題等級愈低，顯示的文字愈小。

重點是：網頁是用 h1~h6 來決定標題的等級，而不是任意放大或縮小文字喔。

標記出「段落」並插入換行

顯示段落的標籤

<p> ～ </p>

p 是「paragraph」的第一個字母，
用來代表段落（一個區塊的內容）。

顯示換行的標籤

br 是「break」的縮寫。
沒有開始與結束標籤，要單獨使用。

STEP 1 用 <p> 標籤標記「段落」並且用
 標籤「換行」

請用 <p> 標籤標記「文章段落」，然後在想要換行的地方插入
 標籤。

```
10 <p> 我是水豚藏，恕我冒昧。 <br>
11 這次與你聯絡是因為我想和你約會。 </p>
```

```
14 <p> 你應該不知道我是誰，容我先自我介紹。</p>
```

```
28 <p> 我在超市遇到你，<br> 雖然想跟你說話，
29 卻沒有勇氣，才會透過網路跟你聯絡。 </p>
```

```
31 <p> 我脫離上班族，開始務農已經6年。 <br>
32 你聽到這件事可能會覺得不安，但是農場的營業額逐年增加，不用擔心將來的生活。 </p>
```

```
41 <p> 請問你是否願意跟這樣的我約會呢？ <br>
42 你可以親自來這裡告訴我，或打電話與我聯絡。</p>
43 <p> 水豚湖畔 11-33-12　農夫水豚藏 收 </p>
44 <p> 080-XXXX-XXXX </p>
```

2章/step/04/03_p-br_step1.html

約會邀請

請問你是否願意跟這樣的我約會呢？ 你可以親自來這裡告訴我，或打電話與我聯絡。 水豚湖畔 11-33-12　農夫水豚藏 收 080-XXXX-XXXX

尚未分段或換行的狀態。

約會邀請

請問你是否願意跟這樣的我約會呢？ 你可以親自來這裡告訴我，或打電話與我聯絡。

水豚湖畔 11-33-12　農夫水豚藏 收

080-XXXX-XXXX

用 <p> 標籤標記後會把文字變成獨立的段落（段落最後會換行）。

約會邀請　換行

請問你是否願意跟這樣的我約會呢？
你可以親自來這裡告訴我，或打電話與我聯絡。

水豚湖畔 11-33-12　農夫水豚藏 收

080-XXXX-XXXX

在文章中插入
 標籤的地方就會換行。

標記出「條列式項目」

如果要顯示條列式項目，就要用代表「項目清單」的標籤來標記。有三種標籤可以使用。

整理資料時請同步思考，你的「條列式項目」適合用哪一種清單來標記呢？

STEP 1 使用 <ul>、<li> 標籤標記「不分順序的項目清單」

顯示無順序清單的標籤

```
<ul>
 <li> ～ </li>
 <li> ～ </li>
</ul>
```

ul 是「unordered list」的縮寫，
這個標籤是用來顯示項目順序不具意義的清單。
一定要與顯示項目的 li 元素（list item）一起使用。
整個清單要用 <ul>～</ul> 包圍，
每個項目要用 <li>～</li> 包圍。

「興趣」清單內的項目，即使**更改順序也不會改變意義**。這種清單請用 **<ul> 標籤**來標記。

```
15 <h3>■ 興趣</h3>
16 <ul>
17 <li>・在農場種菜</li>
18 <li>・溫泉</li>
19 <li>・收集岩鹽</li>
20 </ul>
```

2章/step/04/04_list_step1.html

■ 興趣

・在農場種菜 ・溫泉 ・收集岩鹽

↓

■ 興趣

- ・在農場種菜
- ・溫泉
- ・收集岩鹽

標記後，每個項目前面會自動加上「・」並且換行。
※ 原本的文字內容就有輸入「・」，所以「・」會重複。

STEP 2 使用 <ol>、<li> 標籤標記「有順序的項目清單」

顯示有順序清單的標籤

```
<ol>
 <li> ～ </li>
 <li> ～ </li>
</ol>
```

ol 是「ordered list」的縮寫。
主要用於路線、食譜、排名等不可改變順序的清單。
整個清單要用 <ol>～</ol> 包圍，
每個項目以 <li>～</li> 包圍。

列出「社群媒體」清單時，通常會依「追蹤人數多寡排序」，因此是**有順序的清單**。這種清單請使用 **<ol> 標籤**來標記。

```
25 <h3>■ 社群媒體（依追蹤人數多寡排序）</h3>
26 <ol>
27 <li> 1.Capitter </li>
28 <li> 2.CapyBook </li>
29 <li> 3.Capistagram </li>
30 </ol>
```

2章/step/04/04_list_step2.html

■ 社群媒體（依追蹤人數多寡排序）

1.Capitter 2.CapyBook 3.Capistagram

■ 社群媒體（依追蹤人數多寡排序）

1. 1.Capitter
2. 2.CapyBook
3. 3.Capistagram

標記後，每個項目前面會自動加上「數字」並且換行。
※ 原本的文字內容就有輸入數字，因此會重複。

STEP 3 用 <dl>、<dt>、<dd> 標籤標記「需要說明每個項目的清單」

顯示說明清單的標籤

```
<dl>
  <dt> ～ </dt>
  <dd> ～ </dd>
</dl>
```

dl 是「description list」的縮寫，
是組合項目名稱與說明的清單。
使用 <dl>～</dl> 包圍整個清單，
並以 <dt>～</dt> 包圍定義的項目名稱，
以<dd>～</dd> 包圍項目的說明。

dt 是「description term」的縮寫，dd 是「description details」的縮寫。

在「基本資料」清單中，**需要說明每個項目的內容**，例如【姓名】是項目名稱，【水豚藏】是其說明。這時請用 **<dl> 標籤**來標記。

```
22 <dl>
23 <dt> 姓名 :</dt><dd> 水豚藏 </dd>
24 <dt> 年齡 :</dt><dd> 3 歲 </dd>
25 <dt> 職業 :</dt><dd> 經營農場 </dd>
26 </dl>
```

2章/step/04/04_list_step3.html

■ 基本資料

姓名：水豚藏 年齡： 3 歲 職業：經營農場

■ 基本資料

姓名：
　　水豚藏
年齡：
　　3 歲
職業：
　　經營農場

<dt> 標籤與 <dd> 標籤會換行，且 <dd> 標籤會縮排。

標記出「超連結」

設定超連結的標籤

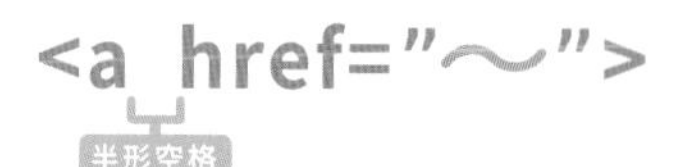

a 是「anchor」的縮寫，表示超連結的「錨點」。
href 屬性是用來設定超連結的目的地，例如網址。

這是在前面整理資料時，分類成「需要點擊的超連結」的部分。在網頁上，常常有「**點一下就能跳到其他網頁**」的機制，就稱為**超連結**（或簡稱為「**連結**」）。

STEP 1 使用 <a> 標籤替社群媒體清單加上超連結

我們已經列出社群媒體清單，但是要讓訪客可以連過去看才行，所以請在 <ol> 標籤標記的部分加上 **<a> 標籤**。

※ 網址的地方先以模擬方式輸入「#」，就會顯示為超連結，請記住「#」的地方之後要替換為各網站的 URL。

```
28 <ol>
29 <li><a href="#"> 1.Capitter </a> </li>
30 <li><a href="#"> 2.CapyBook </a> </li>
31 <li><a href="#"> 3.Capistagram </a> </li>
32 </ol>
```

2章/step/04/05_anchor_step1.html

■ 社群媒體（依追蹤人數多寡排序）

1. 1.Capitter
2. 2.CapyBook
3. 3.Capistagram

■ 社群媒體（依追蹤人數多寡排序）

1. 1.Capitter
2. 2.CapyBook
3. 3.Capistagram

設定超連結的文字會變成藍色並加上底線。

STEP 2 設定電話號碼連結，按一下即可撥出電話

如果希望網站的訪客直接打電話來，可如下在 **<a> 標籤內**加入「**tel:**」並輸入電話號碼，則訪客在用智慧型手機瀏覽時，只要按這裡就會撥出電話。

```
50 <p> <a href="tel:080-XXXX-XXXX"> 080-XXXX-XXXX </a> </p>
```

2章/step/04/05_anchor_step2.html

080-XXXX-XXXX

080-XXXX-XXXX

修改後的文字會變成藍色並加上底線。

這樣一來，水豚子要打電話給我就很方便了耶～！

除了網站的 URL 之外，<a> 標籤的屬性值也可以設定成電子郵件，或同一個網頁內的其他地方（⇒請參考 P146「**設定網頁內部的超連結**」的說明）。

這裡要徹底瞭解 LEARNING

開啟新的分頁（或視窗）來顯示超連結目的地

如果沒有特別設定，訪客按下超連結時，畫面就會跳到指定的連結位置（其他網站），必須按「上一頁」才會回到原本的網頁，有時候訪客就不會回來了。如果想避免訪客跳出你的網站，可以使用 **target 屬性**，把想要連結的網站顯示在新的分頁或視窗。

```
<a href="連結目的地 URL" target="_blank">
```

讓瀏覽器打開新的分頁或視窗來顯示連結目的地

以前因為瀏覽器版本比較舊，在設定 target="_blank" 的時候，還要一併加上 rel="noopener"，現在的主流瀏覽器已經不需要這樣寫了。

檢查 HTML 語法的工具

初學者的階段，會很難發現語法錯誤，如果你常擔心自己打錯語法，有些工具可以檢查目前輸入的 HTML 是否正確，例如右圖的「Nu Html Checker」網站。

檢查後，只要針對自己學過的基本部分修改即可。

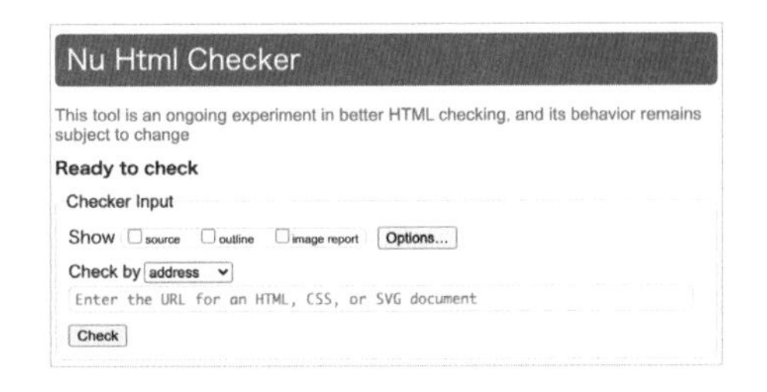

「Nu Html Checker」https://validator.w3.org/nu/
※CSS 的檢查工具顯示在超值附錄的建議網站大全內。

顯示「影像」

顯示影像的標籤

使用 src 屬性設定檔案的位置，並以 alt 屬性設定無法顯示影像時的替代文字。

在 P037 學過，有些人是透過「以聲音朗讀畫面資料的軟體或瀏覽器」來瀏覽網頁，而 **alt 屬性值**就可以讓語音瀏覽器朗讀出來。因此在加入圖片時，建議在圖片的 **alt 屬性值**輸入「描述圖片的文字」，如果是沒有特別意義的裝飾圖片，則可以不設定。

STEP 1 **用 <img> 標籤插入水豚藏的大頭照影像**

前面已經練習了很多次標記的方式，都是用標籤包圍文字，但是 <img> 標籤的寫法不同。輸入 <img> 標籤，請在標籤內用 **src 屬性**顯示影像，路徑是同一資料夾內的 **capyzou.png**。

```
12 <h2> 自我介紹 </h2>
13 <img src="capyzou.png" alt="水豚藏的大頭照">
```

2章/step/04/06_img_step1.html

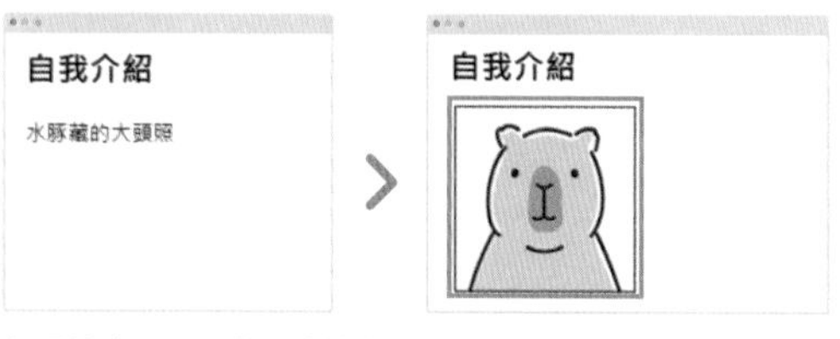

我們在 src 屬性後面設定了檔案名稱「capyzou.png」對吧！這種指到特定檔案的途徑，就稱為「**檔案路徑**」。

如果沒有顯示影像，請檢查你目前編輯的檔案（.html）是否有和影像檔案（capyzou.png）儲存在相同的位置。

檔案路徑的寫法

如果要載入影像等檔案，必須設定檔案路徑。**檔案路徑**包括**相對路徑**與**絕對路徑**。

▶ 相對路徑

「以載入的檔案為基準，設定檔案路徑」這就叫做**相對路徑**。在實作中，capyzou.png 是以 index.html 為起點，顯示成相對路徑。

影像檔案和 html 檔案在同一個資料夾內（＝相同階層）時，只設定檔案名稱

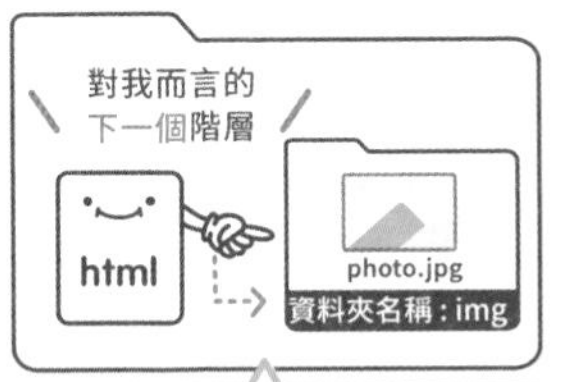

如果在下一個階層（在子資料夾內），在「資料夾名稱 /（斜線）」的後面設定檔案名稱

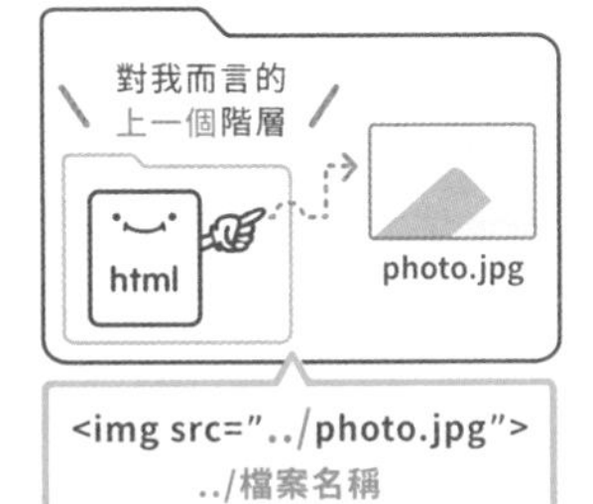

如果在上一個階層，設定為「../（點、點、斜線）」

資料夾又稱為**目錄**。以中間的圖為例，意思是「參照 img 目錄的 photo.jpg」。

▶ 絕對路徑

「設定使用了 URL 的檔案路徑」，就稱為**絕對路徑**。

例　<img src="http://example.com/photo.jpg">
（URL：http://example.com/　檔案名稱：photo.jpg）

使用絕對路徑時，可以載入、顯示位於其他伺服器（外部網站）的檔案（只要輸入圖片的網址即可）。但是這樣會造成對方伺服器的負擔，而且使用他人的圖片可能會有侵權的問題。因此請注意，未經對方許可，不可在自己的網頁中載入來源不明的圖片。

適合想自我測試的人 SELFWORK

練習設定路徑

如果你對相對路徑、絕對路徑的觀念還是很模糊，不妨再多練習一下吧！請使用 VS Code 開啟 **2 章 /selfwork/ 練習設定路徑 / 作業 /base/index.htm**，在 img 元素的 src 屬性中輸入檔案路徑，顯示影像。正確的解答在**完成**資料夾內。如果全部都正確，就會依序顯示 A～H 的影像。

VS Code 的輔助功能會顯示提示，請盡量別看提示，試著自行練習吧。

網頁可以顯示的影像類型

網頁可以使用的影像有很多種，以下將說明幾種最常用的影像檔案類型以及其特色。此外，P.227 將說明向量影像與點陣影像的差別。

向量影像

svg	 Part 5 使用的影像	縮放影像也不會變模糊 適合繪製簡單的圖形、圖示、插圖 因支援高解析度螢幕而增加使用機會

點陣影像

jpg	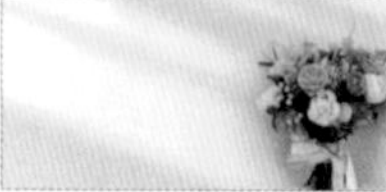 Part 3 使用的影像	適合照片、漸層等色彩數量較多的影像 壓縮率高，可以控制檔案大小 必須注意無法處理透明效果，每次存檔，畫質就會變差
png	 Part 3 使用的影像	適合實心填滿、線稿插圖 可以處理照片等影像，但是檔案大小比 jpg 大 優點是可以處理透明效果，畫質不會因反覆存檔而變差
WebP	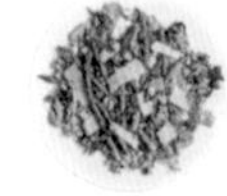 Part 5 使用的影像	壓縮率高於 jpg，即使是相同畫質，檔案也較小 和 png 一樣，可以處理透明效果，畫質不會因反覆存檔而變差 具有 jpg 與 png 格式的優點，也能處理動畫

請注意，並不是改變副檔名就能更改影像格式。必須利用適當的方法，例如使用具有圖片轉檔功能的應用程式轉換影像格式、重新儲存，這樣才能轉換。

可能會成為未來的主流？新影像格式「WebP」

從上表可知，具有許多優點的「WebP」(發音讀做「weppy」) 是相對較新的影像格式。

2020 年底時，多數瀏覽器都已經可以正常使用該格式，包括 Google Chrome、Firefox、Edge 和 Opera 等，都已經能支援 WebP 檔案。

WebP 兼具 jpg 與 png 的優點，或許在未來會成為主要的影像格式。

標記「想強調的內容」

顯示強調效果的標籤

<em> ～ </em>

em是「emphasis」的縮寫，
可以在內容加上強調效果。

STEP 1 使用 <em> 標籤來標記想強調的內容

請用 <em> 標籤標記內容中想強調的部分。

```
47 <p> 請問你是否願意 <em> 跟這樣的我約會呢？ </em> <br>
48 你可以親自來這裡告訴我，或打電話與我聯絡。 </p>
```

2章/step/04/07_em_step1.html

約會邀請

請問你是否願意跟這樣的我約會呢？
你可以親自來這裡告訴我，或打電話與我聯絡。

>

約會邀請

請問你是否願意*跟這樣的我約會呢？*
你可以親自來這裡告訴我，或打電話與我聯絡。

標記的部分會變成斜體（傾斜的字體）。

可以跳過 RANK UP 認識幾種可以替文字帶來變化的標籤

上面的範例中，<em> 標籤具有「強調」的意思，會把文字變成斜體。除此之外，還有其他各種能為文字加上變化的標籤，善用這些便可以讓文章更有變化。

同樣的內容，透過標記的標籤種類，可以讓語意產生變化。

標籤	說明
<strong>	用來顯示表現緊急性、嚴重性、重大性、極強烈的重要性，如警告內容等
<mark>	用於搜尋結果中，有關聯性的部分（搜尋關鍵字）或引用內容中想讓讀者注意的地方
<i>	用來表現與周圍內容不同性質的情況，如心聲或技術用語、想法等
<b>	報導的引言、瀏覽內容中的商品名稱等，沒有重要意義，卻希望讀者注意的文字

製作「表格」

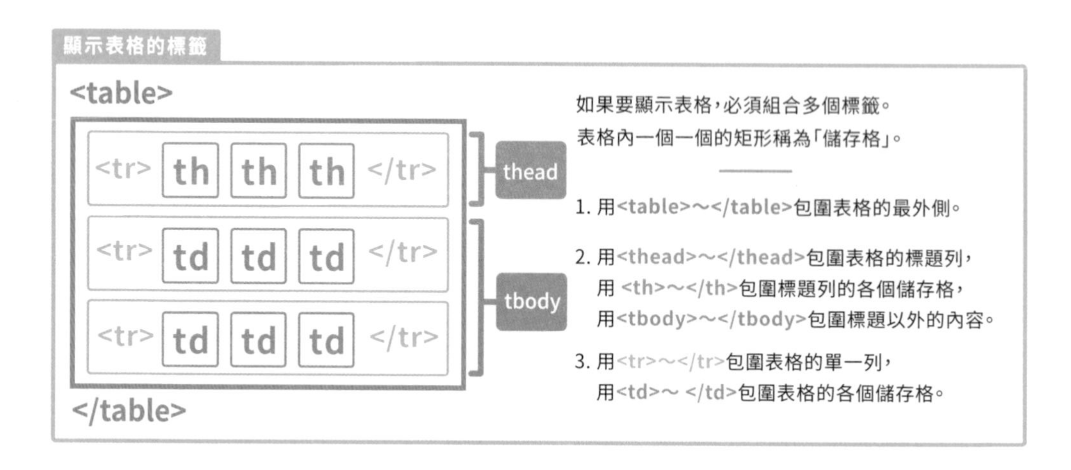

顯示表格的標籤
<table>
<tr> th th th </tr>
<tr> td td td </tr>
<tr> td td td </tr>
</table>
thead
tbody
如果要顯示表格，必須組合多個標籤。
表格內一個一個的矩形稱為「儲存格」。
1. 用<table>～</table>包圍表格的最外側。
2. 用<thead>～</thead>包圍表格的標題列，
用 <th>～</th>包圍標題列的各個儲存格，
用<tbody>～</tbody>包圍標題以外的內容。
3. 用<tr>～</tr>包圍表格的單一列，
用<td>～ </td>包圍表格的各個儲存格。

STEP 1 用 <table> 標籤製作「營業額表格」

首先用 **<table>～</table>** 包圍「**表格的全部內容**」。

接著用 **<thead>～</thead>** 包圍**表格標題列**，包括「年數」、「營業額」、「原因」等。再用 **<th>** 包圍 **<thead> 內的每個儲存格**。

然後用 **<tbody>～</tbody>** 包圍表格的內容，也就是**標題列以外的部分**。

再以 **<tr>** 包圍**每一列**，並用 **<td>** 包圍**每一個儲存格**，這樣表格就完成了。

```
39 <table>
40 <thead>
41 <tr><th>年數</th><th>營業額 </th><th>原因 </th></tr>
42 </thead>
43 <tbody>
44 <tr><td> 第1年 </td><td> 100capy </td><td></td> </tr>
45 <tr><td> 第2年 </td><td> 300capy </td><td></td> </tr>
46 <tr><td> 第3年 </td><td> 500capy </td><td></td> </tr>
47 <tr><td> 第4年 </td><td> 800capy </td><td></td> </tr>
48 <tr><td> 第5年 </td><td> 200capy </td><td>這一年遇到嚴重乾旱 </td></tr>
49 <tr><td> 第6年 </td><td> 500capy </td><td></td> </tr>
50 </tbody>
51 </table>
```

2章/step/04/08_table_step1.html

你可能會覺得類似的標籤很多，感覺很容易搞混對吧。其實 <th> 是 table header cell（表格標題列儲存格）的縮寫、<tr> 是 table row（表格列）的縮寫，<td> 是 table data cell（表格儲存格）的縮寫。若能理解它們原本的意思，應該會比較容易記住。

年數 營業額 原因 第1年 100capy 第2年 300capy 第3年 500capy 第4年 800capy 第5年 200capy 這一年遇到嚴重乾旱 第6年 500capy

年數	營業額	原因
第1年	100capy	
第2年	300capy	
第3年	500capy	
第4年	800capy	
第5年	200capy	這一年遇到嚴重乾旱
第6年	500capy	

文字的換行位置會隨著表格的形狀（寬度）而改變

標記聯絡資料

顯示聯絡資料的標籤

<address>～</address>

這是顯示聯絡資料或詢問窗口的標籤。使用於網頁或網站的聯絡方式。包括電子郵件、電話、地址等聯絡方式。

STEP 1 用 <address> 標籤標記「聯絡資料」

用 <address> 標籤包圍地址與電話號碼。

```
55 <address>
56  <p>水豚湖畔 11-33-12　農夫水豚藏　收</p>
57  <p><a href="tel:080-XXXX-XXXX">080-XXXX-XXXX</a></p>
58 </address>
```

2章/step/04/09_address_step1.html

水豚湖畔 11-33-12　農夫水豚藏 收

080-XXXX-XXXX

水豚湖畔 11-33-12　農夫水豚藏 收

080-XXXX-XXXX

請注意用 <address> 標籤標記的文字會變成斜體。

標記工作到此就完成了，辛苦了！

因為跟程式碼不熟，所以標記得很累，不過也覺得很有趣！大家辛苦了。

寫出容易閱讀的程式碼

當你習慣編寫程式碼之後，請試著寫出比較容易閱讀的程式碼。

易讀程式碼的優點

❶	❷	❸
別人也容易瞭解	方便維護	不容易發生錯誤

和其他人分工合作時，程式碼是否容易閱讀就會非常重要。

畢竟寫出來的程式碼不是只給自己看的嘛！要讓別人看得懂。

易讀程式碼的寫法

加上縮排

縮排是指在開頭插入空格。只要按下 tab 鍵就可以插入縮排。

如果沒有插入縮排，每一行都對齊行頭時，會很難瞭解標籤的層級關係，就很容易出現忘記輸入結束標籤之類的錯誤。

```
→ <head>
→→ <meta charset="UTF-8">
→→ <title>給水豚子的情書
→ </head>
→ <body>
→→ <h1>親愛的水豚子</h1>
→→ <h2>很高興認識你</h2>
```

縮排

在 VS Code 中，預設的縮排寬度是「兩個半形空格」。

適時換行

請適時換行，以提高程式碼的可讀性，如右圖所示。此外，適時換行再搭配上面所說明的縮排，程式碼就會更容易閱讀。

```
<ul>↵
<li>・在農場種菜          </li>↵
<li>・溫泉 </li>↵
<li>・收集岩鹽 </li>↵
</ul>↵
<h3>■ 基本資料 </h3>↵
<dl>↵
<dt> 姓名：</dt><dd> 水豚藏 </dd>↵
```

換行

在你熟悉之前，建議先在每個結束標籤後面換行。

把不想顯示的文字變成註解

使用**註解標籤 <!-- 和 -->** 所包圍的部分，就會變成註解，內容不會顯示在瀏覽器的畫面中。像這樣把程式碼變成註解，稱為「**註解掉**」(Comment out)。

當你在檢視程式碼時，如果遇到比較難懂的部分，都可以用這個方式寫上註解，也可以用來暫時隱藏某些用不到的程式碼。

```
<h3>■ 興趣 </h3>
<!-- 不會顯示在瀏覽器的畫面中 -->
<ul>
<li>・在農場種菜 </li>
<li>・溫泉 </li>
<li>・收集岩鹽 </li>
```

註解掉

可以跳過 RANK UP

註解掉的快速鍵

選取想註解掉的字串，按下 Shift ＋ Alt ＋ A (Mac 是 Shift ＋ Option ＋ A)。

此外，如果在任一行按 Ctrl ＋ / (Mac 是 command ＋ /)，就能把該行註解掉。

2 章 / 完成 /formatted.html 就是我們調整後的檔案，請當作參考，並和自己寫的程式碼比對看看。剛開始可能還不熟悉，請一步一步學著寫出容易閱讀的程式碼。

本書的範例檔案「1st_book」資料夾內，範例檔都已經調整過了。不過印在書上的程式碼因版面編排的限制，或為了示範步驟，有部分並沒有反映縮排等狀態。

Part 2

建立社群媒體入口網站

完成標記囉～！
我要把這個網站
拿給水豚子看！
欸

可是現在這樣毫無設計感耶
（而且文字好多……）
親愛的水豚子
很高興認識你，
我是水豚藏，恕我冒昧。
這次與你聯絡是因為
我想和你約會。
自我介紹
你應該不知道我是誰，
容我先自我介紹。
興趣
什麼!!
那…
我該怎麼做…
融化中
嗯…

要不要做成這種網站？
這是社群媒體的入口網站
啊～這個不錯耶！
社群媒體入口網站
可以讓對方更瞭解你喔！
好主意耶！
那我要做！！

社群媒體入口網站

水豚藏

我經營了一座農場。
歡迎大家追蹤關注我！

Capitter

Capistagram

Capybook

和前面不一樣，
加上了很多顏色！

這是利用 CSS 裝飾過的網頁，比較接近我們平常看到的網站。這一章要學習與 CSS 有關的知識。

學習 POINT

CSS 的基本知識

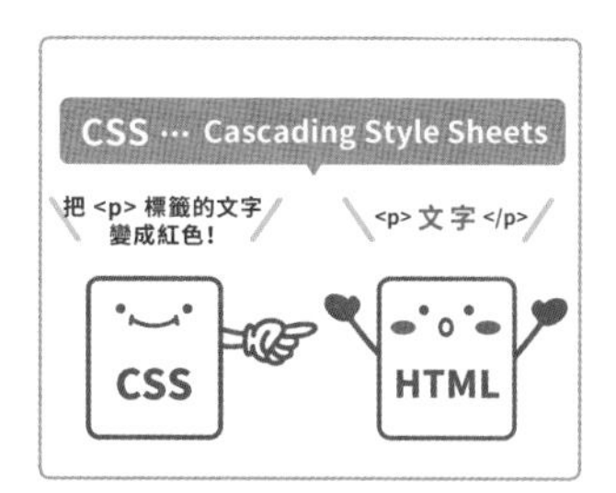

本篇要學習網頁的基本知識，請先掌握 CSS 的寫法。

製作網站的必備工具

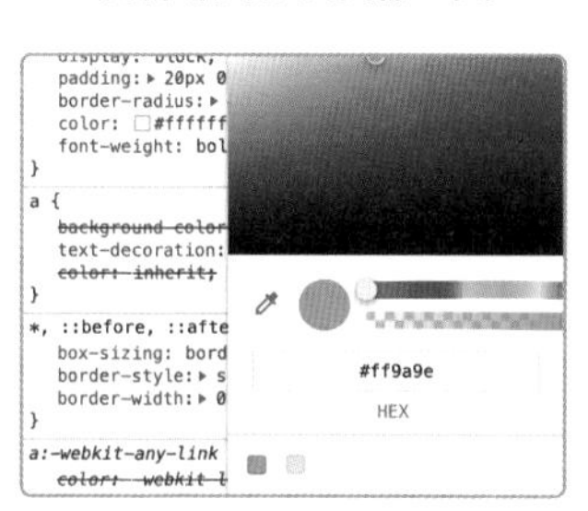

掌握 Google 開發人員工具的用法，做網站會更有效率。

CSS 實作

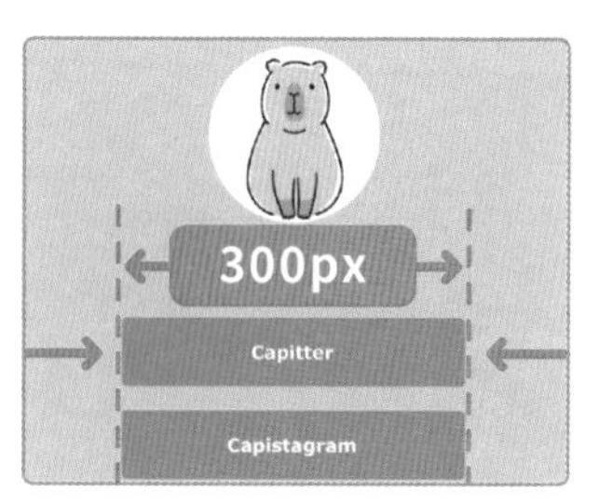

本篇會帶著你編寫 CSS ，製作一個整合社群媒體網址的網站

設計 POINT

什麼是社群媒體入口網站？

https://linktr.ee/

現在是自媒體時代，很多人都擁有多個不同的社群帳號，例如有 Facebook、Instagram、Twitter、YouTube 帳號等。如果想介紹自己的多個網址，可建立一個「社群媒體入口網站」，整合所有的連結，以便讓訪客點選。

目前有很多公司提供這類簡單建立社群媒體入口網站的服務，例如左圖的「Linktree」。本篇將會教你自己架設這個網站。

也可以做到這樣喔
多樣化設計

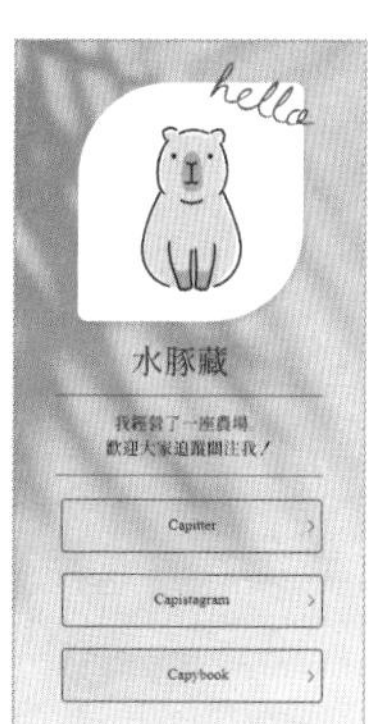

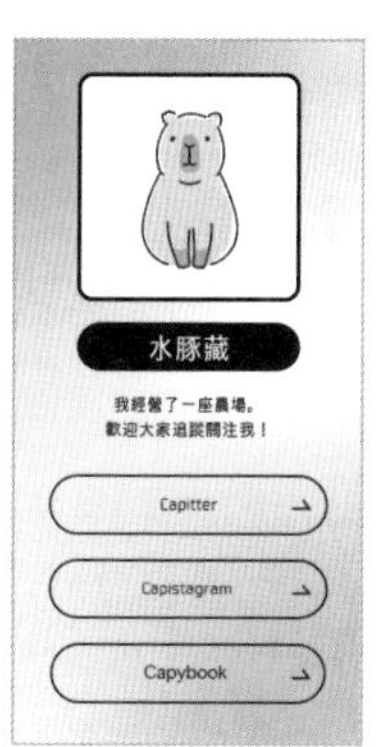

等到你看完這本書時，你應該已經學會各式各樣的 CSS 寫法了。

之後你就可以嘗試各種客製化的設定，美化自己的社群媒體入口網站，提升個人的網站製作技巧。

若你想要參考不同的版面設計，請開啟本書的附錄檔案資料夾「四大超值附錄」的附錄 4，打開「part2_link-page.xd」，其中儲存了多種變化設計。

學習 CSS 的基本知識

以下將學習 CSS 的基本知識
同時也會一併介紹讓你編寫程式碼更方便的實用工具

請把這一章當成是編寫 CSS 之前的準備工作，以輕鬆的心情看下去吧。

我很期待學習 CSS！

CSS 的「基本」

什麼是 CSS？

HTML 具有「賦予字串意義」的功用。

而 CSS 的作用則是用來**「設定外觀」**，例如文字的大小、配置等。

例如輸入**「把 <p> 標籤的文字變成紅色」**的 CSS，則文字顏色就會變成紅色。

CSS … Cascading Style Sheets

<p> 標籤的文字變成紅色！

<p> 文字 </p>

CSS

HTML

Cascading（階層式）的意思是「繼承」

CSS 是「Cascading Style Sheets」（階層式樣式表）的縮寫。「Cascading」這個字的意思是「階梯狀的瀑布」，具有**「由上往下流」（繼承）**的意思。

前面有說明過，HTML 可以形成巢狀結構（⇒ P.045），在巢狀結構中，子元素將會沿用父元素的 CSS 樣式，這種特性就稱為「繼承」。

其實並非所有的 CSS 都會被繼承，不過請大家先記住這個特性，在父元素設定的 CSS 也會自動套用到子元素。

CSS 的寫法

CSS 的基本寫法會包含「**在哪**」、「**做什麼**」、「**怎麼做**」這三個項目。

在哪{ 做什麼：怎麼做; }

選擇器　屬性名稱　值

- 全部都要以半形文字輸入，可以輸入半形空格、縮排、換行
- 可以針對一個選擇器輸入多個「做什麼」、「怎麼做」
- 可以輸入的值會隨著屬性名稱而改變

「選擇器」與「屬性（名稱）」的寫法很重要，請大家要牢牢記住。

這裡要徹底瞭解 LEARNING

用 CSS 將文字變成紅色

STEP 1 使用瀏覽器開啟 **3 章 / 將文字變成紅色 / 作業 /index.html**，可以看到如右圖的顯示狀態。

這段文字的顏色會產生變化。

STEP 2 使用 VS Code 開啟同一個資料夾內的 style.css，然後輸入如右圖的程式碼。

由於內容已經使用 p 元素標記，所以這裡的 p 就是選擇器。

```
3 p {
4     color: red;
5 }
```

STEP 3 請更新瀏覽器，確認文字變成了紅色。

這段文字的顏色會產生變化。

恭喜你寫出了第一個 CSS 屬性。接下來，除了 color 之外，還會出現許多屬性。只要組合搭配各種屬性，就能呈現出你想要的設計。

善用Google Chrome的開發人員工具

編寫 CSS 之前，先跟大家介紹「**開發人員工具**」，這是非常實用的網頁設計工具。它就內建於 Google Chrome 瀏覽器中，是 Google 提供給製作者們的工具。只要好好利用，不僅可以輕鬆寫出 CSS，也比較容易發現程式碼的錯誤。

要我用開發人員工具？看起來好像很難欸……。

別擔心啦，這套工具用起來非常直覺喔！

開發人員工具的啟動方法與顯示畫面

STEP 1 啟動開發人員工具

請開啟 Google Chrome 瀏覽器，在畫面中按下滑鼠右鍵，執行『**檢查**』命令。

快速鍵是 Ctrl ＋ Shift ＋ i（Mac 是 command ＋ option ＋ i）。

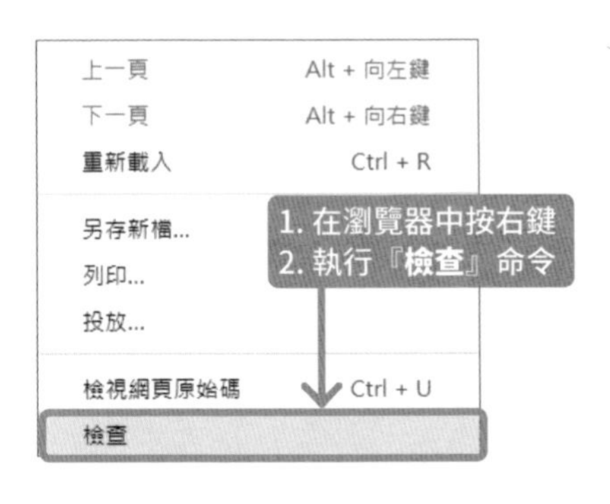

STEP 2 確認開發人員工具的狀態

這時候瀏覽器畫面會分割成兩個部分，左側是原本的網頁，右側則是顯示此網頁的程式碼，上半部是 HTML，下半部是 CSS 清單。

※ 右圖是在寬螢幕環境中測試的結果，瀏覽器分成左右兩半。實際顯示狀況可能因環境而異，若你的瀏覽器分成上下兩半，則工具會顯示在下方，左側為 HTML，右側是 CSS。

本書經常會用到開發人員工具，建議大家記住啟動的方法。如果在開啟開發人員工具視窗後，沒有顯示 HTML 程式碼，請點選該視窗左上角的「Elements」標籤。

檢視元素套用的 CSS

STEP 1 按下選取元素鈕

啟動開發人員工具後，請點選工具視窗左上方的選取元素按鈕，它會從灰色變成藍色，接著就可以點選網頁上的元素來查看它的程式碼。

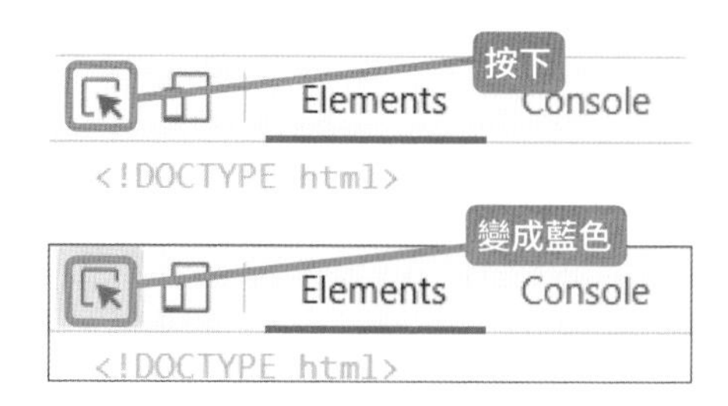

STEP 2 選取元素

點選網頁中的元素，馬上就可以在工具視窗的 CSS 窗格中檢視該元素所套用的 CSS 清單。

像這樣檢視元素的 CSS 清單，可以確認是否有正確套用了 CSS。

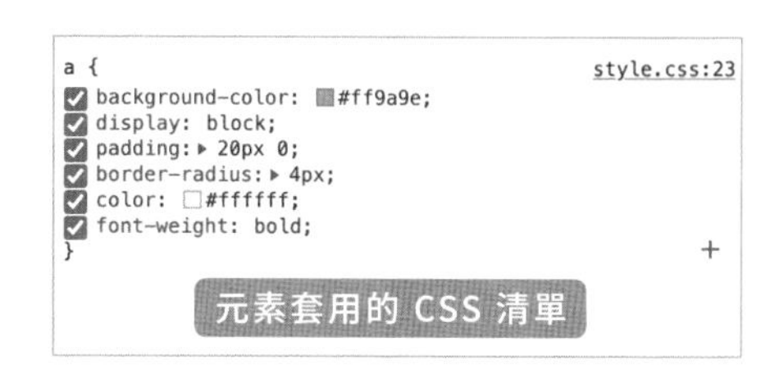

其他許多功能

除此之外，開發人員工具還具備在瀏覽器上暫時套用 CSS，或取得色碼等各種功能。而且也可以用來檢視網頁在智慧型手機等行動裝置上顯示的效果。我們將在本書的第 10 章實際運用這個功能，學習製作出符合響應式設計，可以支援多元裝置的網站。

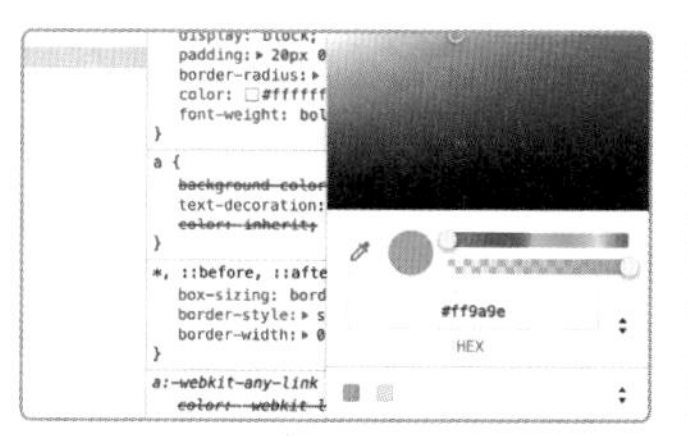

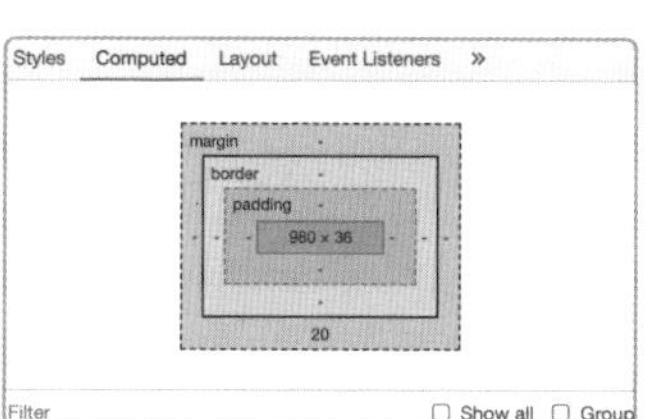

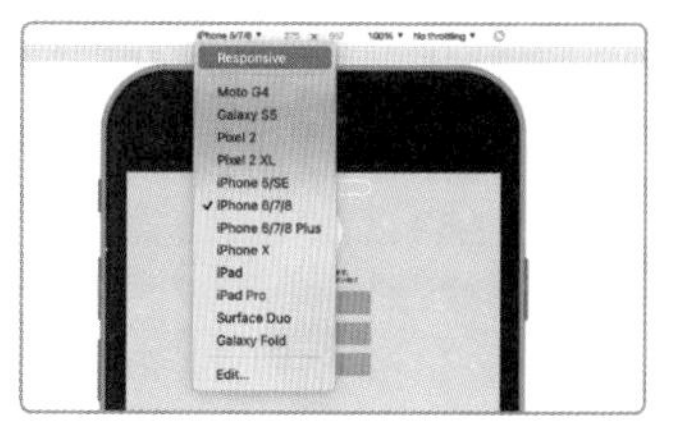

如果覺得工具畫面很難，先不要害怕，現階段只要學習如何開啟工具即可。

第一次開啟 Google Chrome 開發人員工具時，預設是英文介面，如果用不習慣，可在右側工具視窗中按下鍵盤的「F1」鍵進入「Settings」畫面，找到「Language:」下拉式選單，即可切換成台灣用的繁體中文介面。本書從下一章（第 4 章）開始，會改用中文介面來解說，讓你更容易了解。

連結 CSS 檔案與 HTML 檔案

接下來終於要學習 CSS 的具體寫法。有時間的話，建議先透過下面的自我測試，複習 HTML 的標記再來練習寫 CSS。如果想盡早學習 CSS，那就跳過它，直接開始吧。

我沒有把握，但是我想挑戰看看！

適合想自我測試的人 SELFWORK

自我挑戰 HTML 的標記！

請用 VS Code 開啟 **3 章 /self-work / 標記 HTML / 作業 /Index.html**，試著標記 <body>～</body> 中的文字，標記方式請參考同資料夾內的設計圖「design.png」。

完成之後，請比對 **3 章 /self-work/ 標記 HTML/ 完成 /Index.html** 的結果。

套用 CSS

如果 CSS 與 HTML 之間沒有連結，就無法套用 CSS，所以一起來學習連結方法吧！

STEP 1 檢視 CSS 檔案

我們在 **3 章 / 作業 /css/style.css** 準備了一個簡易的 CSS 檔案。在檔案的第一行輸入了「**@charset "utf-8";**」。這一行字是 CSS 的制式語法（意思是設定編碼），一定要輸入喔。

```
1 @charset "utf-8";
```

STEP 2 在 HTML 檔案中載入 CSS 檔案

使用 VS Code 開啟 **3 章 / 作業 /index.html**，在 <head>～</head> 內的位置，<meta> 和 <title> 標籤的中間，也就是從第 5 行開始輸入以下這行程式碼，就可以載入 CSS 檔案。這樣就可以連結 style.css 與 index.html 這兩個檔案了。

不過現在只是把兩個檔案互相連結，但還沒有在 CSS 檔案中指定樣式，所以即使在瀏覽器中更新 index.html，也不會產生變化。

```
3 <head>
4   <meta  charset ="UTF-8" >
5   <link rel="stylesheet" href="css/style.css">
6   <title> 水豚藏自我介紹 </title>
7 </head>
```

3章/step/03/01_css_step2.html

STEP 3 確認 CSS 是否成功載入 HTML

請在 style.css 中如下寫一段樣式，例如「把背景變成粉紅色」，看看 HTML 是否會產生變化，就可以確認是否成功載入 CSS。

```
1 @charset  "utf-8" ;
2
3 body {
4   background-color: pink;
5 }
```

3章/step/03/css/01_css_step3.css

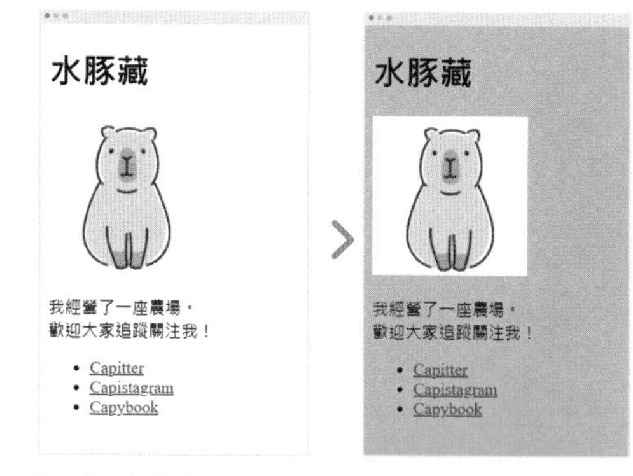

網頁背景色變成粉紅色，代表成功載入 CSS 檔案！

接著用瀏覽器開啟 **index.html**，發現網頁背景色變成粉紅色，就代表正確載入 CSS。

這裡要徹底瞭解 LEARNING　CSS 也可以用「註解掉」的功能

我們前面學過把 HTML 程式碼「註解掉」的方法（請參考 P.061），CSS 也可以喔。註解掉的部分就會關閉 CSS 的效果。請注意 HTML 和 CSS 的註解寫法不太一樣。

CSS 的寫法是把**用「/*(斜線 + 星號)」與「*/(星號 + 斜線)」包圍的文字**註解掉。

註解掉一行

```
3 body {
4       /* background-color: pink; */
5 }
6 /* 也可以保留註解。 */
7
```

註解掉多行

```
3 /*
4 body {
5     background-color: pink;
6 }
7 */
```

失敗了嗎？找出背景顏色沒有改變的原因

啊我的背景顏色沒有變耶……。

背景顏色沒有變成粉紅色，可能是因為 CSS 載入失敗，或是描述方法有錯誤。以下我們就利用開發人員工具來檢查，就能知道沒有套用 CSS 的原因了。

調查 CSS 載入錯誤的方法

STEP 1 開啟開發人員工具，找到 <head> 標籤

開啟開發人員工具，在 HTML 畫面中找到 <head> 標籤，按一下前面的箭頭▶，即可展開內容，檢視 <head> 標籤中的元素。

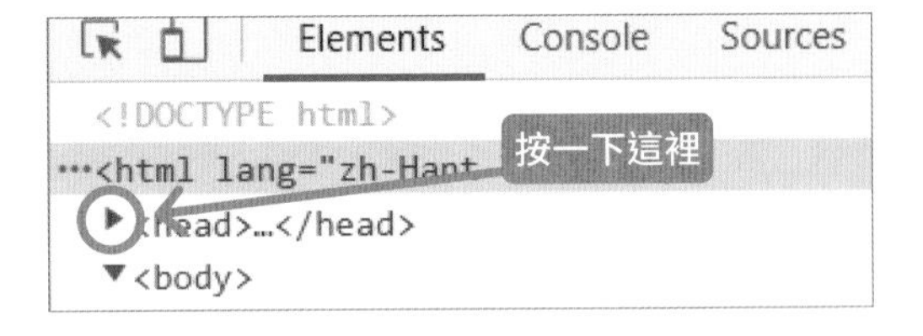

STEP 2 確認 <link> 標籤的 href 屬性

將滑鼠游標移動到 <link rel="stylsheet" href="css/style.css"> 的 href 的屬性值（css/style.css 這個超連結），按右鍵執行『**Open in new tab**』命令。

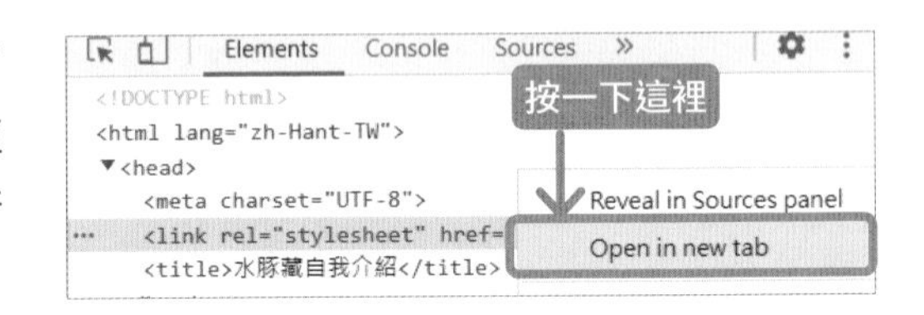

STEP 3 確認是否能開啟 CSS 檔案

如果有開啟新的標籤頁並顯示 CSS，代表載入方法正確。若出現錯誤畫面，就表示載入失敗，那就必須檢查載入檔案的描述是否正確。

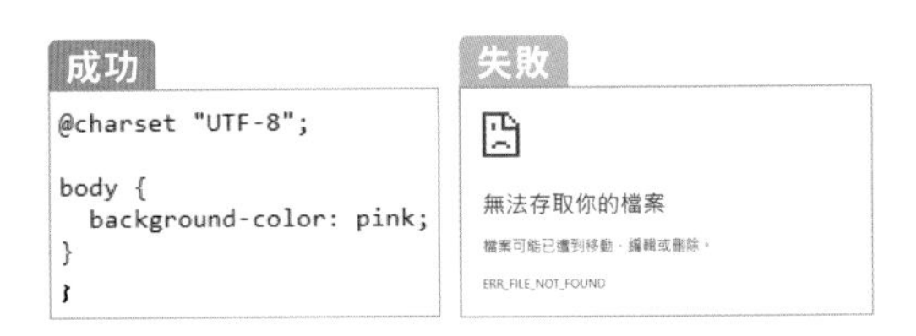

調查 CSS 描述錯誤的方法

若有正確載入 CSS，但是背景卻沒有變色，接著就來檢查是不是 CSS 寫錯了。

STEP 1 選取應該有套用 CSS 的元素

這次要對 body 元素套用 CSS，所以請在開發人員工具中選取 <body> 標籤。

Elements Console Sources »

```
<!DOCTYPE html>
<html lang="zh-Hant-TW">
▶<head>…</head>
▼<body> == $0
  <h1>水豚藏</h1>
```

按一下這裡

STEP 2 確認是否出現錯誤

接著看下面的 CSS 窗格，確認在「Styles 標籤」中的 CSS 樣式有沒有正常顯示。假如寫法有錯誤，會出現如圖的刪除線，並顯示黃色的三角形警告符號。

此時請檢查內容是否有打錯字、搞錯半形或全形字、或是忘記加上單位等問題。

可以跳過 RANK UP 也可以在 HTML 檔案裡面直接寫 CSS 樣式

除了用 <link> 標籤載入 CSS 檔案之外，其實也可以直接在 HTML 檔案裡撰寫 CSS。

▶ 在 <head> 標籤內插入 <style> 標籤

只要在 HTML 的 <head> 標籤內插入 **<style>~</style> 標籤**，即可在標籤裡面撰寫 CSS。此方法只會在「這個網頁」套用 CSS 樣式，適用於一頁式網站，或是只有這個網頁需要設定 CSS 樣式的情況。

```
<head>
    <meta charset ="UTF-8">
    <title> 水豚藏自我介紹 </title>
    <style>
      body { background-color : pink ; }
    </style>
</head>
```

▶ 當作「style 屬性」輸入到 HTML 標籤內

只需要將某個 HTML 標籤暫時套用 CSS，或者因某些限制而無法用其他方法的情況，可以使用這種寫法。

```
<body>
 <p style=" color:red; "> 我是水豚藏 </p>
</body>
```

上述這兩種方法是在特定條件下才會使用，各位只要先瞭解就可以了。

重置瀏覽器預設的CSS樣式

什麼是瀏覽器預設的CSS？

我們前面學過的 HTML 標記，只會賦予意義，比如說「這是標題」，但並不包括放大文字或變成粗體等指示。那為什麼用瀏覽器看的時候，標題文字會放大？這是因為瀏覽器會套用自己的預設樣式表。

瀏覽器內建的樣式表簡稱「預設 CSS」，全名是 **User Agent Stylesheet（瀏覽器預設樣式表）**。它們沒有統一規格，所以可能會因為不同瀏覽器而產生顯示差異。

各家瀏覽器預設的樣式並不一定相同，所以當你用不同的瀏覽器去看同一個網頁，可能會發現使用的字體或是文字大小都不太一樣。

為什麼要重置 CSS 樣式？

我們編寫 CSS 就是為了讓訪客看到設定的效果，例如套用某種字體和顏色，但如果受到預設 CSS 的影響，可能會無法順利地顯示出來。所以在編寫 CSS 之前，要請大家先重置 CSS（Reset CSS），也就是把瀏覽器預設的樣式都移除，就不會發生意想不到的問題。

STEP 1 在 HTML 載入重置 CSS 的檔案

請在 **3 章 / 作業 / index.html** 輸入下面這行，即可載入「重置 CSS」的 CSS 檔案。

```
3 <head>
4   <meta charset="UTF-8">
5   <link rel="stylesheet" href="css/reset.css">
6   <link rel="stylesheet" href="css/style.css">
7   <title>水豚藏自我介紹</title>
8 </head>
```

3章/step/04/01_reset_step1.html

作者到 github 網站（https://github.com/nicolas-cusan/destyle.css）下載了「destyle.css」這個重置檔案，改名為「reset.css」並提供給各位，載入即可使用。

「重置 CSS」的檔案內容包括把所有的預設樣式解除的程式碼，你也可以自行編寫，但是在剛開始學習時，使用網路上已經共享的資源會更有效率，例如 destyle.css。

STEP 2 確認「重置 CSS」是否有套用在瀏覽器上

套用重置 CSS 後，會和右下圖一樣，文字大小變成一致，超連結文字也沒有變成藍色。

CSS 的規則是以後面輸入的設定為優先

當網頁裡同時有多個 CSS 設定時，套用規則是以後面輸入的設定為優先。舉例來說，如果我們到網頁最後才載入 reset.css，就會覆蓋掉前面寫過的 CSS 樣式。所以必須從一開始就載入 reset.css，將瀏覽器的的設定重置後，再撰寫我們自己想要的 CSS 設定。

寫在同一個檔案內的 CSS 樣式，也是以後面輸入的設定為優先喔。

Normalize CSS 與 Sanitize CSS

網路上有很多已經寫好的 CSS 範本，除了本章的重置 CSS 之外，常見的功能還有 Normalize CSS 與 Sanitize CSS。Normalize CSS 是運用預設 CSS，調整瀏覽器之間的差異；而 Sanitize CSS 是在 Normalize CSS 裡加上常用的 CSS。

網路上有提供各式各樣的 CSS 範本，當你在製作網站時，可以善加運用。本書為了讓 CSS 的設定效果不受瀏覽器影響，而使用了重置 CSS。

認識 HTML 的「盒子模型(Box Model)」

下一章終於要動手編寫 CSS，在實作之前，必須先了解「盒子模型（Box Model)」的觀念。學會之後，可以幫助你順利瞭解後面的內容。

什麼是盒子模型？

我們在 HTML 中所標記的每個元素，顯示在網頁上時，會如圖呈現為一塊塊矩形的盒子 (box)，每個盒子由 4 個部分組成：**內容 (content)、邊框 (border)、內邊距 (padding)、外邊距 (margin)**，此外還會具備**寬度 (width) 和高度 (height)** 屬性，因此總共有 6 個屬性，如下圖所示。

第 2 章標記過的元素，呈現在網頁上的結果。

content 內容
border 邊框
width 盒子的寬度
height 盒子的高度
padding 邊框和內容的距離
margin 邊框外側的留白 (與其他盒子的距離)

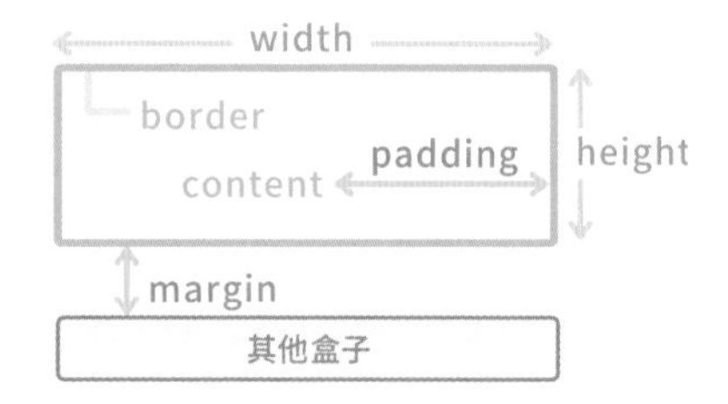

網頁結構就是由許多盒子堆疊而成的。調整每個盒子的 6 個屬性值就可以排版。

區塊元素與行內元素

以 HTML 標籤標記的元素，也就是前面提到的每個「盒子」，大部分都具有**區塊元素**或**行內元素**的性質。這個性質是由 CSS 的 **display 屬性**預設值決定。

display 屬性是決定盒子特性的 CSS 屬性。除了 block 與 inline 之外，還有其他值，但主要影響盒子模型的是這兩個值。差異在於區塊元素的寬度會塞滿網頁，行內元素則不會。

display:block;	display:inline;
區塊元素	行內元素
例 <h1>~<h6> <p> <ul>等	例 <a> <em> <img>等

如果想改變盒子的性質，就要改變 CSS 的 display 屬性值（⇒ P.090）。以下是它們的特性。

區塊元素的特性

區塊元素預設會塞滿整個瀏覽器視窗的寬度。但是可以手動設定區塊的寬度和高度。

替區塊元素（標題）加上顏色，會發現由於它的寬度塞滿整個瀏覽器視窗，所以圖片並不會排在標題「水豚藏」的右邊，而是被擠到下面了。

行內元素的特性

行內元素的寬度和高度由內容決定，無法透過 width 和 height 屬性來調整寬高，通常包含在區塊元素內。文字也具有和行內元素相同的性質。

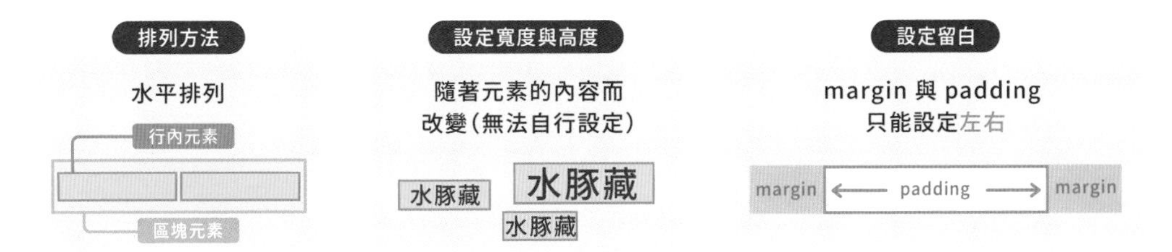

盒子模型、區塊元素與行內元素的其他說法

本書將 CSS 中的 Box Model 稱為盒子模型，也有人稱為方塊模型或區塊模型。此外，display 屬性的預設值為 block，因此區塊元素也可以直接稱為 block 元素；行內元素也可以直接稱為 inline 元素。

這是從 HTML 4.01 版本保留至今的幾種說法。

PART 2

04 章

編寫社群媒體入口網站的 CSS

活用各種 CSS 屬性來裝飾網頁元素
瞭解每個 CSS 屬性的含義與用法

讓我們實際使用 CSS 完成入口網站吧！

終於到這一步了……！我會全神貫注的

SECTION 1

編寫 CSS

檢視作業檔案

請使用 VS Code 開啟 **4 章 / 作業 /css / style.css**，接著再以瀏覽器開啟 **4 章 / 作業 /index.html**，這兩個檔案已經套用了截至上一章為止的操作狀態。接下來請你一邊參考要完成的設計（**4 章 / 設計 /design.png**），一邊跟著本書操作。

更改網頁的背景色

設定背景色的屬性

background-color: ～ ;	在值輸入色碼或色彩名稱等。

STEP 1 **更改背景色的值**

請開啟 style.css，將 **background-color** 的屬性值「pink」改寫成色碼「#bbf1ef」。

```
3 body {
4   background-color: #bbf1ef;
5 }
```

4章/step/01/css/01_background-color_step1.css

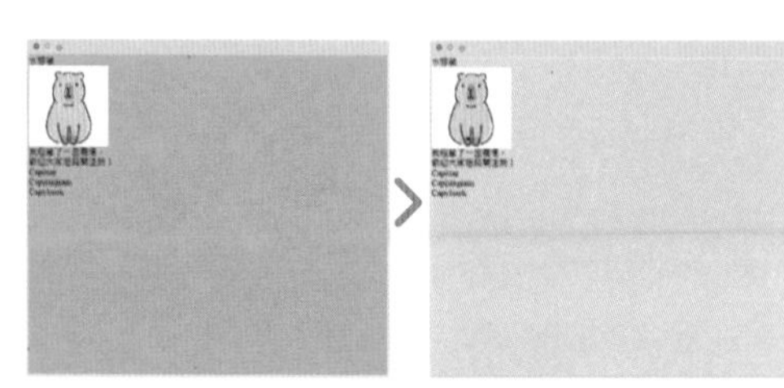

修改後，背景色會從粉紅色變成藍綠色。

如何用 CSS 設定顏色？

螢幕上可以顯示各種顏色，但是不論是哪一種顏色，都可以用 Red（紅）、Green（綠）、Blue（藍）這 3 種顏色的組合來呈現。

在撰寫程式碼時，可以把 RGB 這 3 種顏色的組合以色碼或是數值來表示，也可以用這種方式來呈現透明度（Alpha channel）。以下就是這兩種表示方法。

▶ 設定色碼的範例

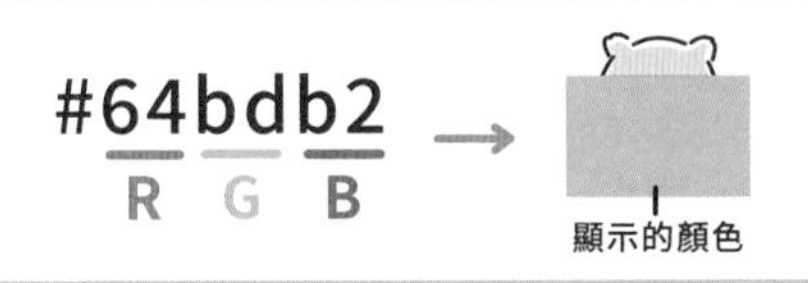

- 以 16 進位※設定
- 開頭加上#（Hash）

※16 進位…這是以 0～9 共 10 個數字及 a 到 f 等 6 個字母表現數值的方法

▶ 設定 RGBA（含透明度）的範例

- 以 10 進位※設定（0～255）
- 以 ,（逗號）分隔 RGBA 各個值
- 透明度若為 0.7，代表 70%

※10 進位：這是以 0～9 共 10 個數字呈現數值的方法

兩種設定方法都可以使用，如果想呈現透明度，請使用 RGBA。或者也可以用顏色名稱進行設定，例如「pink」。請注意顏色名稱要依照 CSS 的規範。

螢幕上的顏色難以計數，我們不用把色碼記起來，需要使用時再查詢即可。如果要查詢網頁中的色碼，可以使用開發人員工具來檢視。

套用在整個網頁的 CSS 要設定在 body 內

在 body 元素中設定的 CSS，可以讓 body 元素內的子元素繼承 CSS（⇒ P.066）。

如果要設定所有網頁通用的屬性，如背景色或是後面將要說明的字型，建議寫在 body 選擇器內。

變更網頁套用的字型

STEP 1 設定要套用的字型家族種類

設定字型種類的屬性

font-family: ～ ;

在值輸入字型名稱。
以 ,（逗號）隔開可以設定多種字型。

網頁字型是用 **font-family 屬性**設定，後面的值要輸入**字型家族（font family）**的名稱，例如 '字型名稱 1'、'字型名稱 2' 等（名稱要加單引號），瀏覽器會依序套用電腦裡的字型。

```
3 body {
4  background-color: #bbf1ef;
5  font-family: 'Verdana','Hiragino Sans','Meiryo',sans-serif;
6 }
```

4章/step/01/css/02_font-family_step1.css

如果我們指定的字型，使用者都沒有安裝該怎麼辦？請看下一頁的說明。

看起來變化不大，不過文字的外觀改變了

改變文字的大小

STEP 1 設定文字大小

設定字型大小的屬性

font-size: ～ ;

在值設定含有 px（像素）等單位的數值，
或輸入 large（大）等代表大小的關鍵字。

這次想放大標題文字「水豚藏」，所以將 **<h1> 標籤**的 **font-size** 設定為 18px。

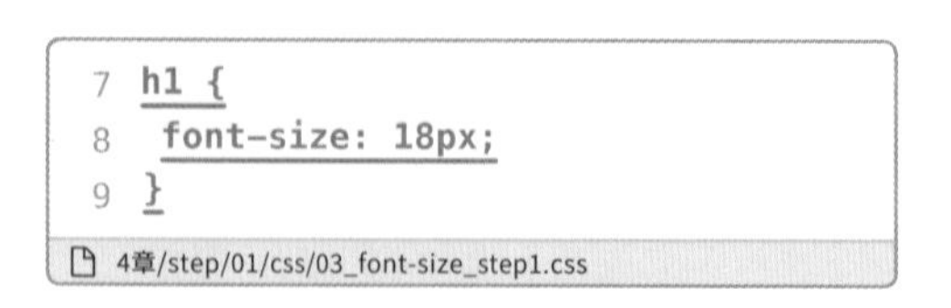

```
7 h1 {
8  font-size: 18px;
9 }
```

4章/step/01/css/03_font-size_step1.css

稍微放大了標題文字「水豚藏」。

設定任何字型名稱都可以嗎？

每個人電腦中安裝的字型都不同，即使你設定的字型在自己電腦上可正常顯示，但如果使用者的電腦或手機裡沒有該字型，還是無法正常顯示。因此必須設定「**多個字型家族名稱＋通用字型名稱**」來表示套用順序。例如設定「 'Verdana','Hiragino Sans','Meiryo',sans-serif」，表示要依序套用前三種字型 (都屬於無襯線字體)，若都沒有安裝，就尋找電腦中任何一種「sans-serif (無襯線字體)」來套用。

▶ 什麼是字型家族？

電腦中安裝的單套字體稱為「**字型**」，幾個性質類似的字型會歸類為同一個「**字型家族**」。通常會在 CSS 中指定使用幾種主流 OS 內建的字型家族，不過，內建字型會隨著 OS 的版本而改變。

Mac 和 Win 的標準字型範例

▶ 什麼是通用字型名稱？

大部分的字體都可以粗略區分為兩種：**襯線字體 (serif) 無襯線字體 (sans-serif)**，「通用字型名稱」就是指某一類的字型通稱。當使用者的電腦中找不到指定的字型，就會尋找通用字型來套用。

serif	sans-serif	monospace
A	A	等寬字型
A	A	A

第 11 章將學習 serif 與 sans-serif 的差異

```
font-family: '字型家族名稱1', '字型家族名稱2', 總家族名稱;
```

優先順序❶　優先順序❷　優先順序❸

- 用 ,(逗號) 隔開可以設定多個字型家族名稱。
- 為了正確辨識字型家族名稱與通用字型名稱，以 '(單引號) 或"(雙引號) 包圍字型家族名稱。先輸入的字型為優先。
- 沒有該字型時，套用優先順序 2 的字型，依此類推。最後輸入通用字型名稱，可以確保最低限度的外觀。

原來我在自己電腦上看到的字型，未必會跟其他人的電腦一樣啊。

加上框線

STEP 1 在 h1 元素周圍加上框線

設定框線的屬性

border: ～ ;	在值設定粗細、線條種類、顏色。

請在 <h1> 標籤設定 **border 屬性**，即可在「水豚藏」這個標題的周圍加上白色框線。

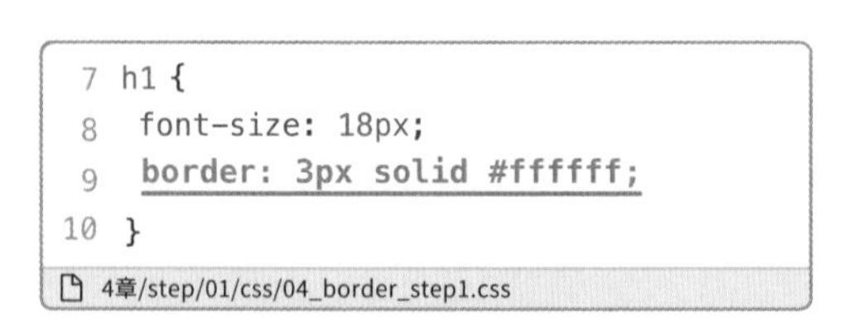

```
7 h1 {
8   font-size: 18px;
9   border: 3px solid #ffffff;
10 }
```

4章/step/01/css/04_border_step1.css

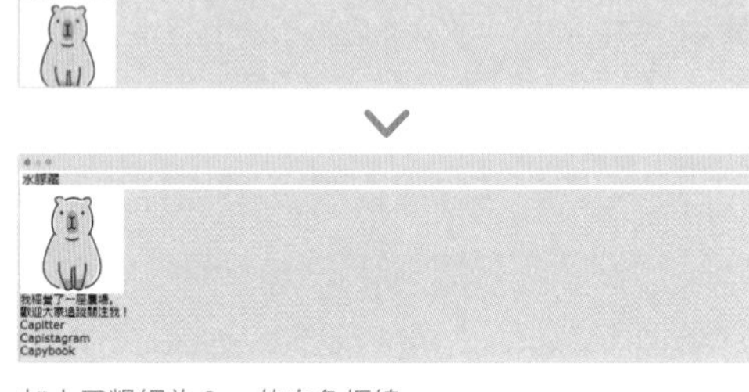

加上了粗細為 3px 的白色框線

STEP 2 把框線的邊角變成圓角

設定圓角的屬性

border-radius: ～ ;	統一設定方塊或影像四周的圓角。 在值輸入含單位的數值。

設定 **border-radius 屬性**，就可以把框線的四周變成圓角。

水豚藏

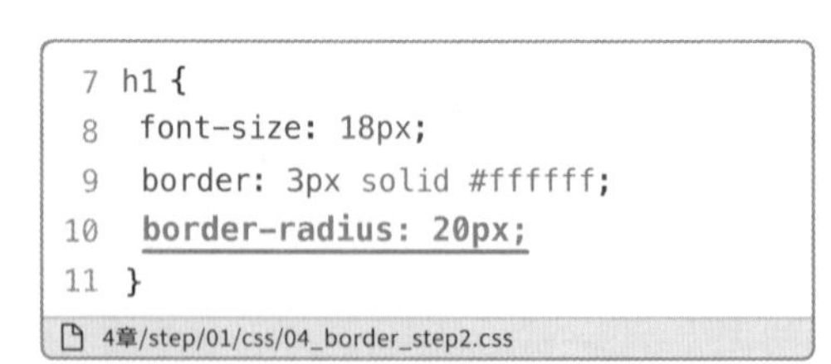

```
7 h1 {
8   font-size: 18px;
9   border: 3px solid #ffffff;
10  border-radius: 20px;
11 }
```

4章/step/01/css/04_border_step2.css

把框線的四周變成圓角，給人柔和的感覺。

圓角邊框比較可愛耶，就像我一樣圓滾滾的。

這裡要徹底瞭解 LEARNING

設定 border 時只要記住這些重點即可！

▶ 記住簡寫的寫法

簡寫（shorthand）是指合併多個 CSS 屬性的寫法，有幾個 CSS 屬性可以使用這種寫法。使用簡寫的優點是可以縮短程式碼，不用寫太多重複的敘述。

▶ 常用的框線樣式（border-style）設定值

框線的樣式很多，最常用的有「solid」、「double」、「dotted」、「dashed」等 4 種。

solid	double	dotted	dashed
實線	雙線	點線	虛線

▶ border 屬性可以分別設定四邊的邊框

border 屬性可以個別設定元素任何一邊的邊框。

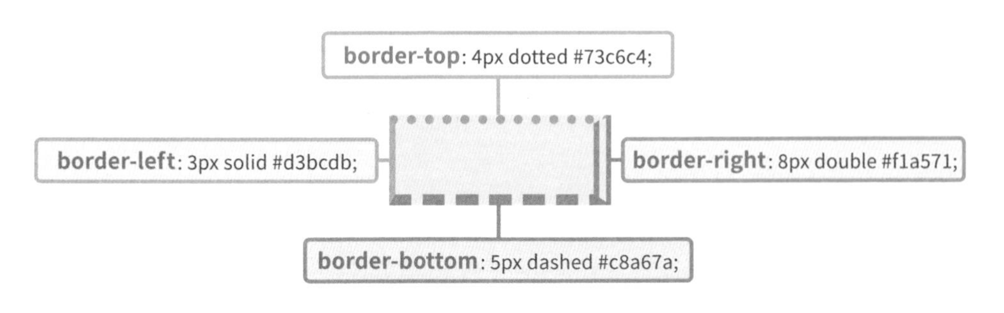

加上留白

STEP 2 在元素內側加上留白間距

設定元素內側留白的屬性

padding: ～ ;	這是可以設定四邊內側留白的屬性。 在值輸入含有單位的數值。

替 h1 設定 **padding 屬性**，會在 h1 元素的內側（邊框與文字之間）加入留白間距。

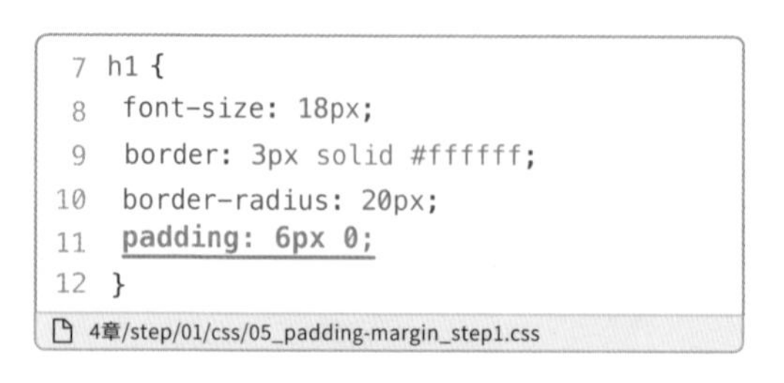

```
7  h1 {
8    font-size: 18px;
9    border: 3px solid #ffffff;
10   border-radius: 20px;
11   padding: 6px 0;
12 }
```

4章/step/01/css/05_padding-margin_step1.css

設定「padding」會在元素的「內側」，也就是邊框和內容之間加入留白間距。本例「padding: 6px 0;」是表示元素上下要留白 6 像素、左右 0 像素（不留白），詳細說明請參考右頁的快速設定寫法。

STEP 2 在元素外側加上留白間距

設定元素外側留白的屬性

margin: ～ ;	這是可以設定四邊外側留白的屬性。 在值輸入含單位的數值。

替 h1 設定 **margin 屬性**，在 h1 元素的外側（邊框與其他元素之間）加入留白間距。

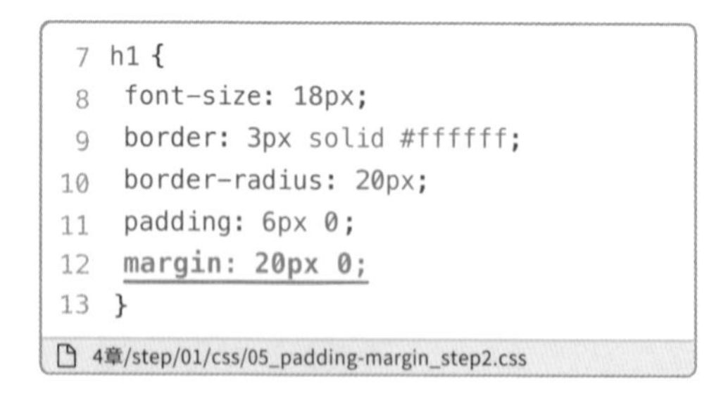

```
7  h1 {
8    font-size: 18px;
9    border: 3px solid #ffffff;
10   border-radius: 20px;
11   padding: 6px 0;
12   margin: 20px 0;
13 }
```

4章/step/01/css/05_padding-margin_step2.css

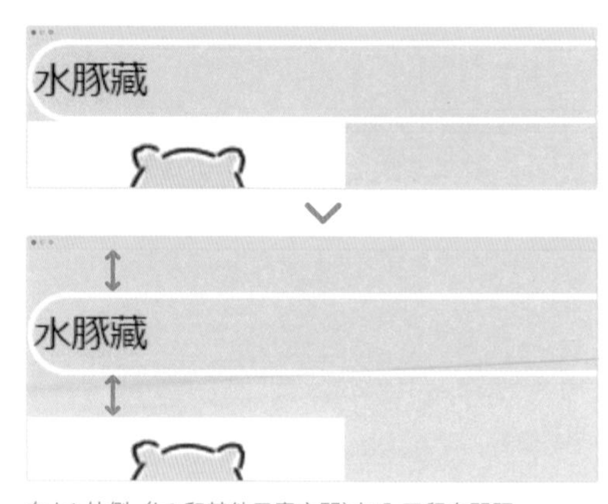

在 h1 外側（h1 和其他元素之間）加入了留白間距

如果長度為 0 可以省略單位。

這裡要徹底瞭解 LEARNING

快速設定 margin 與 padding 的寫法

margin 與 padding 的寫法相同，同時記住可以提高工作效率。這兩個屬性也可以使用 P.083 學過的簡寫，例如「padding: 6px 0;」是使用「**上下同值、左右同值**」的寫法（※ 下圖不論是 margin 或 padding 的寫法都相同）。

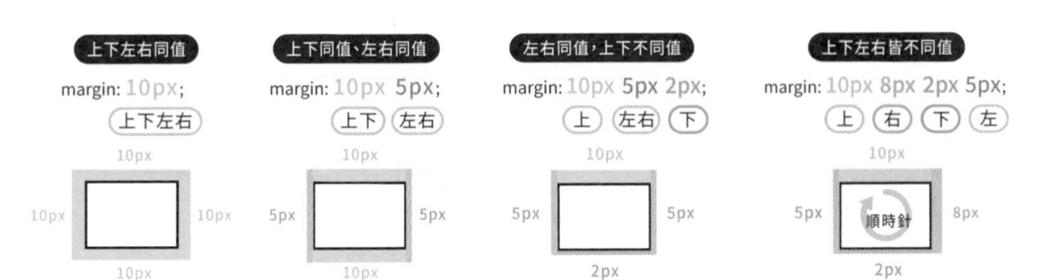

你也可以分別設定上下左右的留白，此時請使用以下寫法。

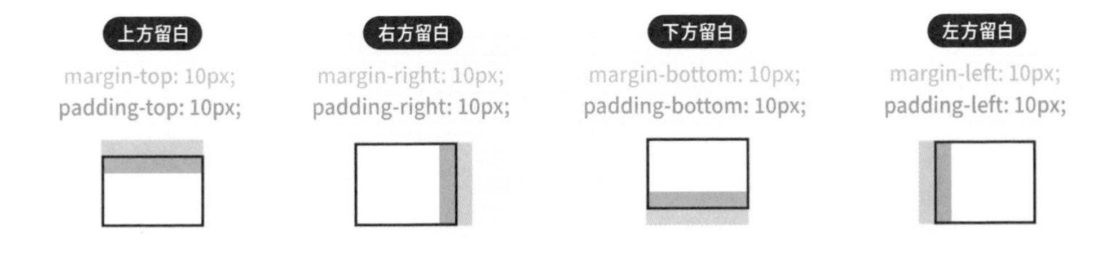

可以跳過 RANK UP

padding 與 border 有包含在元素的寬度或高度內嗎？

前面我們也設定過元素的寬度和高度，到此你可能會有疑問，那寬度和高度有包含 padding 或 border 嗎？其實**在預設狀態下，元素的寬度及高度不會包含 padding 與 border**。也就是說：**元素的寬高必須要加上 padding 與 border 的距離**，例如寬度為 100px，實際寬度還要加上 padding 與 border，結果就會大於 100px。這點在排版時經常造成初學者的困擾，會覺得「元素大小怎麼跟我設定的不一樣？」。

因此本書在「reset.css」中特別設定了 (box-sizing:border-box;)。將 **box-sizing** 的屬性值設定為 **border-box**，表示「**要在寬度與高度中包含 padding 與 border**」，這樣你就能直覺設定元素大小 (請注意這不是預設值喔！是我們自行設定的)。

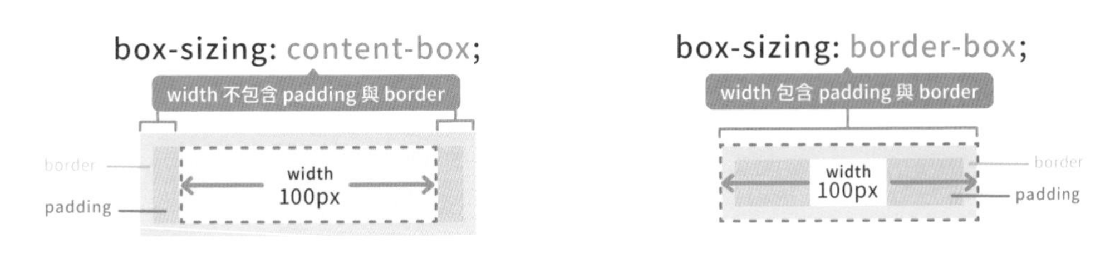

設定置中對齊(區塊元素)

STEP 1 設定 h1 區塊元素的寬度

設定元素寬度的屬性

width: ～ ;	在值輸入含單位的數值。

到目前為止網頁的標題、圖片和文字都是靠齊網頁左側，但我們的設計圖（請參考 P.064）是要對齊瀏覽器的視窗中央，這種對齊方式稱為**「置中對齊」**，因此接下來我們就要讓這個網頁的內容置中。首先請替 h1 元素設定 **width 屬性**，將寬度設定為 300px。

```
 7 h1 {
 8   font-size: 18px;
 9   border: 3px solid #ffffff;
10   border-radius: 20px;
11   padding: 6px 0;
12   margin: 20px 0;
13   width: 300px;
14 }
```

4章/step/01/css/06_width_step1.css

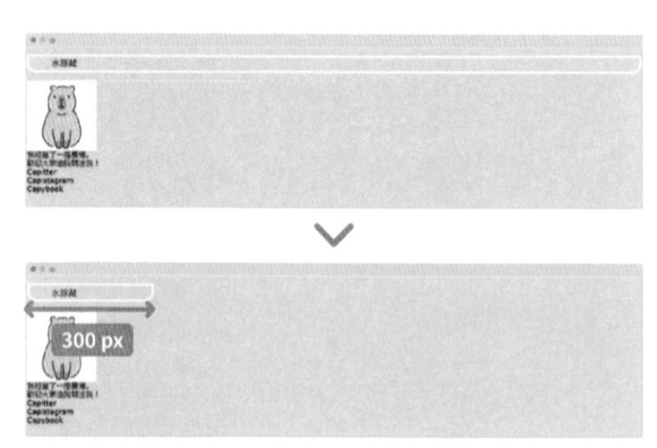

h1 元素的寬度原本是自動延伸（保持和瀏覽器視窗寬度相同），設定後的寬度變成 300px(預設值是靠左對齊)。

STEP 2 讓 h1 區塊元素置中對齊

要讓元素置中對齊，必須先設定寬度，然後**將 margin-right 與 margin-left 設定為 auto**，即可在左右兩邊加入均等的留白，達成置中對齊的效果。請把上一頁 margin 設定為「0」的數值改成 **auto**，即可看到置中的效果。

```
 7 h1 {
 8   font-size: 18px;
 9   border: 3px solid #ffffff;
10   border-radius: 20px;
11   padding: 6px 0;
12   margin: 20px auto;
13   width: 300px;
14 }
```

4章/step/01/css/06_width_step2.css

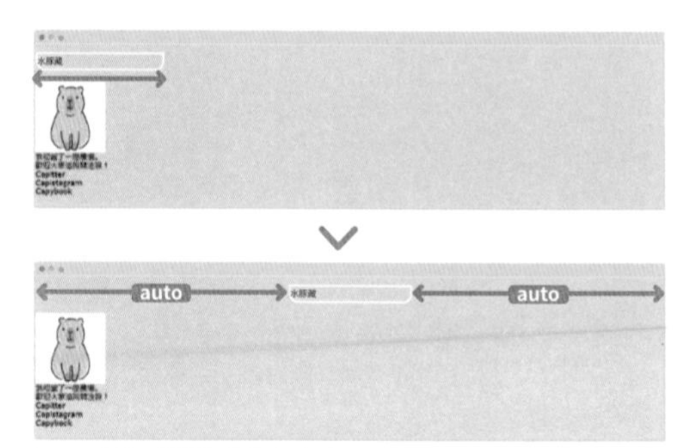

h1 元素跑到瀏覽器視窗中央了。

這裡要徹底瞭解
LEARNING

為什麼要讓元素置中對齊

我不懂為什麼這樣弄就會置中對齊欸……。

其實區塊元素或行內元素置中對齊的方法不同，下面就來解釋原理。

▶ 區塊元素的置中對齊

網頁中的文字「水豚藏」已經用 <h1> 標籤標記，這個 h1 元素是**區塊元素**。

置中對齊的條件是「左右有相等的留白」。可是前面提過區塊元素的特性，是會**「塞滿整個瀏覽器視窗的寬度」**，所以區塊元素以原本的狀態是無法置中對齊的（⇒ P.077）。

所以我們要先設定元素寬度，不讓元素塞滿整個視窗的寬度，再將左右的留白設定為 **auto**（均等），這樣一來，元素左右會置入相等的留白，就可以置中對齊了。

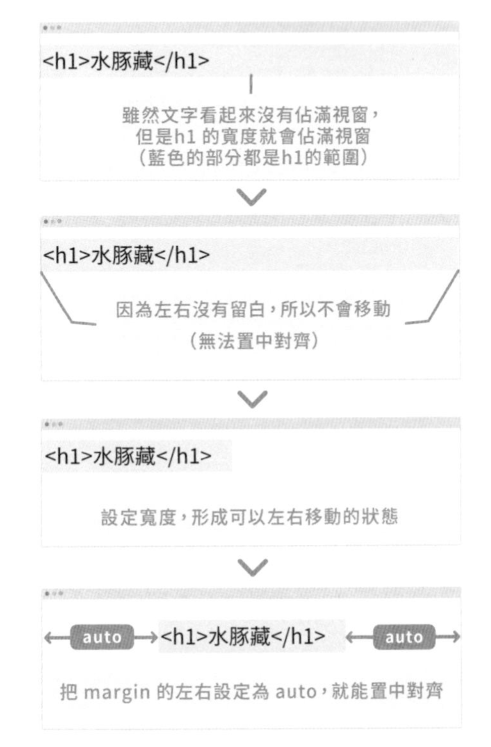
<h1>水豚藏</h1>
雖然文字看起來沒有佔滿視窗，
但是h1 的寬度就會佔滿視窗
（藍色的部分都是h1的範圍）
<h1>水豚藏</h1>
因為左右沒有留白，所以不會移動
（無法置中對齊）
<h1>水豚藏</h1>
設定寬度，形成可以左右移動的狀態
auto
<h1>水豚藏</h1>
auto
把 margin 的左右設定為 auto，就能置中對齊

區塊元素的置中對齊必須
❶ 設定元素的寬度
❷ 左右的 margin 設定為 auto

▶ 行內元素的置中對齊

如果要讓段落等行內元素置中對齊，方法就比較簡單，只要在包住該元素的父區塊元素設定「**text-align:center;**」即可。

在父區塊元素設定
text-align:center;

段落等行內元素

讓子行內元素置中對齊

設定置中對齊(行內元素)

接下來請試著讓行內元素置中對齊吧！

設定行內元素對齊位置的屬性

text-align: ～ ;	這是設定行內元素對齊位置的屬性。 在值輸入代表center、left、right 等位置的值。

STEP 1 讓 h1 區塊內的文字「水豚藏」置中對齊

前面提過，<h1> 標籤是區塊元素，但 <h1> 標籤內的文字「水豚藏」則是屬於行內元素。接著我們要讓區塊內的文字置中對齊，請將它的 **text-align 屬性**的值設定為 **center** 即可。

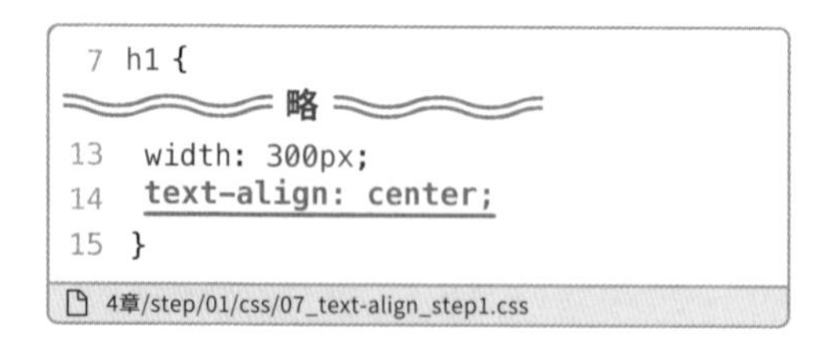

```
 7 h1 {
    略
13   width: 300px;
14   text-align: center;
15 }
```

4章/step/01/css/07_text-align_step1.css

文字「水豚藏」置中對齊。

STEP 2 圖片、內文等行內元素也要置中對齊

這個網頁中還包含使用 <p> 標籤與 <ul> 標籤標記的部分，這些也都是行內元素，因此也要設定「text-align:center; 」，讓它們置中對齊。這邊我們想在 <p> 標籤與 <ul> 標籤設定的 CSS 是一樣的，因此可以用如下的「**整合選擇器**」寫法。要同時設定多個選擇器時，請使用「**,(逗號)**」隔開即可。這裡同時替 <p> 與 <ul> 標籤設定內容置中以及下方留白 20 像素。

```
16 p,ul {
17   text-align: center;
18   margin-bottom: 20px;
19 }
```

4章/step/01/css/07_text-align_step2.css

<p> 標籤與 <ul> 裡面的文字及圖片都是行內元素，所以能使用 text-align:center; 置中對齊。

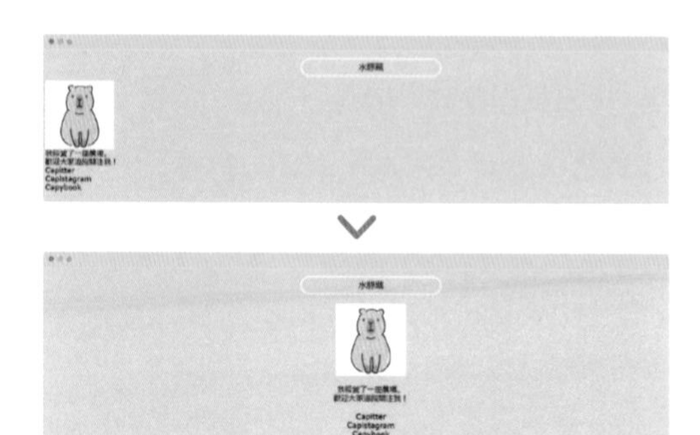

圖片、文字段落與項目等其他元素也置中對齊了。

製作網頁大頭照：把影像變成圓形

STEP 1 用 CSS 把大頭照的形狀變成圓形

方形的大頭照和我們想要的設計不太符合，因此要將它改成圓形。替 <img> 標籤設定 **border-radius** 屬性，影像就會變成圓形。

```
20 img {
21  border-radius: 50%;
22 }
```

4章/step/01/css/08_img_step1.css

設定 border-radius 之後，網頁中的影像（<img> 標籤）都會套用圓角的外觀，設定 50% 的數值會讓正方形的四角都變成圓角（參考 P.092），看起來就變成圓形了。

離最後的設計目標愈來愈近了！

這裡要徹底瞭解
LEARNING

CSS 中使用的單位

你可能會發現，前面使用的單位大多是 px，這邊則是第一次出現的單位 %。其實在 CSS 中會出現各種單位，以下就扼要說明一下。

▶ px（像素）

這是構成數位影像的最小基準單位。如果以 px 來設定尺寸，即使瀏覽器的視窗大小改變，影像尺寸仍不變。

▶ px 以外的單位

除了 px 之外，還有「%（百分比）」、「em」、「rem」等單位。這些單位與 px 不同，會隨著父元素等其他元素而改變基準。之後用到時會再說明。

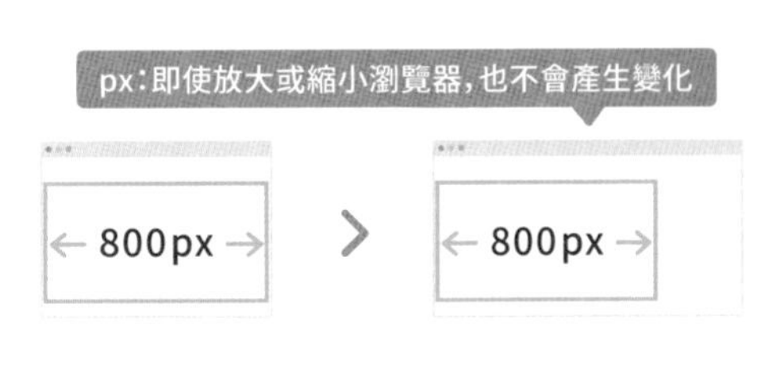
px：即使放大或縮小瀏覽器，也不會產生變化
800px
800px
%：依照瀏覽器等其他元素而改變大小
100%
100%

若設定 px，即使畫面尺寸改變，大小仍不變，可用於「想固定元素寬度」的情況。反之，如果「希望隨著畫面大小更改寬度」時，可以使用其他單位。

將連結項目選單變成選單按鈕

這個部分的 HTML 巢狀結構會比較複雜，建議大家一邊確認 HTML，一邊練習。

```
18 <ul>
19   <li><a href="#">Capitter</a></li>
20   <li><a href="#">Capistagram</a></li>
21   <li><a href="#">Capybook</a></li>
22 </ul>
```

STEP 1 替 a 元素加上背景色

網頁下方有使用 <a> 標記的社群超連結（連結項目選單），要將它們製作成按鈕。首先請如圖替 a 元素加上背景色。

```
23 a {
24   background-color: #ff9a9e;
25 }
```

4章/step/01/css/09_button_step1.css

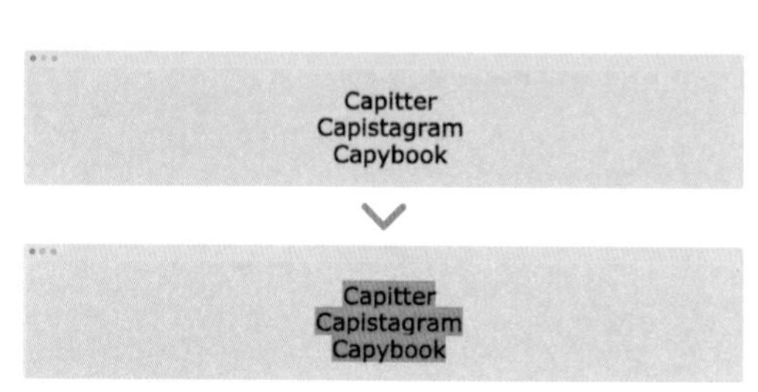

替 a 元素加上「background-color: #ff9a9e;」的屬性，就會替超連結元素加上粉紅色（#ff9a9e;）的背景顏色。

STEP 2 把 a 元素（行內元素）改成區塊元素

改變元素的盒子屬性

display: ～ ; | 在值輸入 block、inline 等盒子屬性。

<a> 標籤的 **display 屬性**預設值，其實是行內元素。但我們想將 <a> 做成按鈕，以目前的狀態來看，可以點擊的範圍很窄（僅限加上粉紅背景色的區域），因此接著要將它改成區塊元素，以擴大範圍。

```
23 a {
24   background-color: #ff9a9e;
25   display: block;
26 }
```

4章/step/01/css/09_button_step2.css

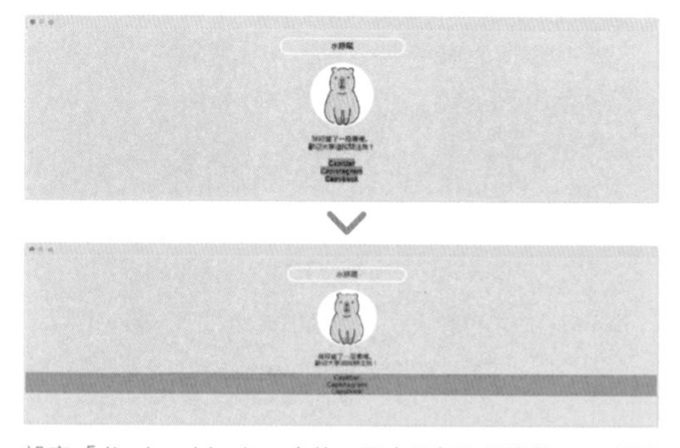

設定「display: block;」之後，原本是行內元素的 <a> 標籤就會變成區塊元素，寬度也會擴大至塞滿整個視窗的寬度。

這是我們在第 3 章（⇒ P.077）學過的「改變 CSS 的 display 屬性值」對吧！

STEP 3

讓按鈕統一置中對齊

將 <a> 標籤改成區塊後，就可以參考前面學過的技巧，將按鈕設定成置中對齊。P.086 學過的步驟是「設定 width，並把左右 margin 設定成 auto」。請注意此時要設定的是 **<ul> 標籤**而不是 <a> 標籤，因為要控制的是「整個清單」，請如下設定 **width 和 margin 屬性**。

```
27 ul {
28   width: 300px;
29   margin: 0 auto;
30 }
```

4章/step/01/css/09_button_step3.css

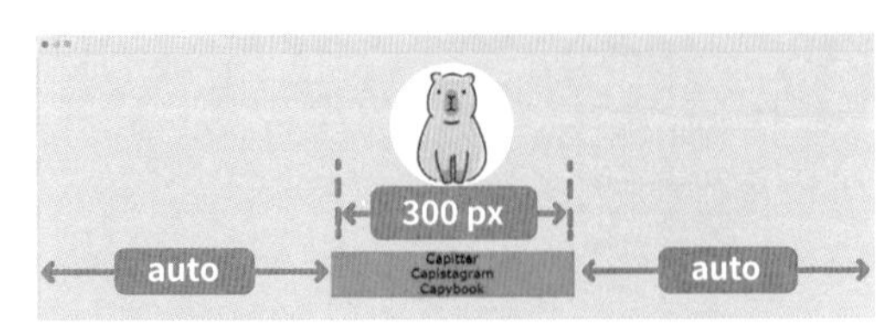

設定 <ul> 標籤的樣式（<a> 標籤包在 <ul> 裡面），設定後，整個清單的寬度變成 300px，並且也置中對齊。

STEP 4

把每一顆按鈕分開（在按鈕下方加上 margin）

目前按鈕都黏在一塊，之前我們已分別用 <li> 標籤標記每顆按鈕，只要再針對 **li 元素**設定 **margin-bottom** 即可分開。

```
31 li {
32   margin-bottom: 20px;
33 }
```

4章/step/01/css/09_button_step4.css

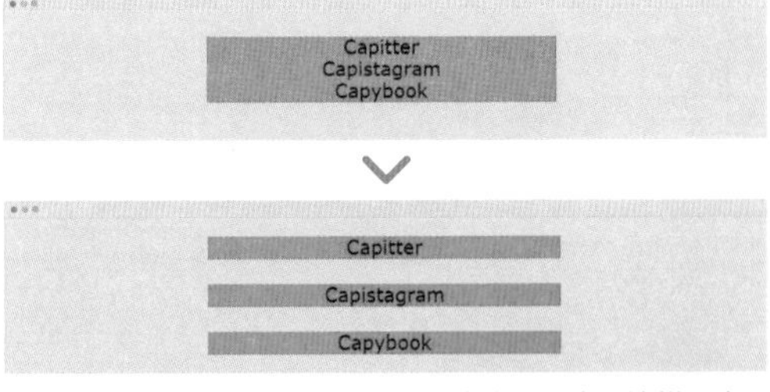

在每個清單項目（<li> 標籤）的下方產生了留白。這樣一來，就可以將黏在一起的按鈕分開。

以本例來說，如果是在 a 元素設定 margin-bottom，結果也是一樣的，但我們建議依照 HTML 的盒子結構來設定，比較不會出錯。所以是替 li 元素加上留白。

STEP 5

把按鈕變大（在按鈕上下都加入 padding）

目前按鈕看起來很細，我們再替 <a> 設定 **padding**，可擴大按鈕內側的上下高度。

```
23 a {
24   background-color: #ff9a9e;
25   display: block;
26   padding: 20px 0;
27 }
```

4章/step/01/css/09_button_step5.css

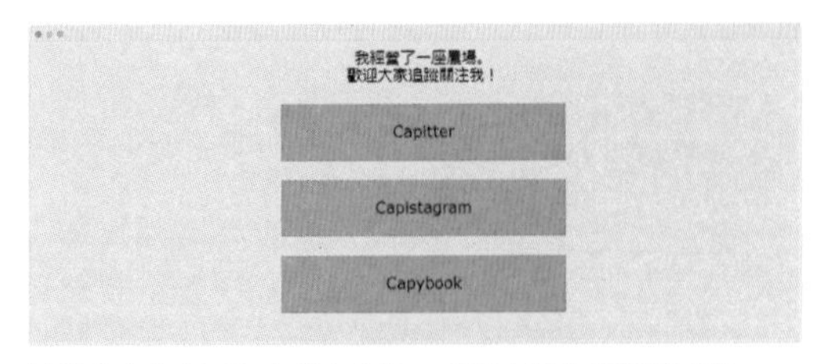

連結文字的上下左右都有留白，看起來就像按鈕的形狀。

STEP 6 將方形按鈕變成圓角矩形按鈕

接著再設定 **border-radius** 將按鈕變成圓角。

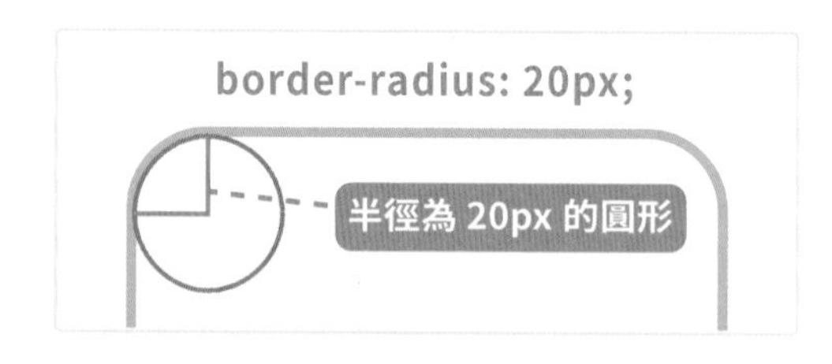

```
23 a {
24   background-color: #ff9a9e;
25   display: block;
26   padding: 20px 0;
27   border-radius: 4px;
28 }
```

4章/step/01/css/09_button_step6.css

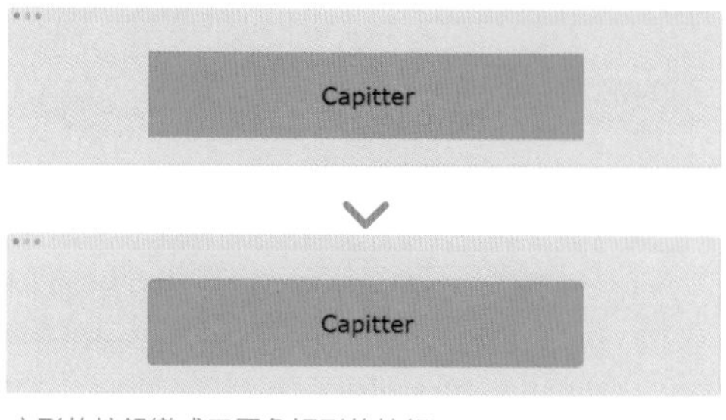

方形的按鈕變成了圓角矩形的按鈕。

這裡要徹底瞭解 LEARNING border-radius 的值

設定 border-radius 的值時，如果以 px 為單位，邊角會變成半徑和值一樣的圓形，形成圓角。以 % 為單位時，則半徑是元素大小的 %。此屬性能分別設定四個圓角。

border-radius: 20px;

半徑為 20px 的圓形

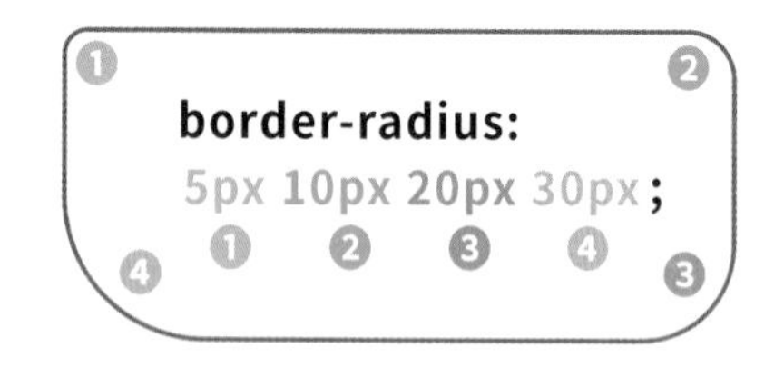

STEP 7 設定按鈕的文字顏色

設定文字顏色的屬性

color: ～ ;	設定文字的顏色(前景色)。 在值輸入色碼或色彩名稱。

按鈕裡的文字是黑色的，依照設計圖，要改成白色，所以在 <a> 標籤設定 **color:#ffffff;**。

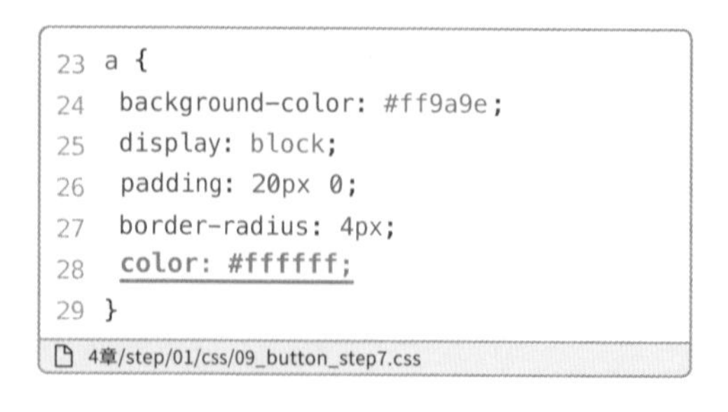

```
23 a {
24   background-color: #ff9a9e;
25   display: block;
26   padding: 20px 0;
27   border-radius: 4px;
28   color: #ffffff;
29 }
```

4章/step/01/css/09_button_step7.css

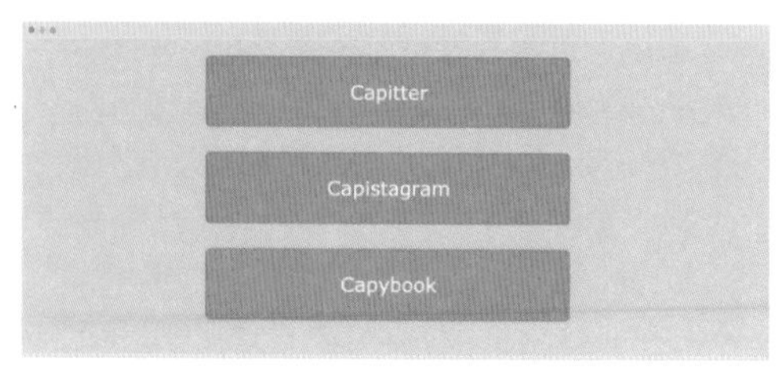

按鈕的文字變成白色了。

STEP 8
設定按鈕的文字粗細

設定字型粗細的屬性

font-weight: ～ ;	在值輸入數值或 bold（變成粗體）等關鍵字。

目前按鈕的文字太細不容易辨識，所以設定 **font-weight:bold;**，把文字變粗，就完成了。

```
23 a {
24   background-color: #ff9a9e;
25   display: block;
26   padding: 20px 0;
27   border-radius: 4px;
28   color: #ffffff;
29   font-weight: bold;
30 }
```

4章/step/01/css/09_button_step8.css

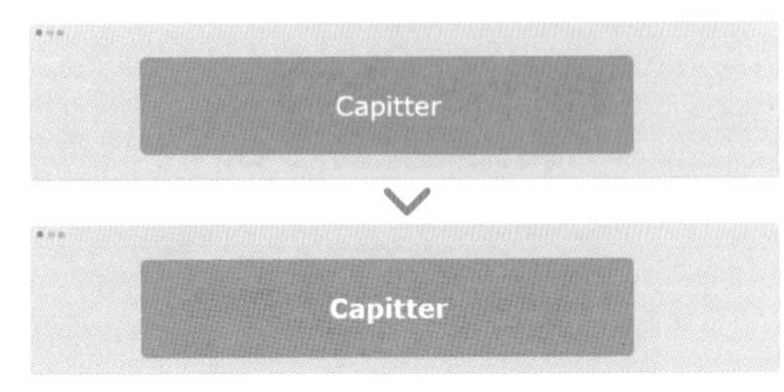

按鈕的文字變粗了，這個簡單的範例網站就完成囉！

可以跳過 RANK UP

傳統的編碼方法

本書為了方便讀者實作，已事先幫大家準備好各種數值及色碼，照著做即可完成。不過，傳統的編碼方式，都會先經過設計圖的步驟，依照設計圖將設計資料整理成數值，需要的影像也會從設計資料匯出，準備好這些資料才能開始架設網站。

資料的取出方法會依網頁設計的應用程式而定，本書並未具體說明，請大家先記住架站之前必須先做這樣的準備工作即可。

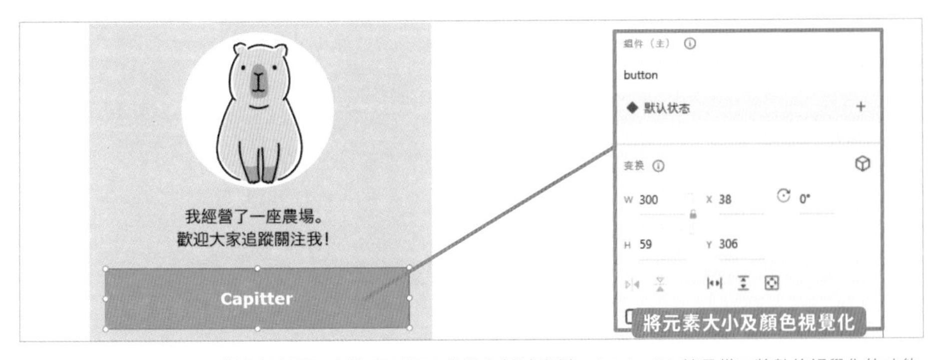

本書範例是以 Adobe XD 製作設計圖，並將資料匯出來做為架站資料。Adobe XD 就具備了將數值視覺化的功能。

Part 3

建立兩欄式網站：水豚農場部落格

啦啦

水豚子在
社群媒體上
留言了～！

哇～

他寫了什麼？

你看

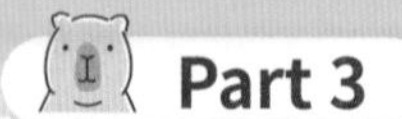

兩欄式部落格網站

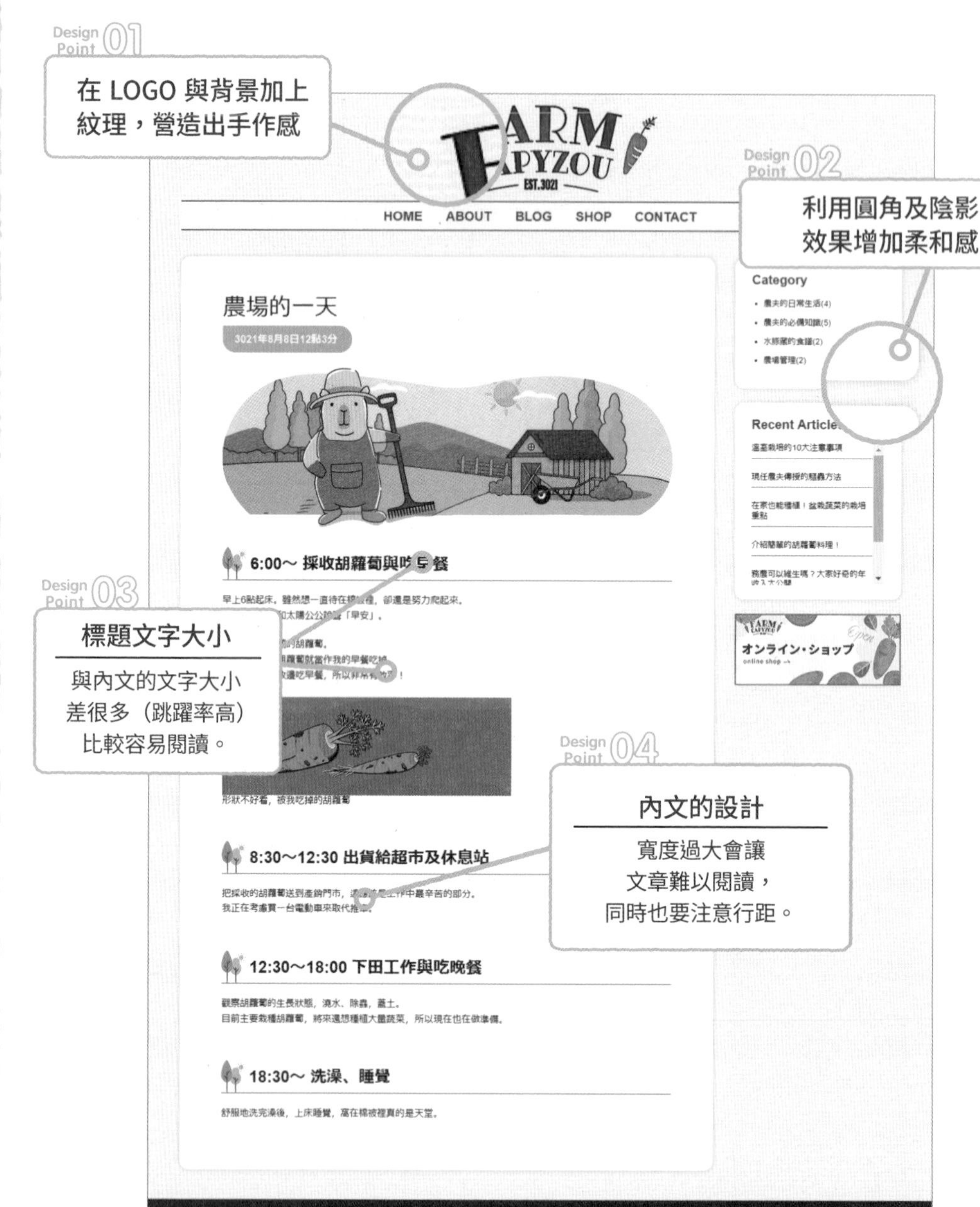

「欄」是什麼？

網頁的「欄」是指「橫向分成幾格」。例如這一頁的設計，就是分成左右兩欄，左邊是「貼文」、右邊是「導覽列」，所以可稱為兩欄式網站。

學習 POINT

文件結構標記

學習各種可讓文件結構更清楚的 HTML 標籤以及物件外框線（outline）的觀念

Flexbox 彈性盒子排版技巧

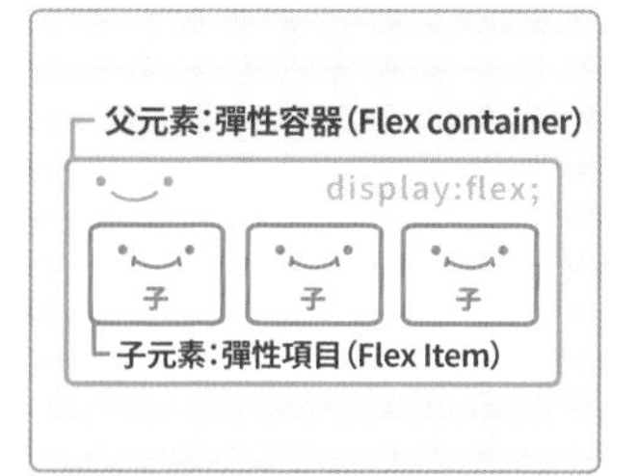

學習方便建立兩欄式排版的 Flexbox 彈性盒子排版技巧。

體驗編寫程式碼

在排版過程中隨時穿插輸入 HTML 與 CSS，體驗比照設計現場的程式碼編寫流程。

設計 POINT

兩欄式版面

https://www.amazon.co.jp/

這是電子商務網站及部落格常見的版面配置。特色是將導覽列固定在側邊欄，比較容易在網頁之間跳轉。

「想要快速切換到其他網頁」、「希望在旁邊列出廣告等補充資料」時，特別適合這種兩欄式排版。

智慧型手機之類的裝置畫面較窄，若使用兩欄式排版會很難操作，因此必須思考與電腦版不同的導覽方式，並設定在裝置上自動切換成手機版。

設計概念是…
手作感 × 自然

這是一個農場（Farm）的部落格，所以使用讓人聯想到大自然的顏色，營造出天然的印象，並且採用胡蘿蔔的橘色作為重點色。
在 LOGO 與背景處都加上淡淡的紙張紋路，可以營造出手作感（手工藝或手繪的感覺）。
網頁中所有大面積的方塊都改成圓角矩形，並且加上淺淺的陰影，讓整體設計呈現柔和的氛圍。

PART 3

05 章

編寫部落格網站的 HTML

本章的重點就是學習與網頁文件結構有關的 HTML
以下會介紹用來建立網頁基本結構的 HTML 標籤，請確實掌握重點

網頁文件結構……。
這個聽起來好難喔！

網頁都有基本的結構喔，如果用人體來比喻，就像是「頭」、「手」、「腳」。

SECTION 1 認識組成網頁的各種元件

網頁的主要元件與對應的 HTML 標籤

頁首

頁首就是網頁的開頭區域，要以 **<header> 標籤**標記。通常會放在網頁上方，包含 LOGO 及導覽列。製作多頁的網站時，通常會讓所有網頁共用頁首，可維持一致性，也方便透過頁首切換到其他網頁。

導覽列

導覽列是以 **<nav> 標籤**標記，通常會將好幾個連結製作成一組選單。本篇的範例網站是在頁首及側邊欄放置了不同功能的導覽列。

主要區域

主要區域會以 **<main> 標籤**標記。這是用來放網頁主要資料的區域，通常貼文區域（請見下頁）的標籤都就會放在此區之中。

貼文區域

貼文是以 **<article> 標籤**來標記。網頁中所有的文章都可以歸類在貼文區域中。

側邊欄

前面學過兩欄式版面，會將網頁分成左右兩欄，並將導覽列或廣告等補充資料放在側邊欄，側邊欄就是以 **<aside> 標籤**來標記。

頁尾

頁尾就是網頁最下面的區域，是以 **<footer> 標籤**標記。通常會將網站的著作權宣告(Copyright©) 及聯絡方式等資料放在這個區域。

導覽列的名稱會依用途而異

你可能會發現導覽列有好幾種樣式，以下就分別介紹不同功能的導覽列。

▶ 全域導覽列

讓網站中所有網頁共用的導覽列，點選之後即可跳至此網站中的主要網頁。

▶ 區域導覽列

用來整合同類網頁的導覽選單。本範例網站是在側邊欄使用這種導覽列。

▶ 麵包屑導覽列

此導覽列會列出使用者目前瀏覽的完整路徑，包括從首頁到當前頁面的路徑，適用於架構比較複雜的電子商務網站。本書範例並未使用這種導覽列。

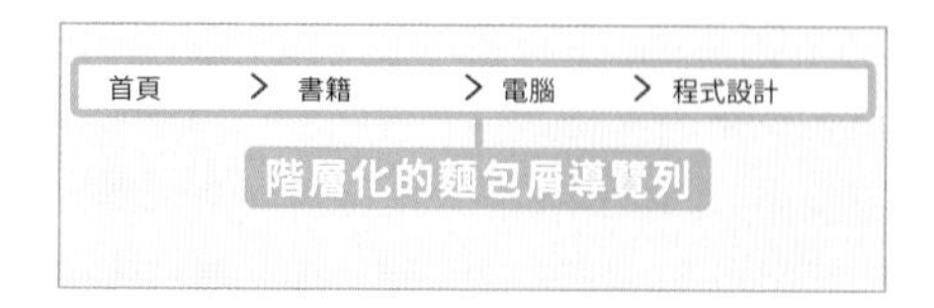

雖然導覽列都是用 <nav> 標籤標記，但名稱會隨著用途而不同喔！

學習呈現文件結構的 HTML 標籤

我們已經學會文件結構的 HTML 標籤，接著請參考前兩頁的內容來做標記吧！

範例檔案中已寫好基本的 HTML，如果想自己練習，也可以挑戰以下的 self-work。

複習前面學過的 HTML 標記

請使用 VS Code 開啟 **5 章 /self-work/ 作業 /index.html**，這個檔案已經幫你寫好「HTML 的基本元素」以及「範例網頁中的文字內容」。你可以參考範例網站的設計圖 **5 章 / 設計 /design.png**，試著活用目前學過的 HTML 標籤來做標記。

完成後，請打開 **5 章 /self-work/ 完成 /index.html** 來比對答案。

檢視作業檔案

請用 VS Code 開啟 **5 章 / 作業 /index.html**。這個檔案是以前面學過的 HTML 標籤標記完成的狀態。你可以一邊檢視要製作的網頁設計圖（**5 章 / 設計 /design.png**），一邊練習。

劃分頁首區域

顯示頁首的標籤

<header> ～ </header>	「head」的意思是源頭、開始。<header> 標籤與輸入文件資料的 <head> 標籤有些不同，請特別注意。

STEP 1 用 <header> 標籤標記頁首區域

請在網頁內容區域（<body>~</body> 裡面）加入 **<header> 標籤**，包圍 LOGO 與導覽列（從「HOME」到「CONTACT」的清單）。

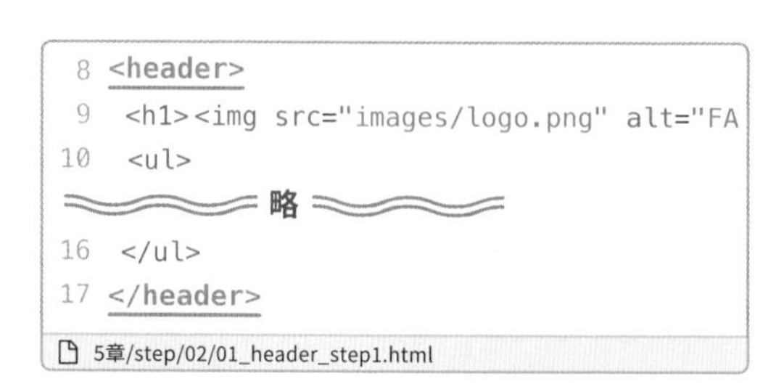

```
 8 <header>
 9  <h1><img src="images/logo.png" alt="FA
10  <ul>
      略
16  </ul>
17 </header>
```

5章/step/02/01_header_step1.html

網頁外觀看起來沒有變化，你可以使用開發人員工具，把游標移動到 <header> 標籤，就會將該區標示出來。

本章的標記過程都會像這樣，光看網頁外觀並不會出現變化，建議大家開啟前面提過的 Google 開發人員工具，可確認該範圍是否已經標記好。工具用法請參考 P.068。

劃分導覽列區域

顯示導覽區域的標籤

<nav> ～ </nav>	nav是「navigation」的縮寫。 此標籤是用來標示網站的導覽列。

STEP 1 標記全域導覽列

此網頁中的項目清單（<ul> 元素）就是預備要製作成全域導覽列的內容，請用 **<nav> 標籤**將這段程式碼包圍起來。

```
 8 <header>
 9 <h1><img src="images/logo.png" alt="FAR
10 <nav>
11  <ul>
      略
17  </ul>
18 </nav>
19 </header>
```

5章/step/02/02_nav_step1.html

將項目清單（<ul> 元素）用 nav 標籤包圍起來。

STEP 2 標記區域導覽列區域

在本章的設計中，放在側邊欄的兩組導覽列是屬於區域導覽列。因此也要使用 **<nav> 標籤**包圍這兩段程式碼。

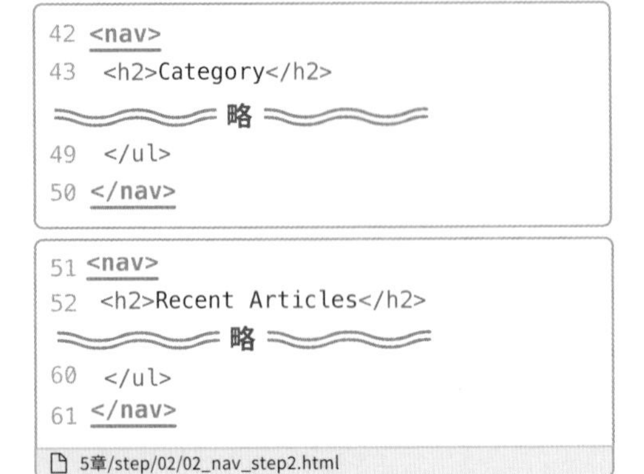

```
42 <nav>
43   <h2>Category</h2>
        略
49   </ul>
50 </nav>
```

```
51 <nav>
52   <h2>Recent Articles</h2>
        略
60   </ul>
61 </nav>
```

5章/step/02/02_nav_step2.html

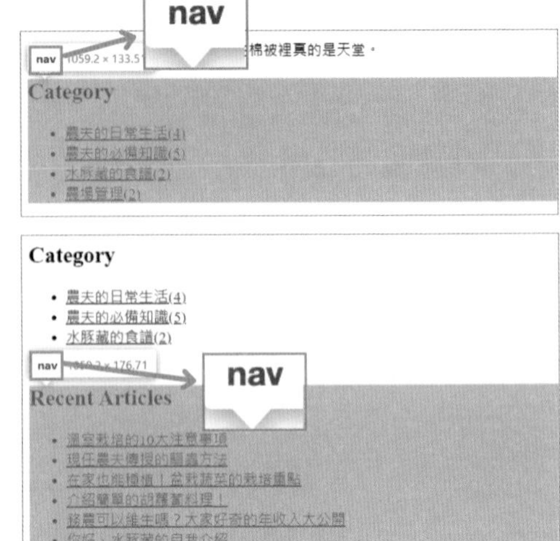

將 Category 與 Recent Articles 的導覽列變成 nav 區域。

劃分主要區域

顯示主要內容區域的標籤

<main> ～ </main>	只在該網頁的主要內容區域使用一次。

STEP 1 標記主要區域

在範例網站的設計中，貼文的部分為網頁的主要區域，所以用 **<main> 標籤**包圍該區。

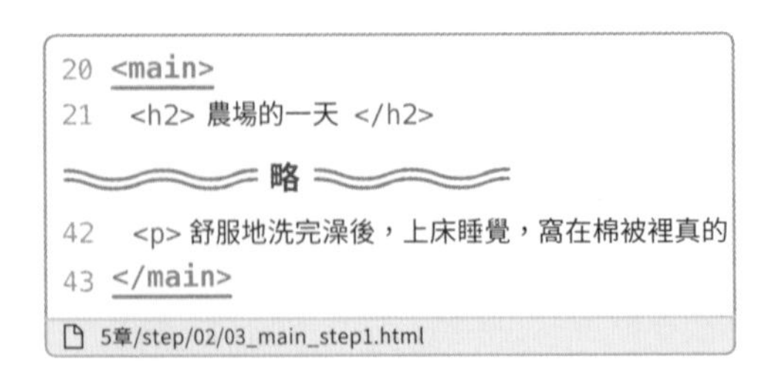

```
20 <main>
21   <h2> 農場的一天 </h2>
        略
42   <p> 舒服地洗完澡後，上床睡覺，窩在棉被裡真的
43 </main>
```

5章/step/02/03_main_step1.html

從貼文標題到 Category 之前都變成 main 區域。

這裡為了讓大家更瞭解要標記的區域，使用了瀏覽器的縮放功能擷取畫面，可見範圍可能會與你的操作環境看起來有些不同。

劃分貼文區域

顯示獨立區域的標籤

<article> ～ </article>	使用於新聞網站或部落格的文章。通常會附上標題（<h1>-<h6>）。

STEP 1 標記貼文區域

請使用 **<article> 標籤**包圍從文章標題（h2元素）到最後一行內文為止的程式碼。

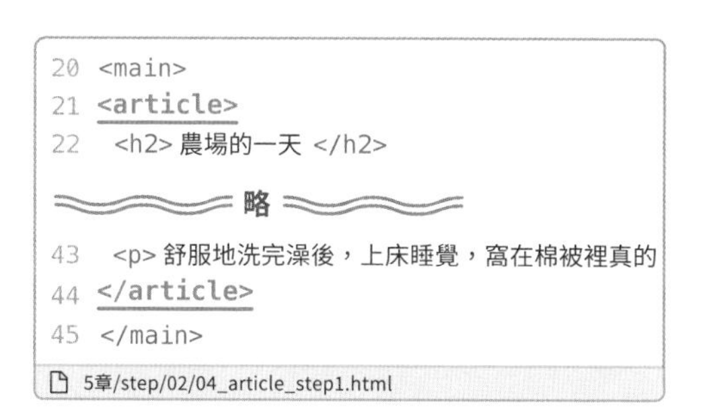

```
20 <main>
21 <article>
22   <h2> 農場的一天 </h2>
   略
43   <p> 舒服地洗完澡後，上床睡覺，窩在棉被裡真的
44 </article>
45 </main>
```

5章/step/02/04_article_step1.html

main 元素與 article 元素標記的範圍一樣。

可以跳過 RANK UP 什麼時候會使用 <article> 標籤？

article 的英文原意是「文章」，不過 **<article> 標籤** 除了文章之外，也可以標記**「獨立的元素」**。「獨立」是指內容完整，即使單獨抽出來看也可以溝通。例如 Twitter 或是 Instagram 的每篇貼文，或是新聞網站中的單篇新聞稿，單獨抽出來看都可以溝通（是獨立的內容），就很適合用 <article> 標籤標記。

劃分補充資料區域(側邊欄)

顯示補充資料區域的標籤

<aside> ～ </aside>

顯示即使省略也不會影響主要內容的補充資料，如廣告、相關連結、專欄等。

STEP 1 標記側邊欄

側邊欄的部分為補充資料，請使用 **<aside> 標籤**包圍這段程式碼。

```
46 <aside>
47   <nav>
48   <h2>Category</h2>
        略
68     <a href="#"><img src="images/side_ba
69   </p>
70 </aside>
```

5章/step/02/05_aside_step1.html

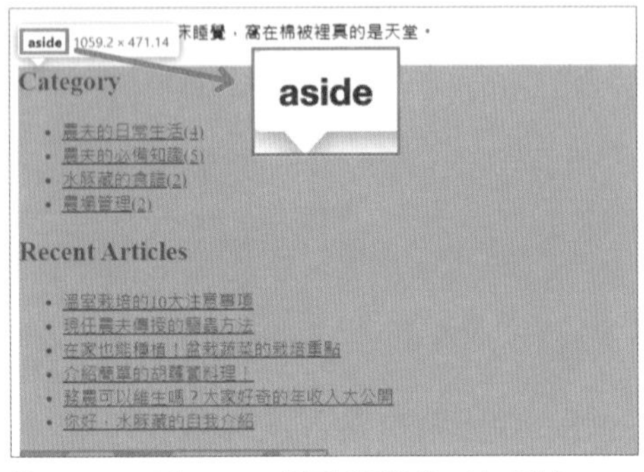

將 Category 到 Banner 的區域都變成 aside 區域。

劃分頁尾區域

顯示頁尾區域的標籤

<footer> ～ </footer>

源自「foot」這個單字，意思是最下面。
通常包含與著作權、著作者有關的資料。

STEP 1 標記頁尾區域

使用 **<footer> 標籤**包圍宣告著作權的部分。

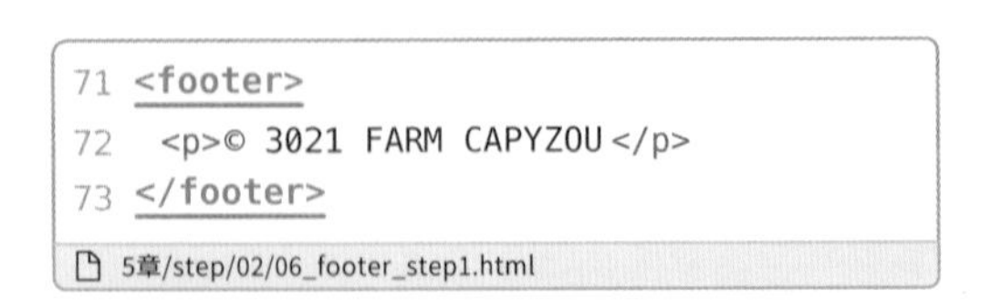

```
71 <footer>
72   <p>© 3021 FARM CAPYZOU </p>
73 </footer>
```

5章/step/02/06_footer_step1.html

顯示著作權的部分成為頁尾區域。

大綱與段落

這樣就完成標記的工作了嗎？

等一下，還有一個 <section> 標籤喔。建議你將段落和大綱的概念一起記下來。

劃分段落區域

顯示段落區域的標籤

<section> ～ </section>	包圍標題與緊接在後面的段落。 通常會附上標題（<h1>～<h6>）。

STEP 1 使用 <section> 標籤標記

<section> 標籤會通常和標題一起使用，包圍和標題相同主題的區域。請分別用 <section> 標籤標記 article 元素內從 <h3> 標籤開始的段落（位置可參考左下圖各行程式碼的編號）。

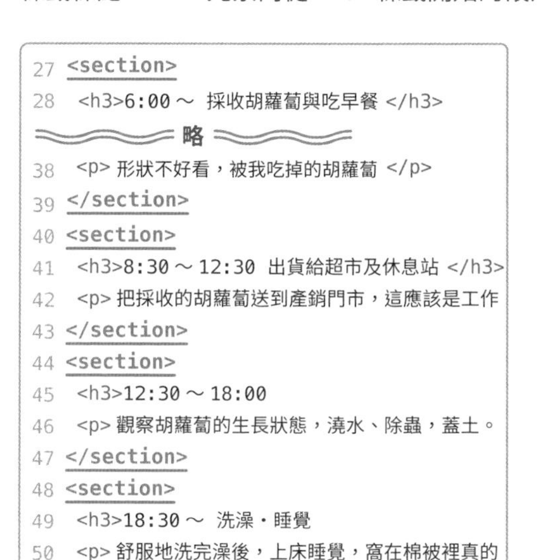

```
27 <section>
28   <h3>6:00～ 採收胡蘿蔔與吃早餐 </h3>
       略
38   <p> 形狀不好看，被我吃掉的胡蘿蔔 </p>
39 </section>
40 <section>
41   <h3>8:30～12:30 出貨給超市及休息站 </h3>
42   <p> 把採收的胡蘿蔔送到產銷門市，這應該是工作
43 </section>
44 <section>
45   <h3>12:30～18:00
46   <p> 觀察胡蘿蔔的生長狀態，澆水、除蟲，蓋土。
47 </section>
48 <section>
49   <h3>18:30～ 洗澡・睡覺
50   <p> 舒服地洗完澡後，上床睡覺，窩在棉被裡真的
51 </section>
```

5章/step/03/01_section_step1.html

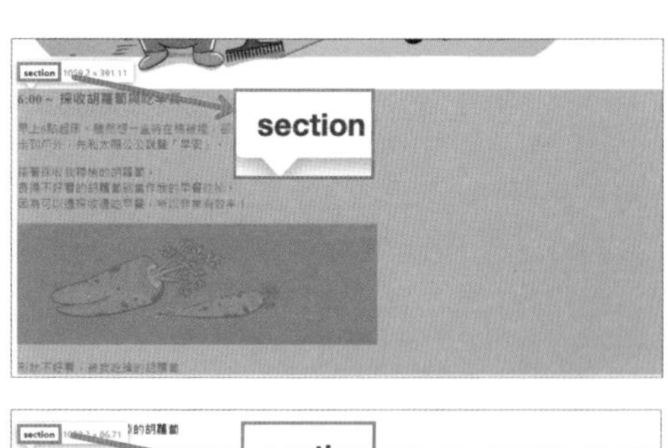

標記 4 個 section 區域。

為什麼要用 <section> 標籤標記段落？

使用 <section> 標籤標記，是為了要讓網頁的**大綱**變明確。大綱就是文件的階層結構，就像是一本書的目錄。

以書的結構為例，第 1 篇包括 4 章，第 2 篇也有其他幾章，就形成了階層結構，這就是書的大綱（Outline）。

如果把這個網頁的結構想成一本書，書名就是「FARM CAPYZOU（以 <h1> 標籤標記）」，目錄則如右下圖所示，這就是很清楚的大綱結構。

撰寫清楚的大綱，瀏覽器才能準確地辨識網頁內容，所以善用 <section> 標籤來標記段落結構也很重要。

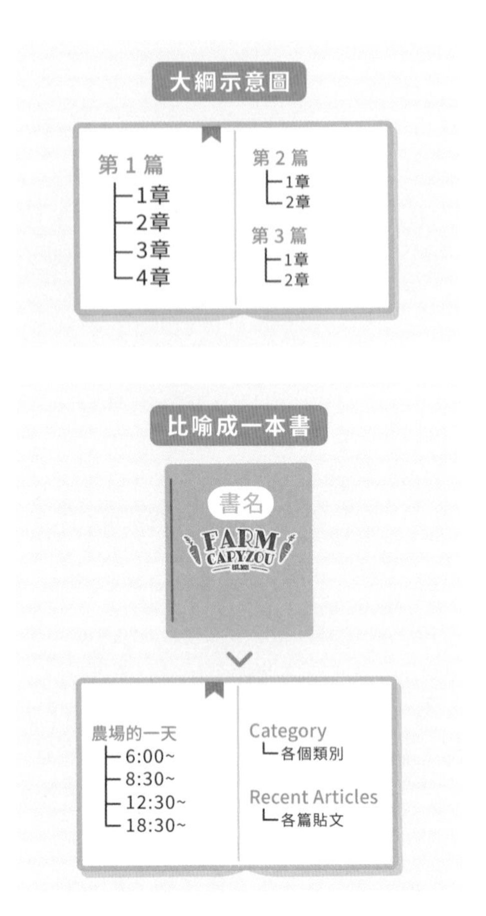

所以 <section> 標籤不能隨便標喔。要先弄清楚文件結構才行。

▶ 只為了美化外觀而分組時，就不需要用 <section> 標籤，可改用 <div> 標籤

本章的範例是為了標示段落，而使用具有段落含意的 <section> 標籤。除此之外，某些情況下會**只為了調整網頁外觀而劃分區塊**，這時就要改用 **<div> 標籤**來標記，因為 <div> 標籤不具備特殊意義，不會影響網頁的大綱結構。

<div> 標籤的說明與使用範例，將在下一章（⇒ P.123）實際演練。

<section> 與標題一定會一起寫嗎？

我有點搞混了，難道每次用了標題，就一定要用 <section> 標籤標記嗎？

其實不一定喔。標記的重點是要讓網頁的大綱結構變得更清晰好讀。

前面我們的確把好幾個標題（<h3> 標籤）包在 <section> 標籤裡面，但是並非每個標題都要這樣做，而是要依照網頁結構決定。舉例來說，假如也把 <h1> 標籤包在 <section> 標籤裡面，整個網頁的大綱就會亂掉了，所以不能這樣做。

網頁的大綱結構會隨著標記產生變化，所以我們會利用一些工具來確認網頁的大綱結構，隨時確認目前的大綱是否符合原本的想法。

如果想了解確認大綱的工具，會在本書超值附錄的實用網站大全中介紹。

會影響網頁大綱的標籤，除了 **<section>** 以外，還包括前面學過的 **<article>**・**<nav>**・**<aside>** 這三種標籤。假如要對 <section> 裡面的內容再進一步做分類，即可使用這三種標籤。

學習其他用途的 HTML 標籤

我的天啊，標記的工作怎麼還沒結束啊⋯⋯！

前面所學的都是「用來建立網頁文件結構」的 HTML 標籤，除此之外，還有幾個具有專門用途的 HTML 標籤，可以標記時間、著作權等等。請再努力一下吧！

標記貼文的發布時間

顯示日期或時間的標籤

<time> ～ </time>	使用於時間具有重要意義的情況，如貼文的發布日等。

time 元素的屬性寫法

要標記時間時，就會使用 **<time> 標籤**，為了說明時間，則要使用 **datetime 屬性**。請注意 datetime 屬性要用**電腦可以讀取的格式**來標記日期、時間。

```
<time datetime="3021-08-08T12:03" >3021年8月8日12時3分</time>
```

也可以用省略型設定

只有年 3021　年・月 3021-08　月・日 08-08　只有時間 12:03　週 3021-W32

請注意上圖的各種格式，包括**要在年、月、日之間加上 -(連字號)**，要在**時間後面加上 :(冒號)，連續輸入「日期」與「時間」時，要在中間輸入大寫字母 T**。這樣寫才能變成電腦可以讀取的格式。此外，也可以只寫年月、月日、時間等省略型。

如果標記的文字是「電腦可讀取的時間格式」，即可省略 datetime 屬性。例如寫成 <time>3021-08-08T12:03</time> 也可以。

並非所有的日期、時間都要用 <time> 標籤標記。當時間有重要意義，例如貼文的發布時間，或是舉辦活動的日期等，才需要用 <time> 標籤標記。

STEP 1 以 <time> 標籤標記發布時間

請以 **<time> 標籤**包圍發布時間。由於時間格式混合了中文，所以要加上 **datetime 屬性**。

```
22 <h2> 農場的一天 </h2>
23 <p>
24 <time datetime="3021-08-08T12:03">
25   3021年8月8日12點3分
26 </time>
27 </p>
```

5章/step/04/01_time_step1.html

以 <time> 標籤標記了發布時間。

標記貼文內的影像

顯示照片、圖表、程式碼等的標籤

<figure> <figcaption> 〜 </figcaption> </figure>	標記的區域必須是獨立的。雖然可以用 <figcaption> 標籤加上說明（caption），但是不需要這麼做。

STEP 1 標記含圖說的影像

第一組 <section> 標籤最後的圖片被 <p> 包圍了。在此要改用獨立的 <figure> 元素來呈現圖片與圖說，請用 **<figure> 標籤**取代這組 <p> 標籤，再用 **<figcaption> 標籤**撰寫圖說。

```
39   <figure>
40     <img src="images/carrots.png" alt="形狀不好看的胡蘿蔔圖 ">
41     <figcaption>形狀不好看，被我吃掉的胡蘿蔔</figcaption>
42   </figure>
43 </section>
```

5章/step/04/02_figure_step1.html

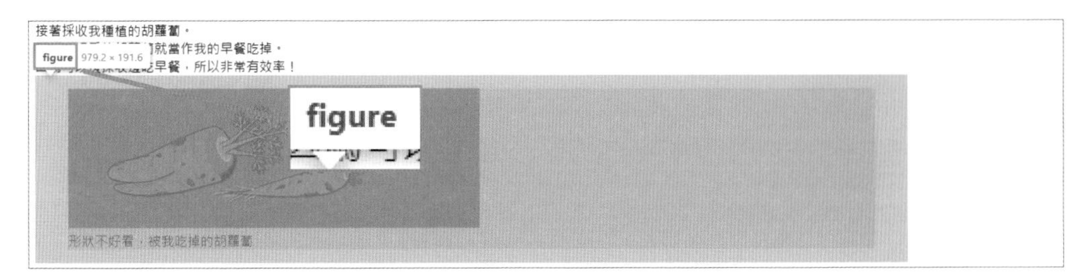

在第一組 <section> 標籤中，將最後面的 <p> 改成 <figure> 標籤，並且加入圖說（<figcaption>）。

這裡要徹底瞭解 LEARNING

所謂「獨立的」figure 元素是什麼意思？

如果是與內文無關的照片，就不能用 <figure> 標籤標記。

與內文有關而且獨立，這是什麼意思？我看不懂啦 ......。

這的確有一點難懂。就拿這章的標記為例來說明吧！

屬於 figure 元素

內文沒有提及影像

即使沒有影像，也不會影響內文，因此可以說影像獨立

與內文有關係的影像

與內文有關，可讓內文更容易了解的影像。右邊的例子補充說明了早餐就是胡蘿蔔。

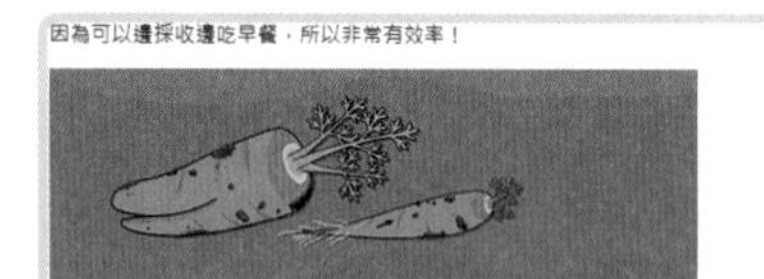

不屬於 figure 元素

在內文提及「如下圖所示」

沒有影像，就無法瞭解內文的意思

與內文沒有直接關係的影像

有時為了裝飾網頁，也會以 CSS 置入影像

原來如此～。所以是要根據「內文與影像有沒有關聯性」來決定是否能用 <figure> 標籤標記啊！

標記版權資料

顯示註解或縮小文字的標籤

<small> 〜 </small>	使用於習慣縮小顯示的版權、免責事項等。如果單純想縮小文字，請用 CSS 處理。

STEP 1 使用 <small> 標籤標記版權資料

使用 <small> 標籤包圍顯示在頁尾的版權宣告文字，就會變成小字。

```
83 <footer>
84 <p><small>© 3021 FARM CAPYZOU </small></p>
85 </footer>
```

5章/step/04/03_small_step1.html

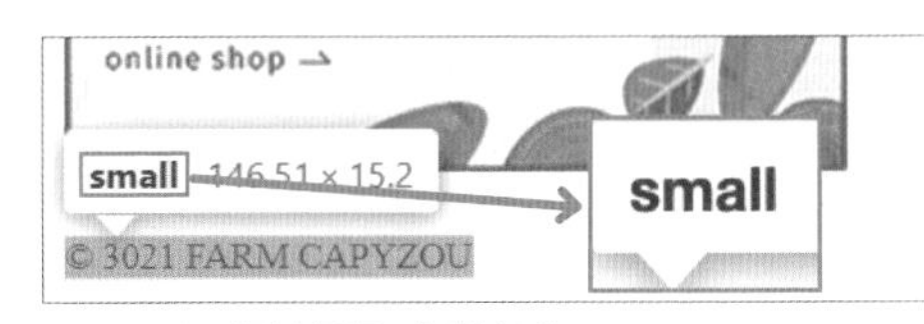

以 <small> 標籤標記了版權部分。

可以跳過 RANK UP　HTML 標籤的分類方法與內嵌規則

HTML 的標籤可以依照性質分成 7 類，這些分類稱作**內容類型**（Content categories）。

有些標籤會同時屬於多種內容類別，也有不屬於任何類別的標籤。

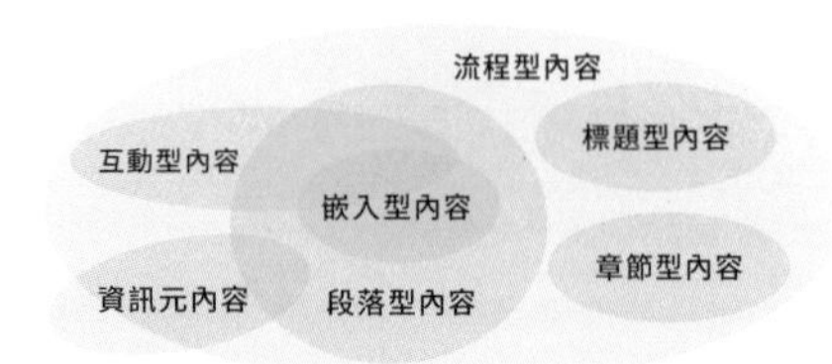

舉例來說，<small> 標籤就屬於段落型內容，同時也屬於流程型內容。而 <li> 標籤則不屬於任何內容類別。

此外，哪個標籤應該放入哪個標籤的配置規則，稱為**內容模型**（Content models）。內容模型通常是依內容類別來定義，建議先記住你常用的標籤及該標籤所屬的類別。

要把規則都記下來並不容易，比如「標題型內容可以包含段落型內容」等。本書的超值附錄網站大全中，有提供可確認巢狀關係的網站供你參考。

PART 3

06 章

編寫部落格網站的 CSS

本章要學習使用 Flexbox（彈性盒子）的排版方法，
運用 CSS 來製作兩欄式版面，完成部落格網站

Flexbox（彈性盒子）這種排版技巧超好用，一定要學會喔！

什麼叫彈性盒子？我學得會嗎……？

練習 Flexbox（彈性盒子）排版

什麼是 Flexbox（彈性盒子）？

你還記得第 3 章學過，**區塊元素是一層一層堆疊起來的**嗎？

第 3 章

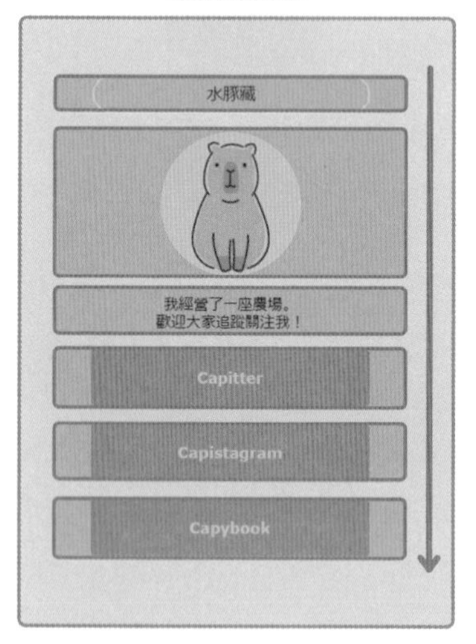

全部區塊都垂直堆疊，沒有水平排列

本章

有水平排列（左右並排）的區塊

有！第 3 章做的網站，是把區塊元素全都垂直堆疊。

用 **Flexbox**（彈性盒子）排版，就**可以讓區塊元素水平排列**。

練習Flexbox(彈性盒子)的寫法

Flexbox(彈性盒子)看起來很難，其實只要兩個步驟就能完成，非常簡單喔！

撰寫Flexbox(彈性盒子)的兩個步驟

❶ 確認要水平排列的元素之父元素

❷ 在父元素(上一層元素)設定 display:flex;

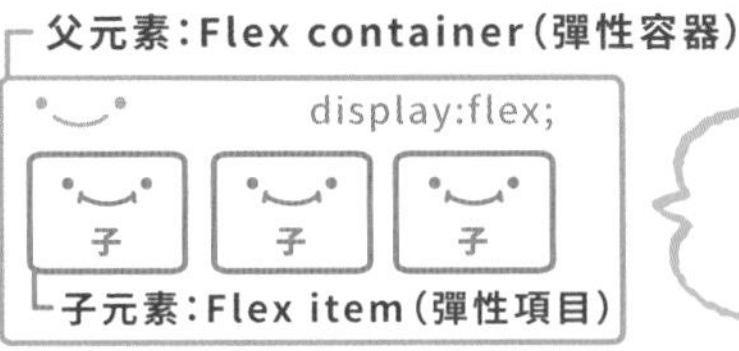

STEP 1 確認檔案

請使用 VS Code 開啟 **6 章 /Flexbox work/ 作業 /index.html**，本章的範例檔案已經先幫你輸入以下的程式碼，請先確認內容。

```
10  <ul>
11    <li><a href="#">box1</a></li>
12    <li><a href="#">box2</a></li>
13    <li><a href="#">box3</a></li>
14    <li><a href="#">box4</a></li>
15    <li><a href="#">box5</a></li>
16  </ul>
```

box1
box2
box3
box4
box5

檔案中的內容是將許多 li 元素垂直排列。

※ 為了方便辨識，這裡替 li 元素加上了背景色與邊框。

STEP 2 練習將 box1～box5 水平排列

box1～box5 屬於 li 元素，它們的父元素（上一層元素）是 ul 元素。接著請開啟 **6 章 / Flexbox work/ 作業 /CSS/style.css**，替 ul 元素設定 **display:flex;**，就會變成水平排列。

```
13  /* 以下是彈性盒子的練習 */
14  ul {
15      display: flex;
16  }
```

6章/Flexbox work/完成/CSS/style.css

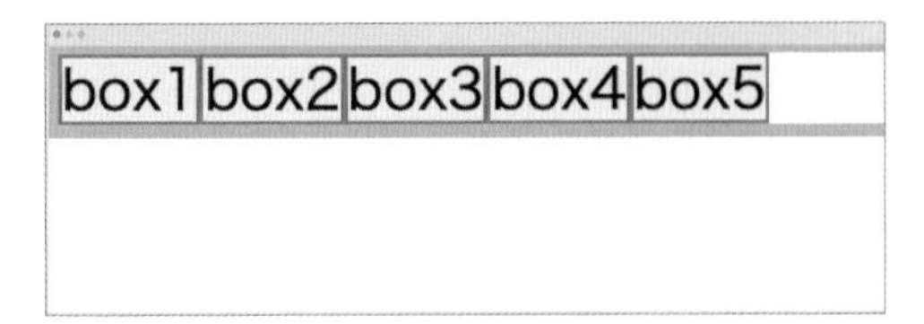

做完兩個步驟，5 個 li 元素就變成水平排列了！

在 CSS 中有許多和 Flexbox(彈性盒子)相關的屬性，使用起來非常方便，可因應各種排版需求。下一頁就為大家介紹幾種常用的屬性。

可設定在父元素(彈性容器)的屬性

「flex-wrap」可設定子元素的換行方式

即使超出父元素的範圍，
也繼續往水平方向排列
*若沒有設定任何值，就會套用預設值

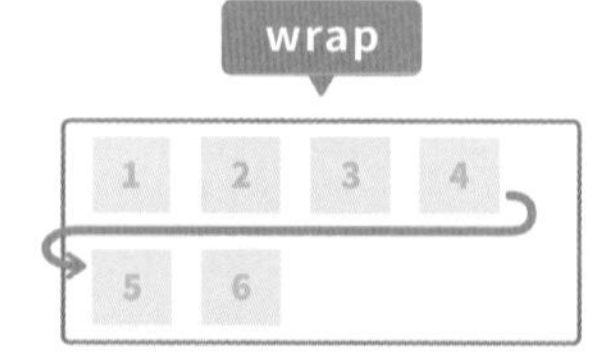

超出父元素的盒子時，
要換到下一行

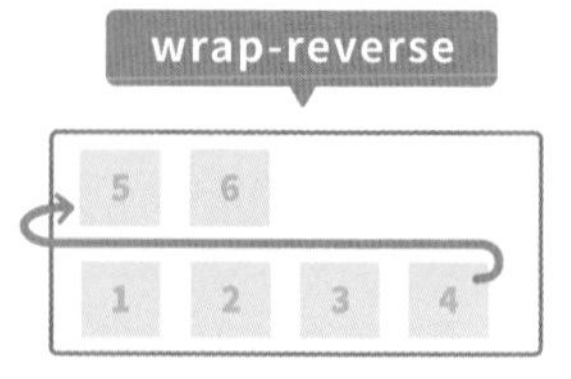

列的順序是由下開始排列

「justify-content」可設定子元素的水平對齊方式

子元素靠左對齊

子元素靠右對齊

子元素置中對齊

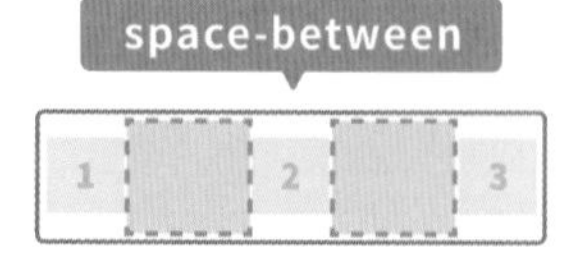

兩邊以無留白狀態均分對齊

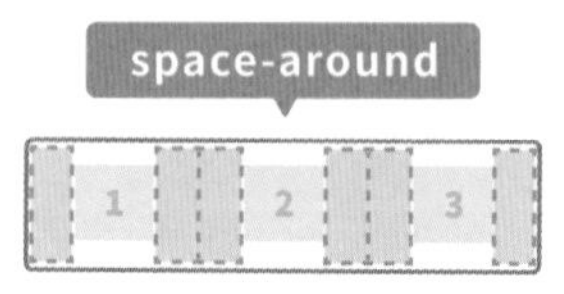

兩邊的留白為子元素間隔的
一半且均分對齊

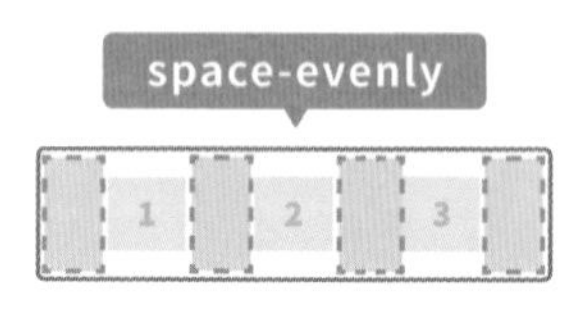

兩邊的留白與子元素的間隔
同寬且均分對齊

「align-items」可設定子元素的垂直對齊方式

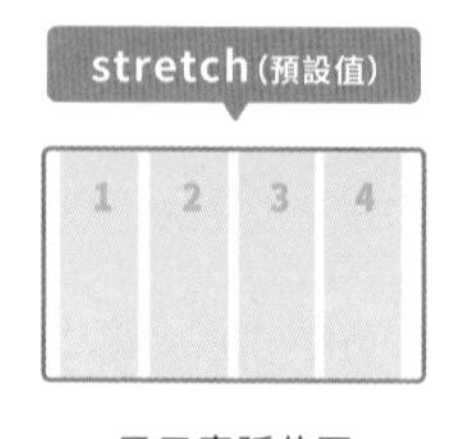

子元素延伸至
父元素的高度

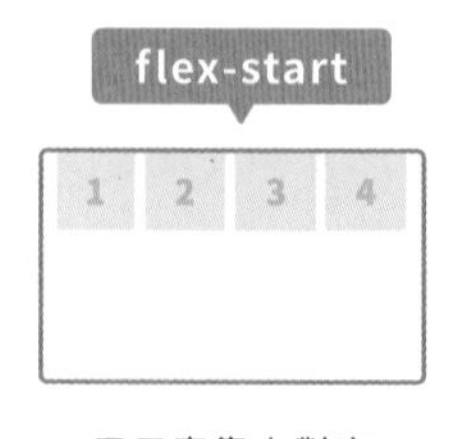

子元素靠上對齊

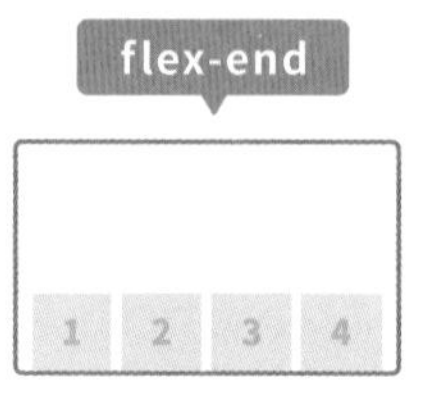

子元素靠下對齊

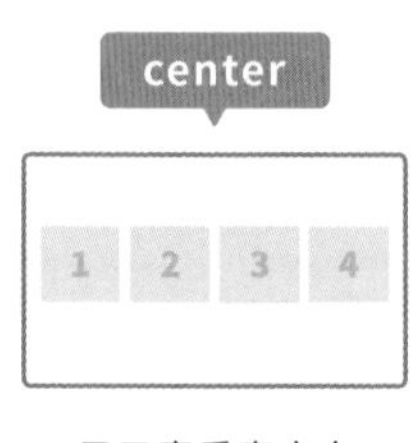

子元素垂直方向
置中對齊

可設定在子元素（彈性項目）的屬性

「flex-basis」可設定子元素的基準大小

依照子元素的內容改變大小

子元素變成設定數值的大小

「align-self」可設定子元素的垂直對齊方式

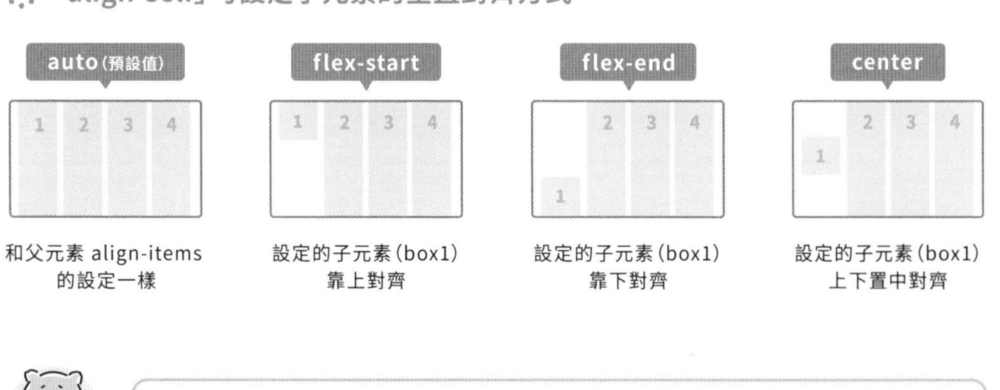

和父元素 align-items 的設定一樣

設定的子元素（box1）靠上對齊

設定的子元素（box1）靠下對齊

設定的子元素（box1）上下置中對齊

這麼多屬性，我可能沒辦法全都記起來……。

後面的製作過程中，會實際操作並詳細解說，這裡只要瞭解「可以對父元素與子元素進行設定」以及「有什麼功用」就可以了。

超值附錄 2 中也有介紹書中未使用的 Flexbox 相關屬性，請善加運用。

編寫「整個網頁」及「頁首」的 CSS 樣式

接下來要開始編寫部落格網站的 CSS，首先出現的就是彈性盒子。

檢視作業檔案

請使用 VS Code 開啟 **6 章 / 作業 /css/style.css**，再用瀏覽器開啟 **6 章 / 作業 / index.html**，確認是否套用了 CSS 的設定效果。以下建議大家一邊對照本章的設計圖（**6 章 / 設計 /design.png**）一邊練習。

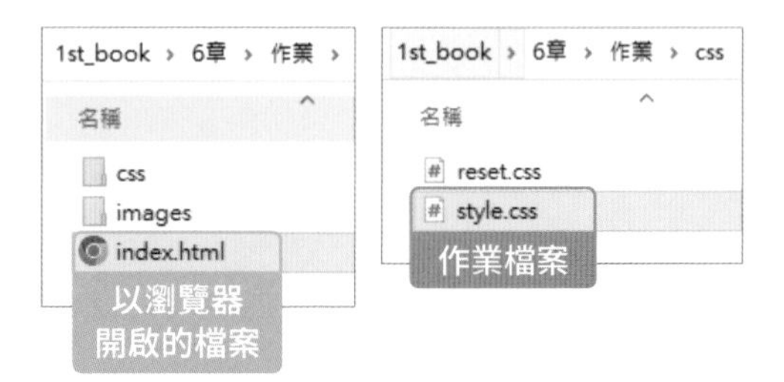

編寫「套用到整個網頁」的 CSS

設定背景影像的屬性

background-image: ～ ;	在值輸入設定了影像位置的 url（檔案路徑）。

STEP 1 設定「整個網頁」的背景圖

我們想替整個網頁加上背景圖，所以要在 body 選擇器設定 **background-image 屬性**並指定影像的路徑。

```
1 @charset "utf-8";
2
3 body {
4  background-image: url(../images/bg.png);
5 }
```

6章/step/02/css/01_body_step1.css

▼背景使用的影像

背景影像其實是以一張小圖重複使用，載入速度會比載入一張大圖快很多。請注意為了要重複拼接使用，圖片不能有明顯的邊界。

將一張小圖重複排列，成為滿版的網頁背景圖。

請注意背景圖也不能太小張，如果重複的張數太多，有時反而會讓顯示速度變慢。

「整個網頁」的 CSS 應該用 body 當作選擇器對吧！

STEP 2 設定「整個網頁」要套用的字型

只要在 body 撰寫 CSS 設定當作整個網頁基準的文字顏色、大小、字型等，子元素就會自動繼承套用設定，這樣非常方便。以下將設定 **font-size**、**font-family**、**color** 等三個屬性。

```
3  body {
4    background-image: url(../images/bg.png);
5    font-size: 16px;
6    font-family: 'arial','Hiragino Sans','Meiryo',sans-serif;
7    color: #333333;
8  }
```

6章/step/02/css/01_body_step2.css

6:00～ 採收胡蘿蔔與吃早餐
早上6點起床。雖然想一直待在棉被裡，卻還是努力爬起來。
走到戶外，先和太陽公公說聲「早安」。
接著採收我種植的胡蘿蔔。
長得不好看的胡蘿蔔就當作我的早餐吃掉。
因為可以邊採收邊吃早餐，所以非常有效率！

＞

6:00～ 採收胡蘿蔔與吃早餐
早上6點起床。雖然想一直待在棉被裡，卻還是努力爬起來。
走到戶外，先和太陽公公說聲「早安」。
接著採收我種植的胡蘿蔔。
長得不好看的胡蘿蔔就當作我的早餐吃掉。
因為可以邊採收邊吃早餐，所以非常有效率！

雖然變化不太明顯，但是文字的顏色從黑色變成略微偏灰色，同時數字的字型也改變了。

※ 本例是設定套用 Windows 系統的預設字型，上圖是 Win 的畫面，若使用 Mac，則會顯示成與截圖不同的字型。

編寫「頁首」的 CSS

STEP 1 讓頁首區域置中對齊

我們先處理頁首的排版工作，頁首調整好後整個版面的結構會更清楚易懂，請如下設定讓頁首區域置中對齊（⇒ P.087）。

接著撰寫 **margin 屬性**，讓頁首區域與主要內容區域之間產生留白間距（44px）。

```
9  header {
10   width: 1240px;
11   margin: 0 auto 44px;
12 }
```

6章/step/02/css/02_header_step1.css

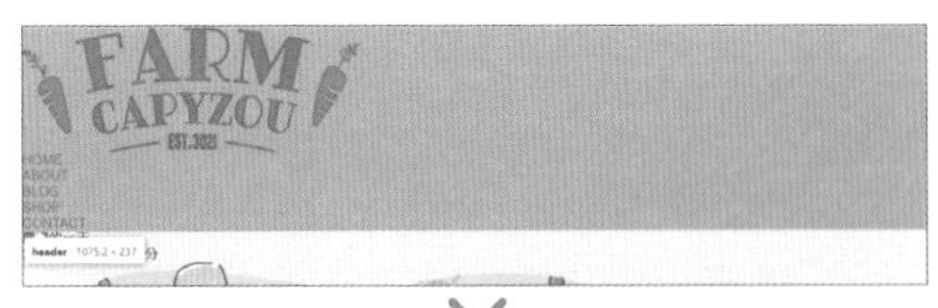

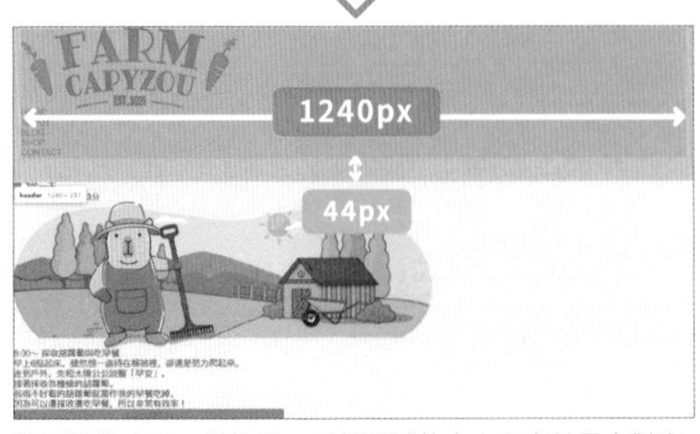

使用開發人員工具檢視，頁首區域的大小固定並置中對齊。

※ 橘色的部分就是用 margin 設定的間距。

STEP 2 讓 LOGO 置中對齊、上下留白

LOGO 圖示（img 標籤）是行內元素，因此要在它的父元素（h1 元素）設定 **text-align:center;** 才能讓 LOGO 置中對齊。請如下設定 **padding 屬性**讓上下留白。

```
13 h1 {
14   text-align: center;
15   padding: 20px 0px 16px;
16 }
```

6章/step/02/css/02_header_step2.css

設定後 LOGO 就會置中對齊，並在上下加入留白間距。
※ 在開發工具中檢視 h1 元素，綠色部分就是 padding。

編寫「全域導覽列」的 CSS 樣式

STEP 1 讓導覽項目（li 元素）水平排列並置中對齊

接著要把垂直排列的 li 元素變成水平排列。請在父元素（ul 元素）設定 **display:flex;**。

```
17 header nav ul {
18   display: flex;
19 }
```

6章/step/02/css/03_global-navigation_step1.css

原本垂直排列的導覽項目，變成水平排列了。

「header nav ul」的寫法稱為「**後代選擇器**」。詳細說明請看 P.120。

STEP 2 讓導覽項目（li 元素）置中對齊

在 ul 設定 **justify-content:center;**，就可以讓變成彈性項目（Flex item）的 li 元素置中對齊（⇒ P.114）。

```
17 header nav ul {
18   display: flex;
19   justify-content: center;
20 }
```

6章/step/02/css/03_global-navigation_step2.css

導覽項目置中對齊了。

STEP 3 設定導覽列（ul 元素）的外觀

依照設計圖，請如下設定，讓導覽列的上下都加上線條和留白，並改變背景色。本例要將背景色設定白色半透明，請用 **RGBA** 屬性設定顏色和不透明度（0.42 就表示 42%）。

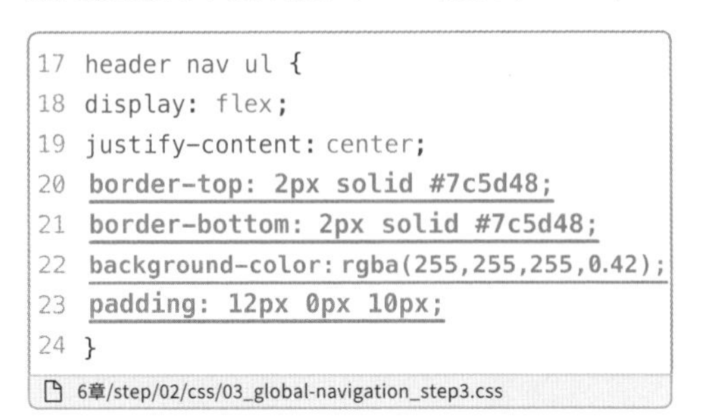

```
17 header nav ul {
18 display: flex;
19 justify-content: center;
20  border-top: 2px solid #7c5d48;
21  border-bottom: 2px solid #7c5d48;
22  background-color: rgba(255,255,255,0.42);
23  padding: 12px 0px 10px;
24 }
```

6章/step/02/css/03_global-navigation_step3.css

導覽列（ul 元素）的外觀改變了。

STEP 4 讓導覽項目（li 元素）的間距變大

目前所有導覽項目（li 元素）都擠在一起，請使用 **margin 屬性**設定項目的間距。

```
25 header nav ul li {
26  margin: 0 20px;
27 }
```

6章/step/02/css/03_global-navigation_step4.css

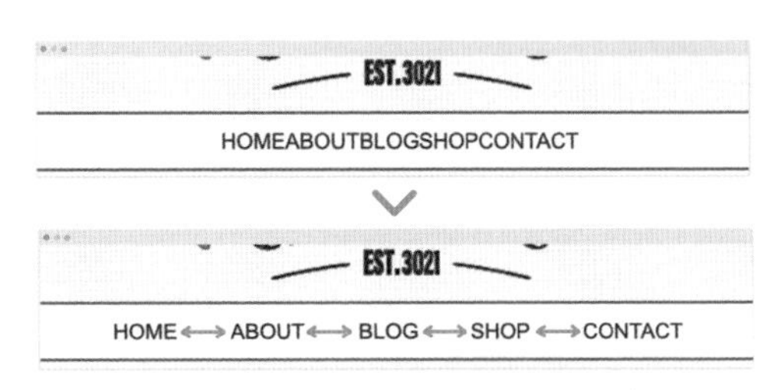

導覽項目的間距變大了（間距以粉紅色箭頭表示）。

STEP 5 裝飾導覽項目（li 元素）的文字

依照範例網站的設計圖，如下調整導覽項目的文字大小、粗細、顏色等。

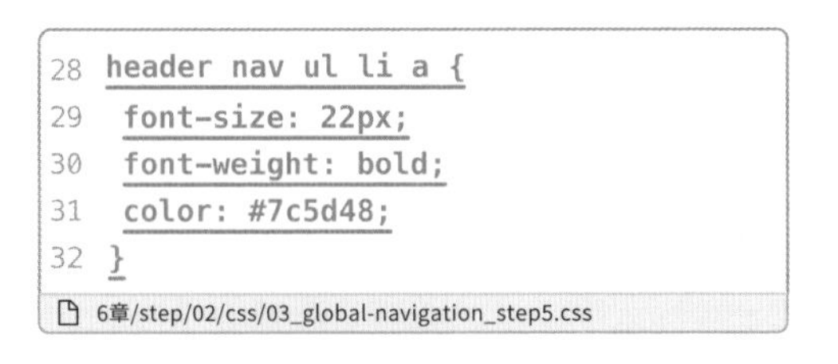

```
28 header nav ul li a {
29  font-size: 22px;
30  font-weight: bold;
31  color: #7c5d48;
32 }
```

6章/step/02/css/03_global-navigation_step5.css

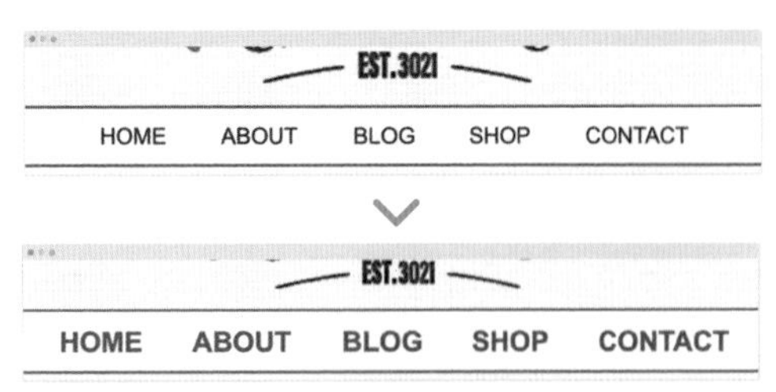

將導覽項目的文字放大、加粗，並改成咖啡色。

這裡要徹底瞭解 LEARNING

各種選擇器的寫法

我第一次看到「header nav ul」的寫法！這是什麼意思啊？

指定給「h1」或「ul」等單一元素的選擇器，稱為**「型態選擇器」**。此外我們也常看到像是「header nav ul」這種包含多層元素的選擇器，稱為**「後代選擇器」**。

型態選擇器

```
ul { ～ }
```

在所有 ul 元素套用相同樣式

後代選擇器

```
header nav ul { ～ }
```

意思是「只有 header 內 nav 內的 ul 元素」

只在符合特定條件的 ul 元素套用樣式

本章的 **HTML 中包含多個 ul 元素，希望各自套用不同的 CSS，所以要使用後代選擇器**。除此之外，還有很多方便的選擇器，請見下表。

名稱	寫法	說明
型態選擇器（Type selectors）	A {～}	套用在所有的 A 元素。適用範圍廣，實務上很少用
後代選擇器（Descendant selectors）	A B {～}	套用在所有內嵌在 A 元素的 B 元素
子選擇器（Child selectors）	A > B {～}	只套用在 A 元素底下的子元素，也就是 B 元素
擬態選擇器（Pseudo-Class selectors）	A:hover {～}	只套用在特定狀態的 A 元素。這個例子是套用在 hover 狀態的 A 元素。其他還有各種狀態的設定方法
相鄰選擇器（Adjacent sibling selectors）	A + B {～}	只套用在緊接 A 元素之後的 B 元素
屬性選擇器（CSS attribute selectors）	A[C] {～}	只套用在具有 C 屬性的 A 元素
class 選擇器	.class名稱 {～}	只套用在 class 名稱的 class 屬性之元素
id 選擇器	#id名稱 {～}	只套用在 id 名稱的 id 屬性之元素

選擇器怎麼那麼多，我覺得好難啊啊啊！！

只要先瞭解在選擇器的寫法中，有很多種類就可以了。在實作練習中，已經使用了常用的選擇器，先學好基本的寫法即可。

設定滑鼠游標移入導覽項目時的效果

STEP 1 改變滑鼠游標移入時導覽項目的外觀

統一設定文字底線的屬性

text-decoration: ～ ;

在值輸入位置、線條種類、設定顏色、線條粗細。

網頁上有些元素具有互動效果，例如按鈕或超連結，通常都會設定「滑鼠游標移入時會改變外觀」，讓使用者知道「這裡可以按」。移入時的外觀是使用 **:hover 擬態選擇器**（請參考上頁的表格）設定。本例是設定成「滑鼠移入時會出現兩條底線」。

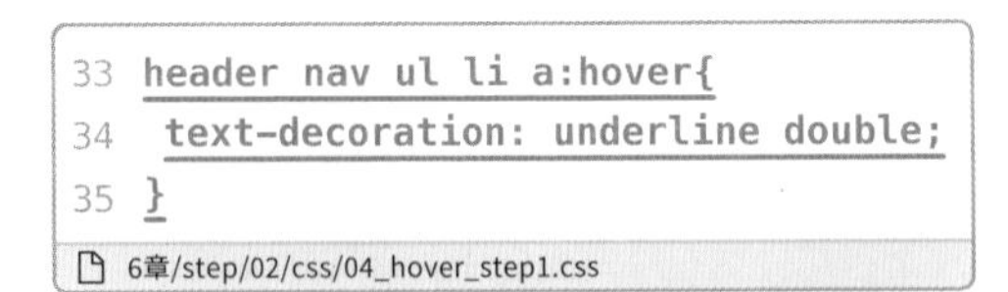

```
33 header nav ul li a:hover{
34  text-decoration: underline double;
35 }
```

6章/step/02/css/04_hover_step1.css

移入滑鼠時顯示底線。

這裡要徹底瞭解 LEARNING 請記住 text-decoration 的簡寫寫法

使用 **text-decoration 屬性**，可以統一設定文字套用的底線位置、種類、顏色。

簡寫的寫法

text-decoration: underline double #ed7a92 2px ;

- 以半形空格分隔各值
- 順序沒有限制

線條位置

線條粗細

可以設定線條位置的值

值	範例	說明
underline	水豚	底線
overline	水豚	上線
line-through	水豚	刪除線
none	水豚	無線條

可以設定線條種類的值

值	範例	說明
solid	水豚	實線
double	水豚	雙線
dotted	水豚	點線
dashed	水豚	虛線
wavy	水豚	波浪線

除了線條位置，其他可以省略。省略時，種類是 solid（實線），顏色與文字同色，粗細會隨著瀏覽器而異。

SECTION 3 編寫「主要區域」與「側邊欄」的 CSS

讓「主要區域」與「側邊欄」水平排列

上圖是為了方便辨識位置而刻意加上顏色。

參考右圖，粉紅色區塊是主要區域（main 元素），藍綠色的區塊則是側邊欄（aside 元素）。我們想要讓這兩個區塊水平排列，請尋找可以套用 display:flex; 屬性的標籤。

我找到了 main 元素與 aside 元素的父元素，就是 body 元素。只要在 body 元素套用 flex 就可以了嗎？

如果在 body 元素設定 flex，則 body 中的子元素（例如 header 與 footer）也會受到影響喔！因此，**要新增可限制影響範圍但不具備任何特殊意義的標籤來套用屬性**。

這裡要徹底瞭解 LEARNING 無任何意義的 <div> 標籤與 <span> 標籤

有時候可能會出現這種情況，在標記好的標籤中元素不足、不夠套用 CSS 的情況。此時，可以新增 **<div> 與 <span>** 這類不具備特殊意義的標籤來套用，如下所示。

無意義的 HTML 標籤

不會對文件結構造成影響，可以將 HTML 群組化，達到利用 CSS 裝飾網頁的目的。

<div> 〜 </div>

使用於把多個區塊變成群組的情況
會產生區塊元素

使用範例

```
<div>
  <section>
    <h1> 文字 </h1><p> 文字 </p>
  </section>
</div>
```

<span> 〜 </span>

使用於在部分文字套用樣式的情況
會產生行內元素

使用範例

```
<h1>
  <p>
    文字的 <span> 一部分 </span>
  </p>
</h1>
```

STEP 1 在 HTML 新增 <div> 標籤

請用 VS Code 開啟 6 章 / 作業 /**index.html**，為了讓 <main> 與 <aside> 這兩個區塊元素水平排列，要在它們的上層新增 <div> 標籤當作父元素，之後即可在 <div> 標籤上套用 Flexbox 屬性讓它們並排。

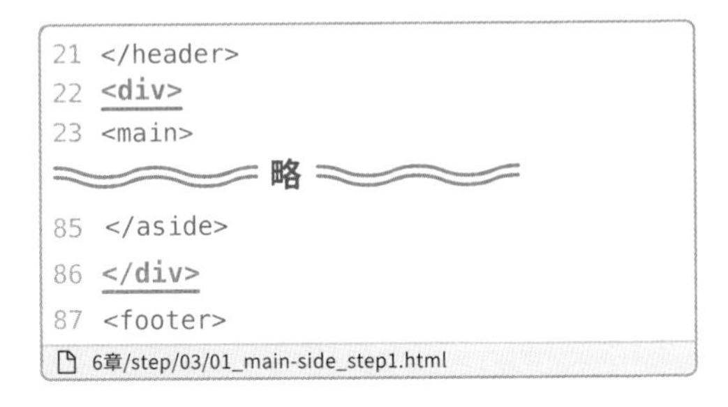

```
21 </header>
22 <div>
23 <main>
        略
85 </aside>
86 </div>
87 <footer>
```

6章/step/03/01_main-side_step1.html

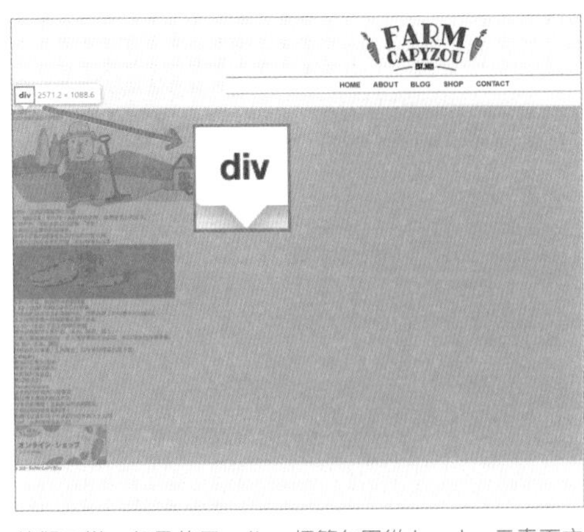

外觀不變，但是使用 <div> 標籤包圍從 header 元素下方到 footer 元素之前的區域。

STEP 2 讓 <div> 區域對齊頁首區域

在水平排列之前，先統一 <div> 區域與頁首區域的寬度，並置中對齊。

請再次回到 **style.css**，輸入以下 CSS。

```
36 div {
37   width: 1240px;
38   margin: 0 auto 50px;
39 }
```

6章/step/03/css/01_main-side_step2.css

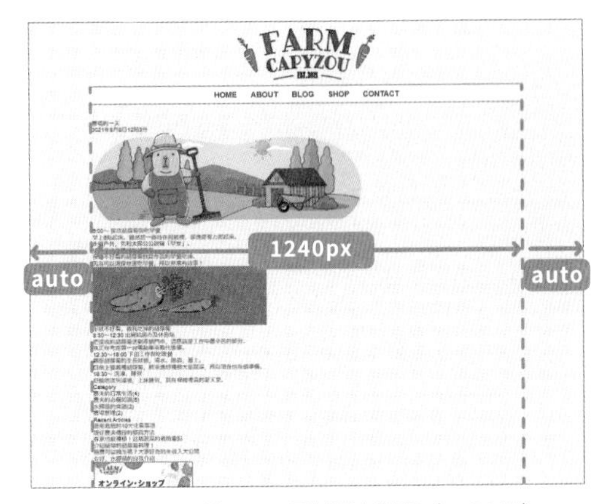

設定 margin 即可讓 <div> 區域置中對齊 （⇒ P.087）。

STEP 3 水平排列主要區域與側邊欄

在 div 設定 **display:flex;**，即可將主要區域與側邊欄變成水平排列。

```
36 div {
37   width: 1240px;
38   margin: 0 auto 50px;
39   display: flex;
40 }
```

6章/step/03/css/01_main-side_step3.css

將主要區域與側邊欄水平排列。

STEP 4 設定主要區域與側邊欄的寬度

分別以 **flex-basis** 設定主要區域與側邊欄的寬度（⇒ P.115）。為了讓後面的操作比較容易瞭解，也在主要區域設定了背景色。

```
41 main {
42   flex-basis: 920px;
43   background-color: #ffffff;
44 }
45 aside {
46   flex-basis: 284px;
47 }
```

6章/step/03/css/01_main-side_step4.css

形成較寬的主要區域（920px）及較窄的側邊欄（284px）。

STEP 5 在主要區域與側邊欄之間加上留白間距

接著在父元素（<div> 標籤）使用與 Flexbox 相關的 **justify-content** 屬性設定**均分對齊（space-between）**，在子元素間產生間距。

```
36 div {
37   width: 1240px;
38   margin: 0 auto 50px;
39   display: flex;
40   justify-content: space-between;
41 }
```

6章/step/03/css/01_main-side_step5.css

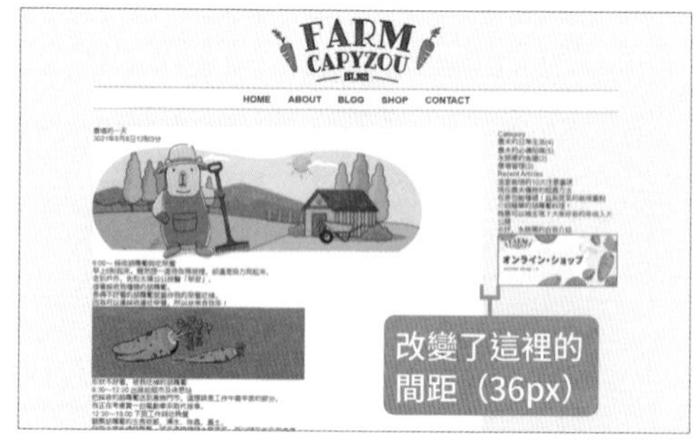

在父元素（<div> 標籤）設定「均分對齊」，就會讓子元素（主要區域與側邊欄）分別靠左、靠右對齊，因此兩個區塊之間就會產生間距。

本例是在寬度 1240px 的 div 元素中，加入「920px 主要區域」及「284px 側邊欄」，設定均分對齊後，兩者之間就會產生 1240px－(920px ＋ 284px) ＝ 36px 的留白。

你也可以使用另一種方法，就是在主要區域右邊或側邊欄的左邊加上 margin 即可。

所以說，想要的呈現方式其實可以用各種不同的 CSS 寫法來達成對吧。

裝飾「主要區域」與「側邊欄」的方塊

設定方塊陰影的屬性

box-shadow: ～ ;	在值輸入陰影的位置、模糊量、擴大量、顏色等。

STEP 1 裝飾主要區域的方塊

main 元素的邊框要改成圓角並加上留白，外側還要加上陰影。圓角邊框是以 **border-radius** 設定，留白則用 **padding** 設定。

接著要再以 **box-shadow** 設定陰影。設定值中省略了「擴大量」，顏色則以 **RGBA 值** 設定不透明度「0.16（16% 的意思）」。

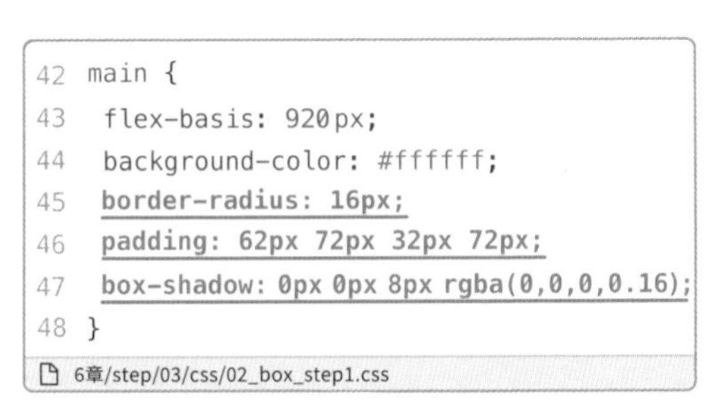

```
42 main {
43   flex-basis: 920px;
44   background-color: #ffffff;
45   border-radius: 16px;
46   padding: 62px 72px 32px 72px;
47   box-shadow: 0px 0px 8px rgba(0,0,0,0.16);
48 }
```

6章/step/03/css/02_box_step1.css

主要區域的方塊變成圓角並加上陰影，同時在內側留白（邊框和圖文之間產生了留白間距）。

這裡要徹底瞭解 LEARNING **box-shadow 的寫法**

設定陰影時，需要輸入 X 軸與 Y 軸的數值。如果輸入正值，會在右下方加上陰影。若想在左或上方加上陰影，則要輸入負值。設定模糊效果，能讓陰影看起來更逼真。如果使用 **,（逗號）** 分開設定值，則可以加上多重陰影。

STEP 2 裝飾側邊欄

接著要在側邊欄的導覽列設定和 main 元素一樣的圓角與白色背景，讓兩者風格一致。

此外還要在每個導覽列下方加上留白間距，所以加上 **margin-bottom** 的設定。

```
49 aside {
50   flex-basis:284px;
51 }
52 aside nav {
53   border-radius: 16px;
54   background-color: #ffffff;
55   box-shadow: 0px 0px 8px rgba(0,0,0,0.16);
56   padding: 24px 28px;
57   margin-bottom: 24px;
58 }
```

6章/step/03/css/02_box_step2.css

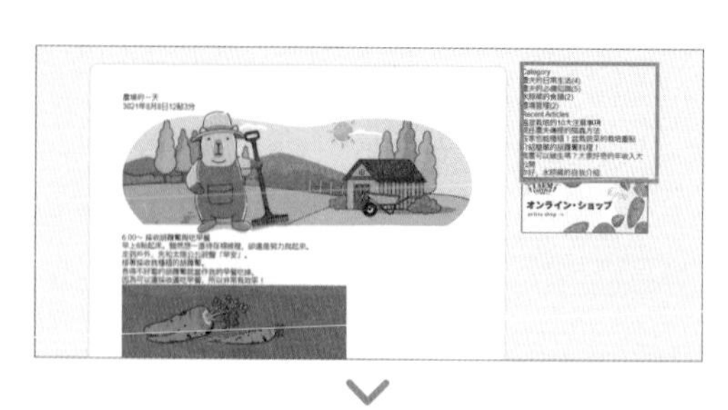

在側邊欄的導覽區加上和主要區域一樣的裝飾。

裝飾側邊欄的共通元素

側邊欄的兩組區域導覽列中，有部分元素會使用相同的設計（例如標題文字樣式）。接下來就要編寫這些共通設計元素的 CSS。

STEP 1 設定區域導覽列的標題樣式

把「**aside nav h2**」變成選擇器，就能指定在「側邊欄（aside）的導覽列（nav）中的 h2 元素」設定 CSS。以下設定標題文字的下方留白間距、大小、粗細、顏色等。

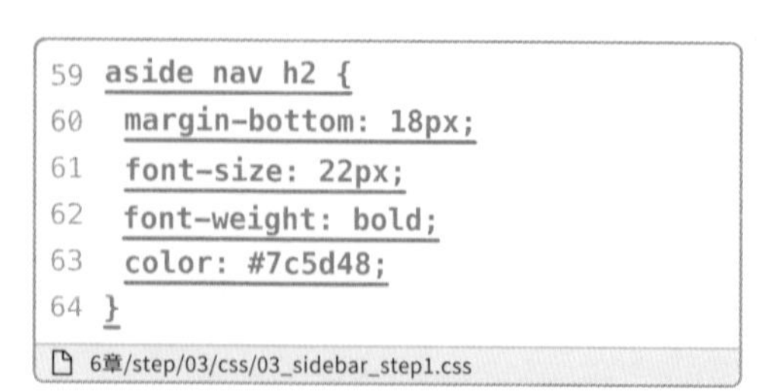

```
59 aside nav h2 {
60   margin-bottom: 18px;
61   font-size: 22px;
62   font-weight: bold;
63   color: #7c5d48;
64 }
```

6章/step/03/css/03_sidebar_step1.css

兩個導覽列中的標題都套用了相同裝飾。

STEP 2 設定區域導覽列內文樣式

比照上個步驟，用「aside nav ul」選擇器可在「側邊欄（aside）的導覽列（nav）中的 ul 元素」套用 CSS。區域導覽列的文字比網頁內文的文字更小，所以設定為 14px。

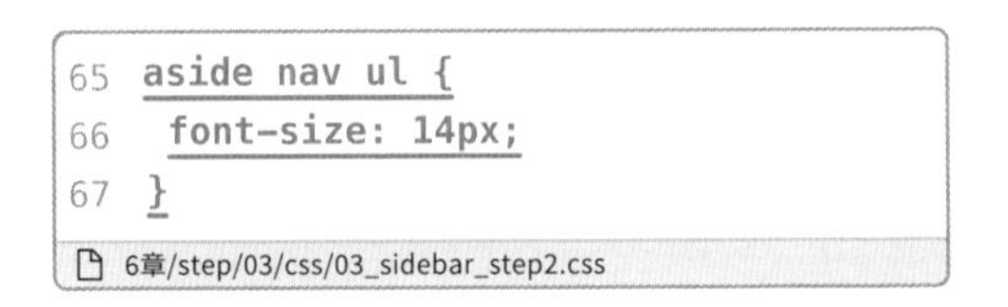

```
65 aside nav ul {
66   font-size: 14px;
67 }
```

6章/step/03/css/03_sidebar_step2.css

導覽列的文字變小了。

裝飾「Category」導覽列：使用 class 選擇器

接下來要單獨裝飾側邊欄上面的「Category」導覽列對吧！
選擇器一樣是「**aside nav ul**」嗎？

這次我們只想單獨在「Category」導覽列套用 CSS，如果選擇器維持用「**aside nav ul**」的話，結果就會連「Recent Articles」導覽列也套用了，所以這裡要使用 **class 選擇器**，就可以單獨套用 CSS。

STEP 1 在 HTML 加上 class 屬性

首先我們要替兩組導覽列加上 **class 屬性**，賦予不同的名稱，以便區分「Category」與「Recent Articles」。

請用 VS Code 開啟 **index.html**，替兩個 <nav> 標籤加上 class 屬性，並且指定不同的值。這個值就稱為 **class 名稱**。

```
61 <aside>
62   <nav class="categoryNav">
63     <h2>Category</h2>
```

```
70   </nav>
71   <nav class="recentNav">
72     <h2>Recent Articles</h2>
```

6章/step/03/04_category_step1.html

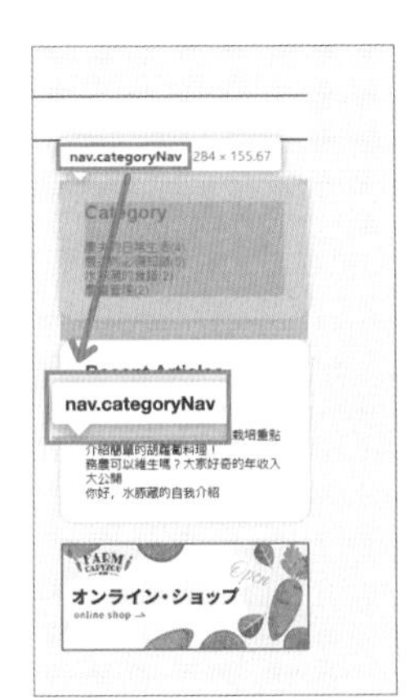

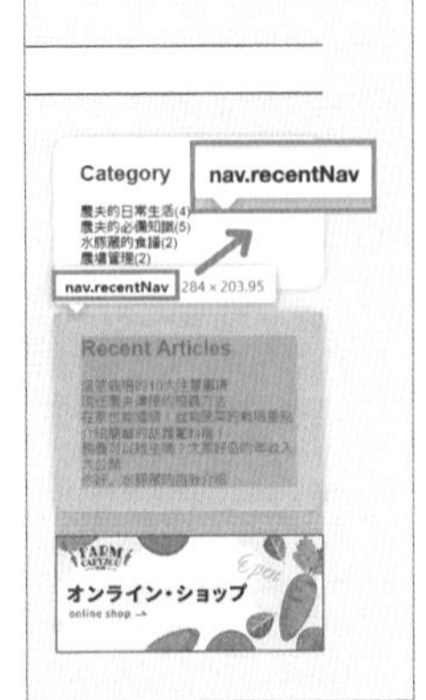

雖然外觀看起來沒有變化，但如果用開發人員工具確認，就會發現兩個導覽列的標籤後面有了不同的 class 名稱。

這裡要徹底瞭解 LEARNING class 選擇器與 id 選擇器

在 HTML 的標籤加上 class 屬性，可以自訂選擇器，id 屬性也有相同功能。以下就解說兩者的差異，你可以依個人喜好命名 class 名稱與 id 名稱。

class	id
有著共通特性的集合	獨一無二（只有一個）
✔ 同一個 class 名稱可以附加在多個標籤上 ✔ 一個標籤可以附加多個 class 名稱	✔ 網頁內不能使用相同 id 名稱 ✔ 一個標籤只有一個 id
屬性的寫法	屬性的寫法
<h1 class="name">文字</h1>	<h1 id="name">文字</h1>
加上多個名稱時	加上多個名稱時
<h1 class="name1 name2">文字</h1> 在名稱之間加上半形空格	不能使用多個名稱
選擇器的寫法	選擇器的寫法
.name{color:pink;} 在開頭加上 .（點）	#name{color:pink;} 在開頭加上 #（hash）

要怎麼區別 class 與 id 呢？我還是搞不懂啊 ......。

id 有時會用於網頁內的連結或 JavaScript 等，所以 CSS 最好使用 class。下一章就會練習建立「網頁內的連結」。

▶ 使用 class 與 id 名稱的注意事項及技巧

class 名稱與 id 名稱都不可以用數字開頭。可使用符號或中文，但考慮到相容性，建議使用**半形英數字**及 **-（連字號）**和 **_（底線）**。要連接兩個單字時，典型的命名方式如下所示。此外，建議用固定規則命名，才能完成任何人都可以輕易看懂的 CSS。

駝峰式命名法（Camel Case）	蛇形命名法（Snake Case）	烤肉串式命名法（Kebab Case）
categoryNav 只有連接單字的開頭大寫	category_nav 以底線連接單字	category-nav 以連字號連接單字

STEP 2 在清單項目前面加上項目符號並調整留白

設定清單項目符號的屬性

list-style-type: ～ ;	條列項目之前的符號稱作項目符號。 在值輸入顯示項目符號種類的關鍵字。

常用的項目符號種類

disc ※ul的預設值	circle	square	decimal ※ol的預設值	none
• 水豚藏 • 水豚子 黑色圓圈	∘ 水豚藏 ∘ 水豚子 白色圓圈	▪ 水豚藏 ▪ 水豚子 黑色矩形	1. 水豚藏 2. 水豚子 算術數字	水豚藏 水豚子 沒有項目符號

回到 **style.css** 編輯，這次只想在 Category 導覽列套用 CSS，所以使用 STEP1 建立的 class 選擇器（**.categoryNav**）。

清單預設會有項目符號，但我們前面有設定 reset.css (⇒ P.074) 所以消失了。因此要再手動加上 **square（矩形）** 項目符號。以下會設定它的顏色，並利用 margin 調整間距。

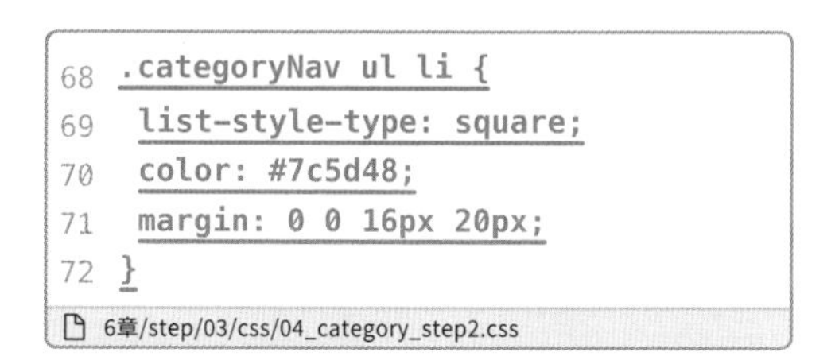

```
68 .categoryNav ul li {
69   list-style-type: square;
70   color: #7c5d48;
71   margin: 0 0 16px 20px;
72 }
```

6章/step/03/css/04_category_step2.css

每個項目前面顯示出咖啡色的矩形項目符號。

如果沒有用 reset.css 重置 CSS 隱藏項目符號，就會顯示 ul 的預設值—黑色圓圈項目符號。

STEP 3 將清單項目文字恢復成黑色

在上個步驟中，文字變成了咖啡色，因此在 <a> 標籤設定文字顏色，讓它恢復成黑色。

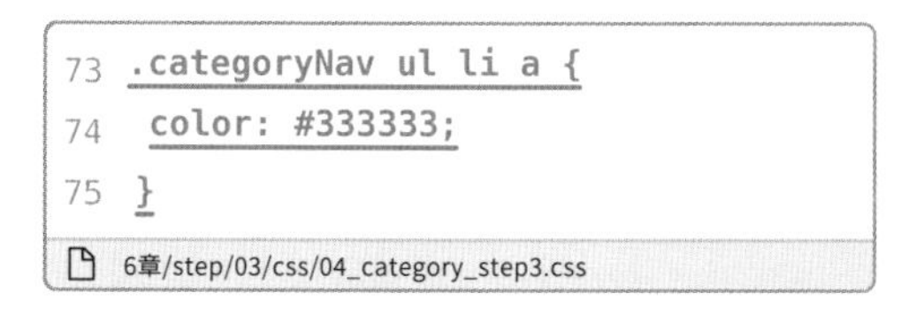

```
73 .categoryNav ul li a {
74   color: #333333;
75 }
```

6章/step/03/css/04_category_step3.css

讓項目符號維持咖啡色，只有項目中的文字變成黑色。

裝飾「Recent Articles」導覽列

STEP 1 調整下方導覽列的邊框與留白間距

接著要來裝飾「Recent Articles」導覽列，所以把 **.recentNav** 當作選擇器。

這裡要設定 **border-bottom**，在各個項目下方加上底線，並且設定留白間距，讓項目下方的內側與外側都產生留白。

```
76 .recentNav ul li {
77   border-bottom: 1px solid #7c5d48;
78   padding-bottom: 10px;
79   margin-bottom: 22px;
80 }
```

6章/step/03/css/05_recent_step1.css

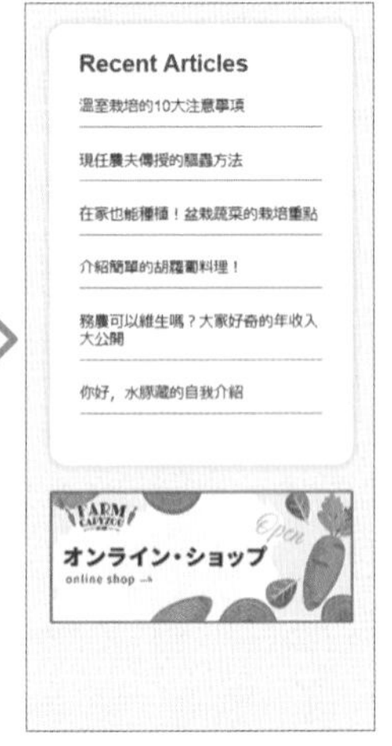

下方導覽列的每個項目底部都加上線條與留白間距。

可以跳過 RANK UP

選擇器要怎麼寫才正確？

上個步驟中，使用了後代選擇器「.recentNav ul li」，不過如果寫成「.recentNav li」也可以獲得相同結果。

寫成「.recentNav li」可能遇到的問題是，如果在 <nav class="recentNav"> 裡面有 <ol> 標籤，則裡面的 <li> 也會套用 CSS。

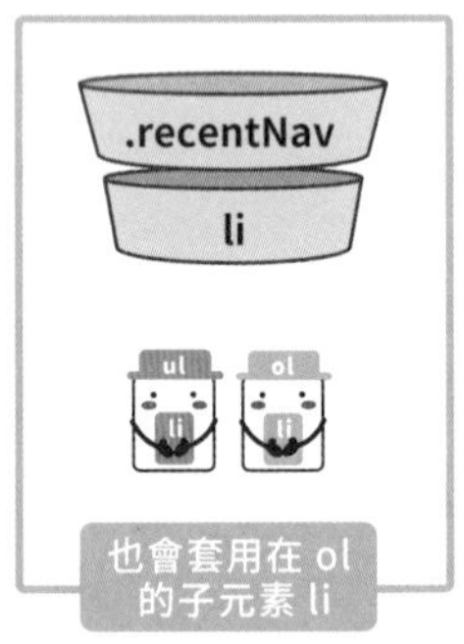

使用後代選擇器時，可以依照寫法控制 CSS 的套用範圍，這是一個很有趣的特色。選擇器的寫法是否有效率，會隨著網頁或標記內容而異，並沒有正確答案。請發揮你的創意，組合 class 選擇器、後代選擇器、其他選擇器，摸索出自己的最佳寫法。

這本書比較重視讀者是否容易瞭解，所以都會詳細編寫後代選擇器。

STEP 2 更改內容的顯示方法

設定元素高度的屬性

height: ～ ;	在值輸入含單位的數值。

設定超出範圍的內容該如何顯示的屬性

overflow: ～ ;	在值輸入顯示方法的關鍵字。

目前「Recent Articles」導覽列很長，我們可以設定**捲動功能**，方法是先指定 ul 元素的高度，並將垂直方向的 **overflow** 屬性值設定為 **scroll**，則超過指定高度的部分就會以捲動的方式顯示。

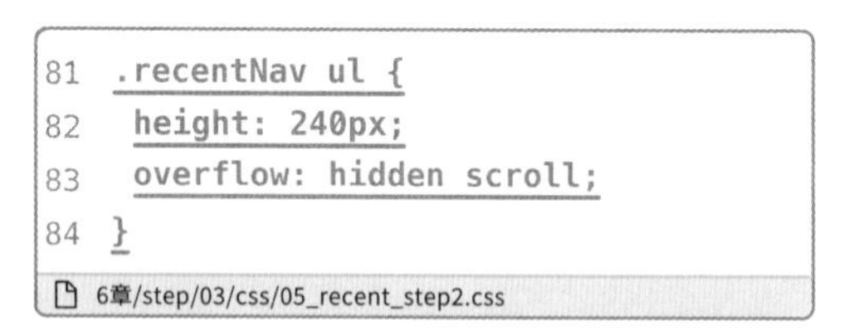

```
81 .recentNav ul {
82   height: 240px;
83   overflow: hidden scroll;
84 }
```

6章/step/03/css/05_recent_step2.css

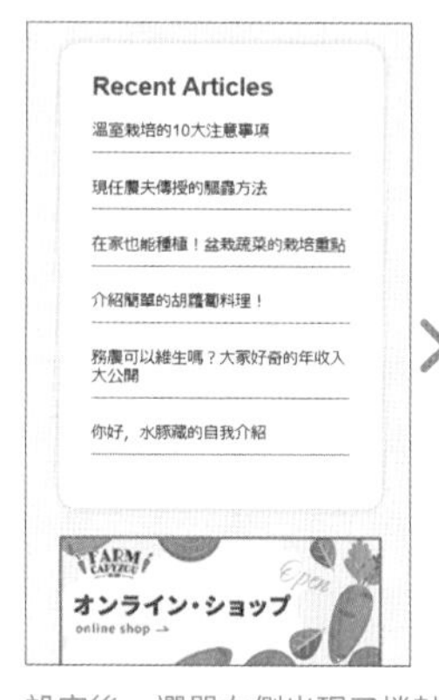

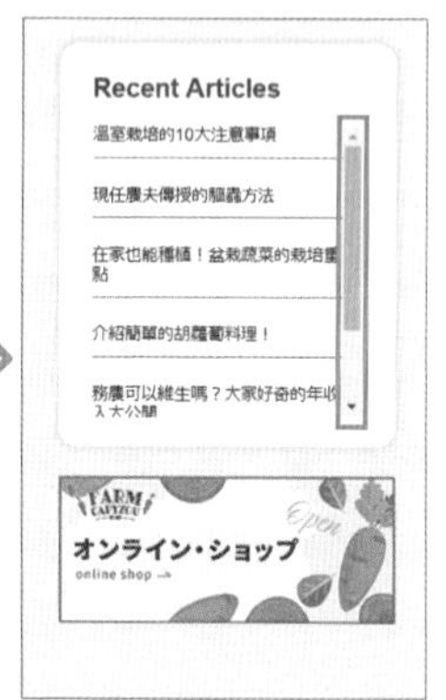

設定後，選單右側出現了捲軸，變成可以捲動內容。

LEARNING 這裡要徹底瞭解 使用overflow屬性設定「如何處理超出範圍的內容」

當內容超出以 width 與 height 設定大小的元素時，多出來的內容該怎麼顯示？這時就可以用 **overflow 屬性**來設定呈現方式。

overflow 的寫法

主要使用的值

visible ※預設值	hidden	scroll	auto
超出範圍仍會顯示	隱藏	可以捲動	依照瀏覽器顯示
決定如何處理溢出範圍的內容該如何處理的是 overflow 屬性	決定如何處理溢出範圍的內容該如何處理的是	決定如何處理溢出範圍的內容該如何處理的是	決定如何處理溢出範圍的內容該 ※ 通常會變成可以捲動

編寫「貼文區域」與「頁尾」的 CSS

用 CSS 調整文章的標題樣式

STEP 1 放大標題的文字

我們要將文章標題（h2 元素）的文字放大，但為了避免影響側邊欄中的 h2，選擇器要用「**article h2**」。以下將 **font-size** 設定為 40px，用 **font-weight** 加粗文字，並設定 **margin-bottom**，讓下方產生留白。

```
85 article h2 {
86   font-size: 40px;
87   font-weight: 500;
88   margin-bottom: 8px;
89 }
```

6章/step/04/css/01_h2_step1.css

將文章標題文字放大並加粗，且在下方增加了留白。

font-weight 也可以設定為數值，例如 **400 代表 normal，700 是 bold**。如果想設定成細體字，請使用數值設定。

用 CSS 調整發文時間的樣式

STEP 1 裝飾文字與背景

<time> 元素標記了發文時間（⇒ P.108），以下就來裝飾它的背景色、圓角外框、文字樣式等外觀。這裡的 **border-radius** 是分別設定邊框的四個邊角（⇒ P.092）。

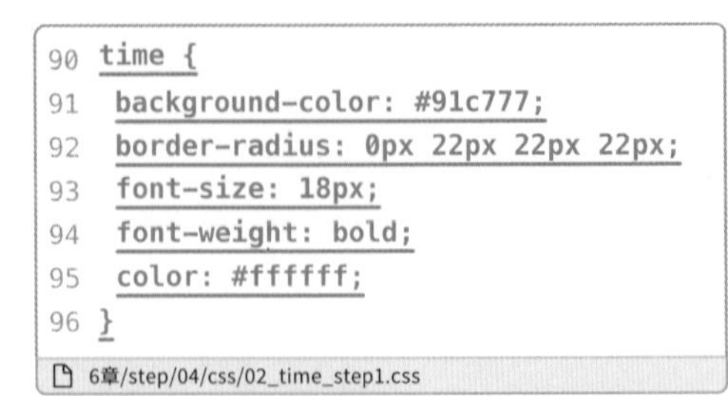

```
90 time {
91   background-color: #91c777;
92   border-radius: 0px 22px 22px 22px;
93   font-size: 18px;
94   font-weight: bold;
95   color: #ffffff;
96 }
```

6章/step/04/css/02_time_step1.css

<time> 元素的背景變成綠色，文字被放大、加粗、並且改成白色。邊框左上角保留直角，其餘邊角變成圓角。

STEP 2 調整 <time> 元素的內側留白與外觀形狀

我們本來要用 padding 在 <time> 元素內側加上留白，可是會讓顯示狀態變得很奇怪（請看右圖上方）。這是因為 **time 元素屬於行內元素**。行內元素的高度就會等於內容的高度，即使設定了 padding 也不會有變化。

因此將 **display 屬性**的值改成 **inline-block** 以解決這個問題。

這是沒有設定 display:inline-block;，只設定 padding，但 padding 沒有高度，所以與後面的影像重疊在一起。

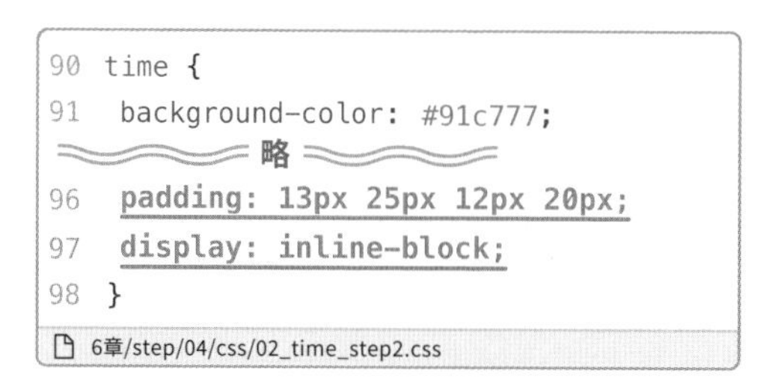

```
90 time {
91   background-color: #91c777;
     略
96   padding: 13px 25px 12px 20px;
97   display: inline-block;
98 }
```

6章/step/04/css/02_time_step2.css

設定 display:inline-block; 後，<time> 元素產生了高度。

這裡要徹底瞭解 LEARNING

display:inline-block; 的特色

前面有學過標記的元素分成 block（區塊元素）與 inline（行內元素）（⇒ P.077）。
設定 **inline-block** 的話，就會讓元素同時擁有這兩種性質。

	block	inline	inline-block
排列方法	堆疊占滿整個寬度	行內元素 水平排列	性質和 inline 一樣
設定寬度與高度	width height 可以設定 width 與 height	水豚藏 水豚藏 水豚藏 隨著元素的內容變化（不可設定）	同時擁有 inline 與 block 的性質
設定留白	margin margin padding margin margin 四邊可以設定margin 與 padding	margin padding margin 可以只設定左右margin 與 padding	性質和 block 一樣

設定 **display:inline-block;** 的元素和區塊元素一樣，可以設定上下留白，也和行內元素一樣，會隨著元素的內容改變大小。

可以跳過 RANK UP

使用行內元素的時機

上個步驟在「部落格的發文時間」設定了**display:inline-block;**。由於每篇貼文的發布時間不一樣，所以文字長度會改變，例如「1 月 1 日」與「12 月 31 日」字數就會不同。若在文字長度可能變化的地方設定 **inline-block**，就能自動調整成符合文字的長度。

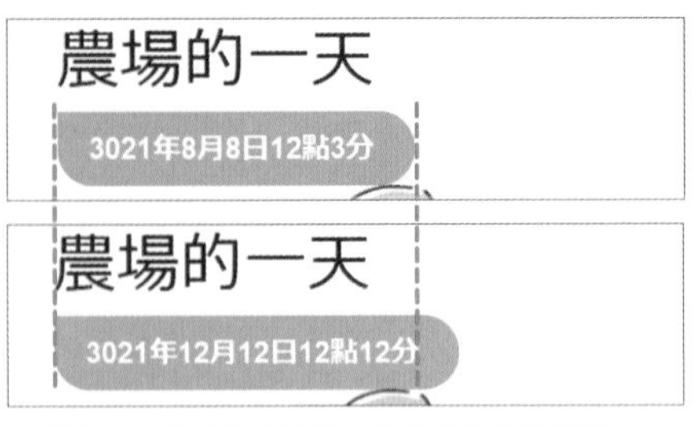

即使行內元素的長度改變，也會自動伸縮背景

STEP 3 替 p 元素增加 class 屬性並調整留白

為了在發文時間與圖片之間加上留白，要替「time 元素的父元素 p 元素」設定 margin-bottom 下方間距。但是目前的網頁中已有許多 p 元素，為了避免其他 p 元素受影響，要先替這個 p 元素加上 **class 屬性**。

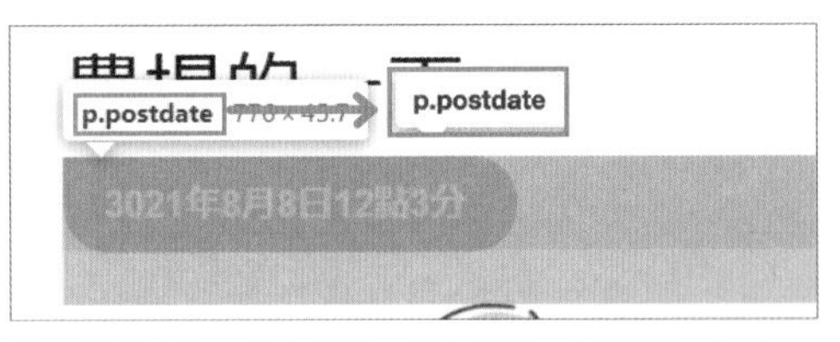

使用 開發人員工具來確認，就會發現 p 元素已加上 class 名稱「postdate」。

請開啟 **index.html**，在 time 元素的父元素 p 元素加上 **class="postdate"**。

```
26 <p class="postdate">
27   <time datetime="3021-10-23">
```
6章/step/04/02_time_step3.html

接著回到 **style.css**，即可用 **class 選擇器**，設定 **.postdate** 的 margin-bottom 屬性調整下方留白間距。

```
99  .postdate {
100   margin-bottom: 26px;
101 }
```
6章/step/04/css/02_time_step3.css

設定後，可讓發文時間與圖片之間產生留白間距。

用這種方法加上 class 以後，就可以單獨在特定元素上套用 CSS 了。好方便喔。

用CSS調整主視覺圖片的樣式

STEP 1 替主視覺圖片增加 class 屬性並調整留白

接著要比照上個步驟，在主視覺圖片的下方加上留白間距。這裡也要替該圖片的父元素（p 元素）加上 **class 屬性**，與其他的 p 元素做出區別。請開啟 **index.html**，在 p 元素加上 **class="eyecatch"**，。

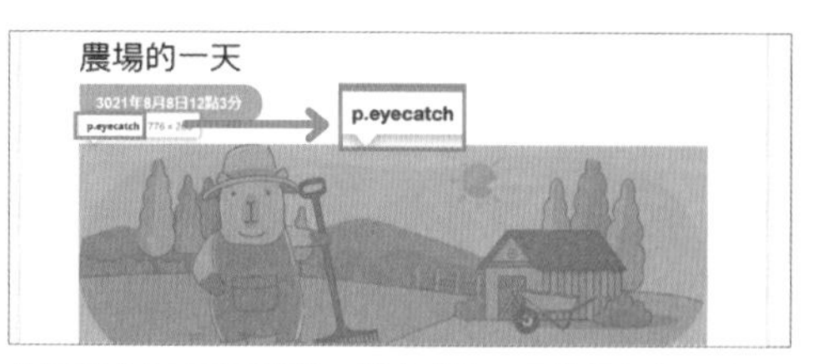

使用開發人員工具確認，就會發現 p 元素已加上了 class 名稱「eyecatch」。

```
31 <p class="eyecatch">
32   <img src="images/eyecatch.png" alt="
```

6章/step/04/03_eycatch_step1.html

接著請回到 **style.css**，使用 class 選擇器，設定 **.eyecatch** 的 margin-bottom 即可。

```
102 .eyecatch {
103   margin-bottom: 26px;
104 }
```

6章/step/04/css/03_eycatch_step1.css

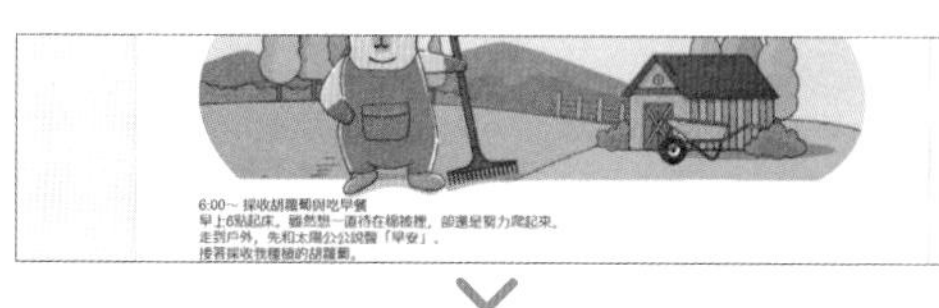

在主視覺圖片的下方也加上了留白間距。

用CSS調整貼文的標題樣式

STEP 1 調整貼文標題（article h3）的樣式

接下來要把貼文標題的文字也調整成適合的樣式。以下分別設底部邊框（底線）、下方的留白間距、文字大小、文字粗細。

```
105 article h3 {
106   border-bottom: 2px solid #6ab547;
107   margin-bottom: 20px;
108   font-size: 28px;
109   font-weight: 600;
110 }
```

6章/step/04/css/04_h3_step1.css

6:00～ 採收胡蘿蔔與吃早餐
早上6點起床。雖然想一直待在棉被裡，卻還是努力爬起來。
走到戶外，先和太陽公公說聲「早安」。
接著採收我種植的胡蘿蔔。
長得不好看的胡蘿蔔就當作我的早餐吃掉。
因為可以邊採收邊吃早餐，所以非常有效率！

6:00～ 採收胡蘿蔔與吃早餐

早上6點起床。雖然想一直待在棉被裡，卻還是努力爬起來。
走到戶外，先和太陽公公說聲「早安」。
接著採收我種植的胡蘿蔔。
長得不好看的胡蘿蔔就當作我的早餐吃掉。
因為可以邊採收邊吃早餐，所以非常有效率！

標題文字加上底線、放大、加粗、下方加入留白間距。

STEP 2 在標題的開頭加上小圖示

設定背景影像重複方法的屬性

background-repeat: ～ ; 在值輸入呈現重複方法的關鍵字。

主要使用的值

repeat ※預設值	repeat-x	repeat-y	no-repeat
在指定區域內重複卻超出範圍的部分會被裁切	只往 X 方向(水平)重複	只往 Y 方向(垂直)重複	不重複

設定背景影像位置的屬性

background-position: ～ ; 在值設定含有單位的數值或顯示位置的關鍵字。

接著要在標題開頭加上圖示，方法是利用 **background-image** 顯示當作背景的圖片。這裡要搭配使用 **background-repeat** 與 **background-position** 調整圖片的位置與重複方式。另外還替圖片設定四周的 padding 間距，並擴大左側的留白間距，避免文字與圖示重疊。

```
105 article h3 {
106   border-bottom: 2px solid #6ab547;
107   margin-bottom: 20px;
108   font-size: 28px;
109   font-weight: 600;
110   background-image: url(../images/h2_icon.png);
111   background-repeat: no-repeat;
112   background-position: left bottom;
113   padding: 20px 10px 10px 48px;
114 }
```

6章/step/04/css/05_h3_step1.css

6:00～ 採收胡蘿蔔與吃早餐 ＞  6:00～ 採收胡蘿蔔與吃早餐

在標題文字前面加入樹木造型的小圖示，並在文字周圍加上留白間距。左側加大留白是為了不讓文字和圖示重疊。

這裡要徹底瞭解 LEARNING

background-position 的值

要設定背景影像的位置時，可以利用**水平位置（left、center、right）**與**垂直位置（top、center、bottom）**的關鍵字組合來指定。

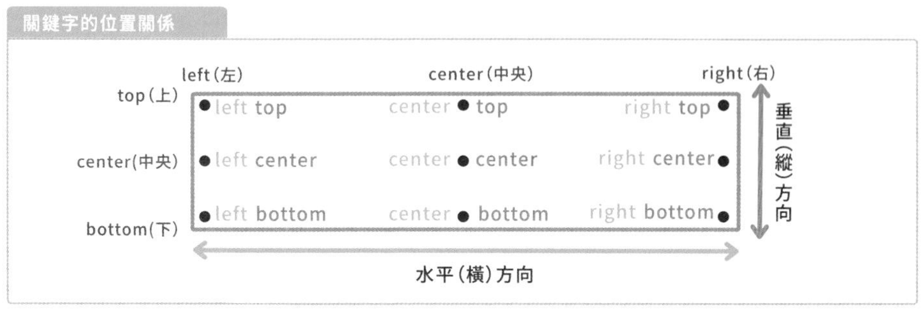

用CSS調整文章(內文)的樣式

設定行高的屬性

line-height: ～ ;

用來調整行距。
在值輸入代表高度的數值。

STEP 1 調整內文的行距

如果內文的行距太窄，閱讀時會感到吃力，以下就來調整內文的**行距（line-height）**。同時也可以再用 margin 調整段落的間距。

```
115 article section p {
116   line-height: 1.6;
117   margin-bottom: 24px;
118 }
```

6章/step/04/css/06_sentence_step1.css

早上6點起床。雖然想一直待在棉被裡，卻還是努力爬起
走到戶外，先和太陽公公說聲「早安」。
接著採收我種植的胡蘿蔔。
長得不好看的胡蘿蔔就當作我的早餐吃掉。
因為可以邊採收邊吃早餐，所以非常有效率！

早上6點起床。雖然想一直待在棉被裡，卻還是努力爬起
走到戶外，先和太陽公公說聲「早安」。
margin-bottom:24px;
接著採收我種植的胡蘿蔔。
長得不好看的胡蘿蔔就當作我的早餐吃掉。
因為可以邊採收邊吃早餐，所以非常有效率！

增加行距與段落的間距，可讓文章變得更容易閱讀。

這裡要徹底瞭解 LEARNING

line-height 是指哪裡的高度？

line-height 是指 **「文字高度」加上「上下間距」** 的 **行高**。設定 line-height 的數值，意思是「用文字高度的幾倍當作行高」。

以多行的文章為例，則第一行下方的間距與第二行上方的間距加在一起就是 **行距**。

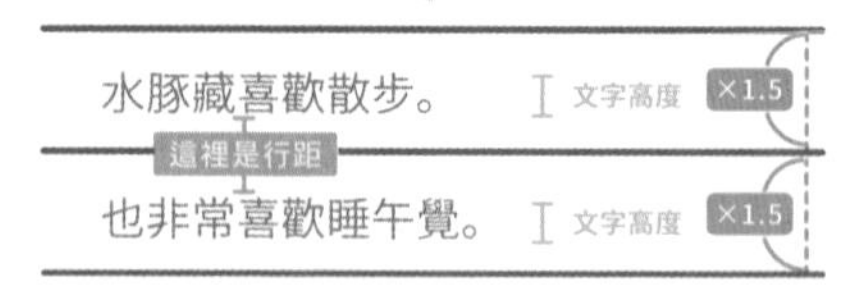

水豚藏喜歡散步。

這裡是行距
也非常喜歡睡午覺。

▶ 具體範例

假設字型大小為 30px，當設定 line-height 為 1.5 時，表示行高要用 30px 的 1.5 倍，也就是 45px。字型大小為 30px，所以上下留白分別為 7.5px。

豚藏很喜歡散步。

line-height 的值建議 **不要加上單位**。
line-height 的預設值大約是 1.2，但是對中文而言，這樣的行距會比較窄，通常建議設定為 1.5～1.8。

設定了 line-height 之後，內容變得比較容易閱讀了呢！

STEP 2 調整內文段落之間的留白間距

目前內文段落之間的間距比較窄，我們要替 **section 元素** 設定下方的留白間距來調整。

```
119 article section {
120   margin-bottom: 50px;
121 }
```

6章/step/04/css/06_sentence_step2.css

形狀不好看，被我吃掉的胡蘿蔔
8:30～12:30 出貨給超市及休息站
把採收的胡蘿蔔送到產銷門市，這應該是工作中最辛苦的部分。
我正在考慮買一台電動車來取代推車。

形狀不好看，被我吃掉的胡蘿蔔
改變了這裡的間距
8:30～12:30 出貨給超市及休息站
把採收的胡蘿蔔送到產銷門市，這應該是工作中最辛苦的部分。
我正在考慮買一台電動車來取代推車。

段落的間距變大了，這樣會更容易閱讀。

用CSS調整頁尾(footer)區域的樣式

STEP 1 裝飾頁尾區域

最後來處理網頁最下方的頁尾區域（<footer> 標籤），本例要在頁尾區塊加上背景色、改變文字顏色、讓文字置中對齊，並設定區塊內側的留白。目前為止所有屬性你都已經學過了，也可以試著自己完成所有設定。

```
122 footer {
123   background-color: #523f2e;
124   color: #ffffff;
125   text-align: center;
126   padding: 14px 10px 20px;
127 }
```

6章/step/04/css/07_footer_step1.css

頁尾的外觀變成和設計稿一致了。

Part 3

06

到這邊就完成整個部落格網站了。

耶，完成了～！今後我要認真更新我的部落格！

編寫CSS屬性有固定順序嗎？

目前為止介紹了各種 CSS 屬性，卻沒有提到編寫的順序。這是因為 CSS 的屬性其實沒有固定順序。你想先寫 margin 還是 padding 都可以，在 font-size 後面也不一定非得輸入 color，任何順序都可以正常執行。

雖然也有人會建議依照 abc 的順序寫，或是從盒子模型外側開始編寫屬性，其實並沒有硬性規定。當你寫習慣之後就會有屬於你的順序，請慢慢體會。

本書是依照製作網頁的順序來編寫 CSS，在使用瀏覽器確認設定時，會比較容易瞭解變化。但因為沒有重新編排過樣式表，看起來會比較缺乏一致性。

Part 4

建立一頁式網站：水豚的婚禮邀請

一年後
哈囉
其實…我和水豚子
準備要結婚了！
哇！恭喜！

部落格很多人瀏覽，
農場也經營得很順利
商売
安泰
託兩位的福！
其實我有
一個請求
我想製作結婚派對的
線上邀請函！
像這樣
Welcome
Weddin

可能的話…
最好可以用智慧型手機瀏覽，而且可以互動…
我想製作一個讓大家想來參加派對的
厲害邀請函…
拜託拜託…
包在我們身上～!!

要製作的網站

一頁式網站

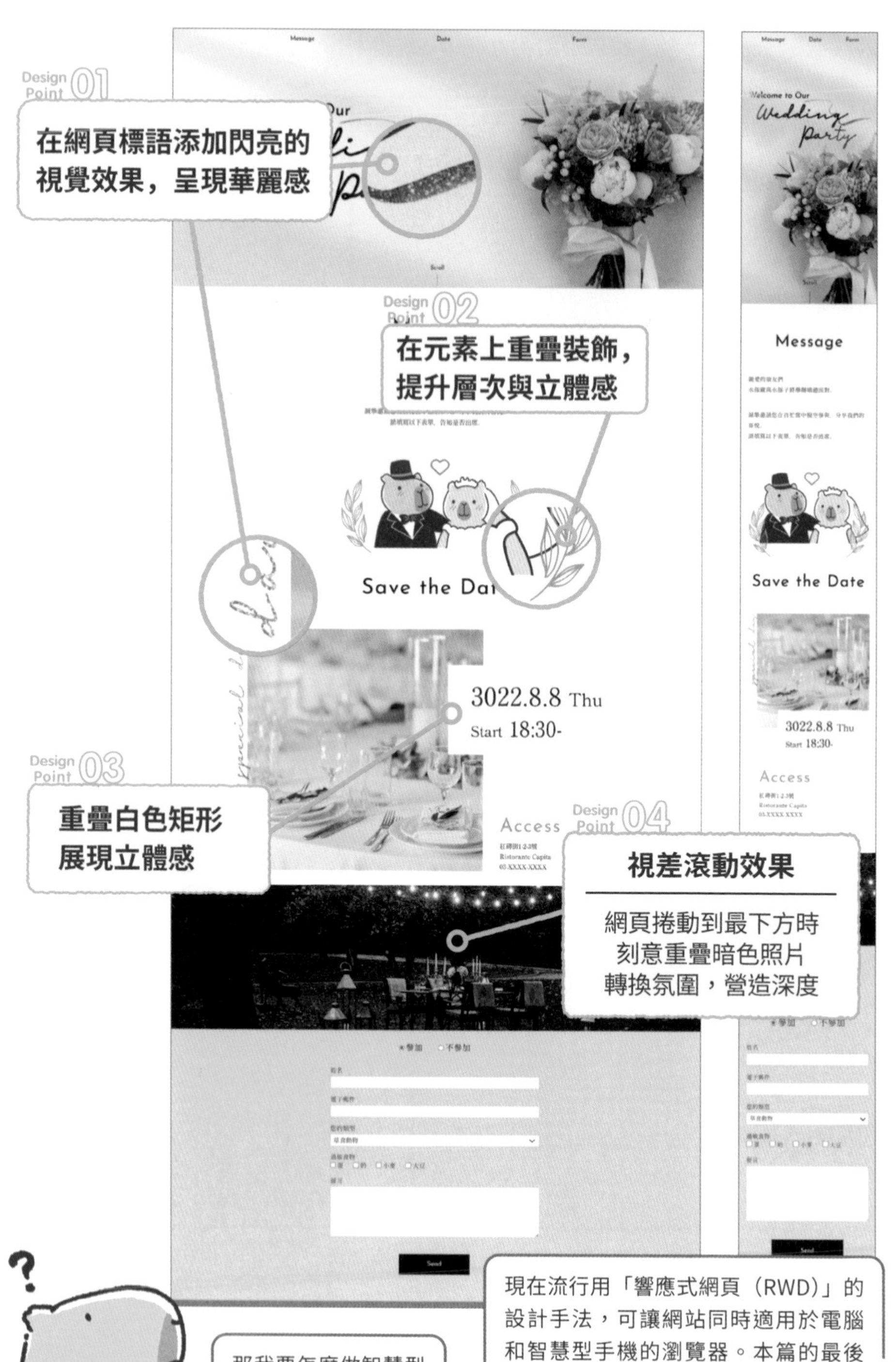

那我要怎麼做智慧型手機專用的網站呢？

現在流行用「響應式網頁（RWD）」的設計手法，可讓網站同時適用於電腦和智慧型手機的瀏覽器。本篇的最後（第 10 章）會示範把電腦版網站轉換成手機版網站；而下一篇則是會示範從手機版轉成電腦版網站。

學習 POINT

網頁字型的用法

學習 Google Fonts 等網頁字型的用法，讓字型選擇更多元。

CSS 動畫效果

學習用 CSS 呈現的兩種動畫，藉此拓展網頁的視覺效果。

響應式網頁設計

以淺顯易懂的方式解說如何將電腦版網站轉換成手機版網站的步驟。

設計 POINT

單欄式排版

這是作者的個人網站

網路上很常見的一頁式網站，版面會垂直往下延伸，大多會使用單欄式排版。訪客進入網站之後，通常會由上往下依序瀏覽內容，因此製作重點是以最佳順序安排資料。比起兩欄式網頁，一頁式網站的視線移動距離較短，能提高訪客對內容的關注度。

這種單欄式版面，用電腦瀏覽器或是用智慧型手機看，版面差異並不大，因此特別適合做成響應式（可自動依瀏覽器大小調整）的網頁設計。

設計概念是…

成熟可愛

本篇製作的婚禮派對線上邀請函，準備發送的對象是朋友與同事，因此設計風格為正式、成熟穩重。在視覺焦點加入愛心與葉子元素，增添可愛感。

此外，也在主視覺的文字上點綴逼真的閃亮效果，以呈現出派對的華麗感。

編寫線上邀請表單的 HTML

本章要學習與製作網頁表單相關的 HTML 標籤
也會一併學習如何建立網頁內部的超連結

表單具有讓使用者填寫的功能。

就是請大家輸入姓名之類的吧！

掌握一頁式網站的 HTML 結構

想複習前面標記方法的人，也可以從 self-work 開始練習喔。

想直接開始學習表單製作的人，可以直接跳過 self-work 喔！

挑戰 HTML 的標記

使用 VS Code 開啟 **7 章 /self-work/ 作業 /index.html**。這個檔案中準備了「HTML 的基本元素」，並且「只有文字」，可讓大家練習前面學過的標記。

請一邊檢視 **7 章 / 設計 /design.png**，一邊使用前面學過的 HTML 標籤來練習標記。

結束之後，請比對 **7 章 /self-work/ 完成 /index.html**，檢查標記結果是否正確。

檢視範例檔案

使用 VS Code 開啟 **7 章 / 作業 /index.html**，這個檔案是用目前已經學過的 HTML 標籤完成標記的狀態。接下來請一邊檢視此範例網站的設計圖（**7 章 / 設計 / design.png**）一邊練習。

一頁式網站的 HTML 結構

下面是 index.html 的程式碼結構與頁面設計圖 design.png。請對照設計，掌握標記內容。這一章的學習重點就是「網頁內的超連結」與「表單標記」。

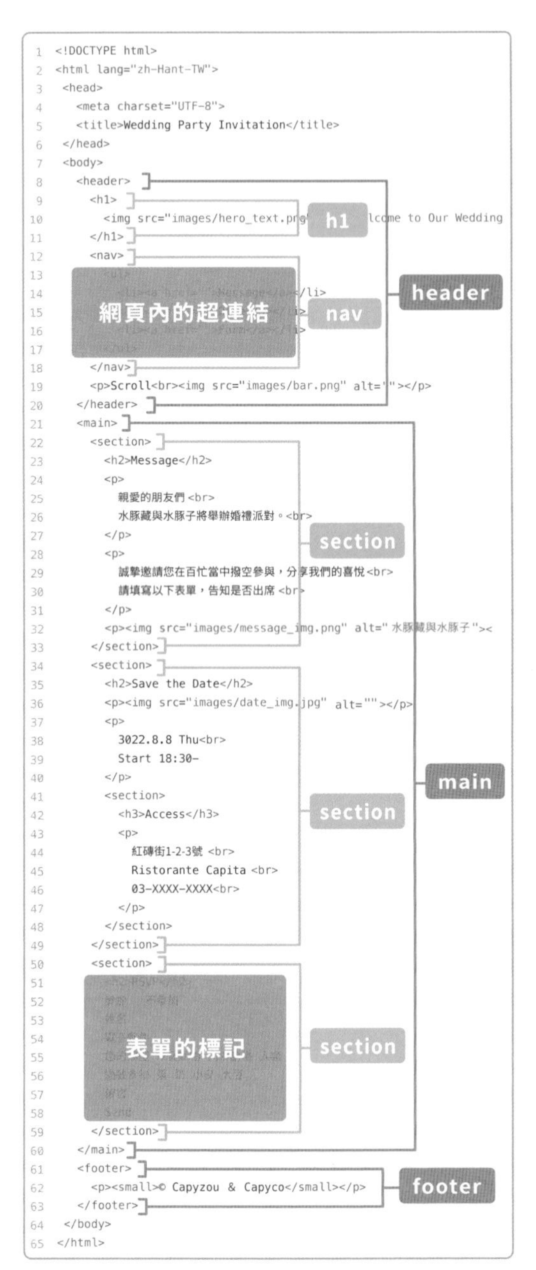

2 設定網頁內部的超連結

範例網站的設計是「按下導覽列項目，就會跳到網頁中的某處」，這種連結方式就是**網頁內部的超連結**。馬上來學習設定的方法吧！兩個步驟就能完成，非常簡單喔。

STEP 1 在超連結的目標位置設定 id 屬性

先找到要讓導覽項目連過去的目標，然後加上 **id 屬性**。本例要在 3 個 section 設定 id 屬性。

```
21 <main>
22 <section id="msgArea">
23   <h2>Message</h2>
```

```
33 </section>
34 <section id="dateArea">
35   <h2>Save the Date</h2>
```

```
49 </section>
50 <section id="formArea">
51   <h2>RSVP</h2>
```

7章/step/02/01_page-link_step1.html

STEP 2 設定網頁內部的超連結

接著在導覽項目（<li> 元素）設定超連結的 **<a> 標籤 href 屬性**，指定上面設定好的 id 名稱。

```
13 <ul>
14  <li><a href="#msgArea">Message</a></li>
15  <li><a href="#dateArea">Date</a></li>
16  <li><a href="#formArea">Form</a></li>
17 </ul>
```

7章/step/02/01_page-link_step2.html

到此就完成網頁內部的超連結設定，請使用瀏覽器開啟 index.html 來確認。例如按一下導覽列中的「Message」項目，就會跳到剛剛設定 id 屬性「#msgArea」的段落。

建立HTML網頁表單

用<form>標籤標記出表單的範圍

顯示表單的標籤

<form> ～ </form>

會傳送在標籤內表單中輸入的值。
用 action 屬性設定資料的傳送目的地，
以 method 屬性設定傳送資料的方式。

STEP 1 建立「表單區域」

使用 **<form> 標籤**包圍要當作表單的區域。其中的 **action 屬性**與 **method 屬性**可先空白。

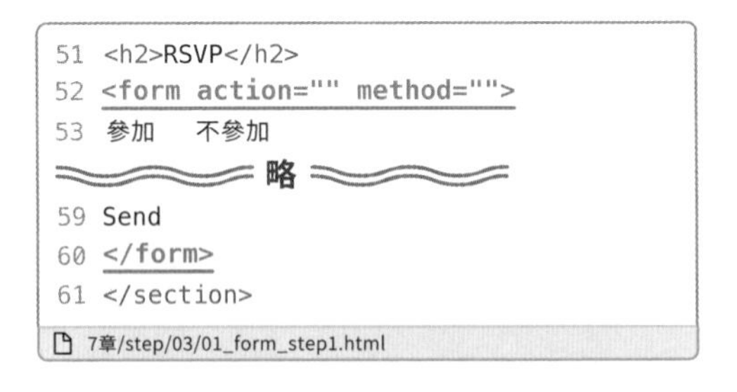

```
51 <h2>RSVP</h2>
52 <form action="" method="">
53 參加　不參加
～～～略～～～
59 Send
60 </form>
61 </section>
```

7章/step/03/01_form_step1.html

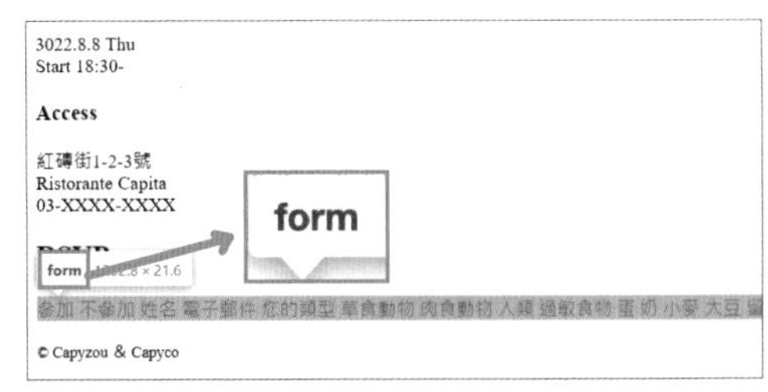

使用開發人員工具來檢視，可確認剛剛標記起來的部分都變成了 form 區域。

使用 **<form> 標籤**時，原本應該在 **action 屬性**設定傳送資料的目的地，並在 **method 屬性**設定傳送方式，但是本書只說明表單的外觀，所以不設定傳送內容。

STEP 2 將每個問題建立成獨立的段落

表單中提供了很多問題的選項，我們要使用 <p> 標籤分類，把每個問題標記為一個段落。

```
52 <form action="" method="">
53 <p>參加　不參加</p>
54 <p>姓名</p>
55 <p>電子郵件</p>
56 <p>您的類型　草食動物　肉食動物　人類</p>
57 <p>過敏食物　蛋　奶　小麥　大豆</p>
58 <p>留言</p>
59 <p>Send</p>
60 </form>
```

7章/step/03/01_form_step2.html

RSVP
參加 不參加
姓名
電子郵件
您的類型 草食動物 肉食動物 人類
過敏食物 蛋 奶 小麥 大豆
留言
Send

把針對同一個問題的選項標記為同一個段落。

製作表單中的選項按鈕

顯示輸入欄的標籤

<input>

在 type 屬性設定輸入欄的種類，在 name 屬性設定輸入欄的名稱。
這個標籤是單獨使用，不需要開始、結束標籤。

STEP 1 讓使用者選擇「參加」或「不參加」

可以**從多個選項中選取一個項目**的表單元件，就稱為「**選項按鈕**（Radio Buttons）」。
本例希望訪客在「參加」或「不參加」之中選一個，因此要設定成選項按鈕。輸入 **<input> 標籤**後，請將 **type 屬性**設定為 **radio**，並在 **name 屬性**設定相同的值，代表這兩個選項是屬於同一個群組。接著在 **value 屬性**輸入要傳送給程式的值，例如「參加」或「不參加」。

```
53 <p>
54   <input type="radio" name="attend" value="參加"> 參加
55   <input type="radio" name="attend" value="不參加">不參加
56 </p>
```

7章/step/03/02_radio_step1.html

RSVP

○參加 ○不參加

網頁表單中顯示了「參加」或「不參加」的選項按鈕。

STEP 2 指定選項按鈕的預設狀態：「參加」

只要在選項按鈕上用 **checked 屬性**設定「checked」，即可設定成「預設已選取」的狀態。
本例請在「參加」後面加上 checked 屬性，就會在訪客還沒點選時就選取「參加」。

```
53 <p>
54   <input type="radio" name="attend" value=" 參加 " checked="checked" > 參加
55   <input type="radio" name="attend" value=" 不參加 "> 不參加
56 </p>
```

7章/step/03/02_radio_step2.html

◉參加 ○不參加

在訪客點選之前，就顯示成已選取「參加」的狀態。

這裡要徹底瞭解 LEARNING

利用 type 屬性的值改變輸入欄

在 <input> 標籤中，會隨著 **type 屬性**設定的值而改變輸入欄的種類。

type 屬性的值	輸出結果	
radio	○未選取 ◉選取	可以在多個選項中選取一個項目
checkbox	☐A ☑B ☑C	可以從多個選項中，選取 0～多個項目
text		單行文字輸入欄
email		電子郵件輸入欄 部分瀏覽器會驗證輸入值
url		URL 輸入欄 部分瀏覽器會驗證輸入值
submit	傳送	傳送表單內容的按鈕

原來同樣是 <input> 標籤，顯示的內容還會隨著 type 屬性而改變啊！

name 屬性與 value 屬性的功用

在 <input> 標籤中，**name 屬性**與 **value 屬性**可以設定任意值，分別具有以下功用。

▶ name 屬性

這是用來判斷當程式取得資料時，要輸入在哪一欄的資料。因此必須替輸入欄設定不同名稱，才能讓程式做判斷。不過如果是「選項按鈕」與「核取方塊」這種包含多個選項的組合，則會故意使用相同名稱，代表這些項目都是同一個問題的答案。

▶ value 屬性

設定要傳送給程式的資料。如果是 type="text" 等可以任意輸入的格式，就會直接傳送使用者輸入的資料，所以就不需要再設定 value。

建立單行文字輸入欄

STEP 1 建立「姓名」輸入欄

以下建立姓名欄，要用單行文字輸入欄。請將 **type 屬性**設定成 **text**，並加上 **name 屬性**。

```
56 </p>
57 <p>姓名<input type="text" name="user_name">  </p>
58 <p>電子郵件</p>
```

7章/step/03/03_text_step1.html

姓名

網頁表單中顯示了「姓名」和單行文字輸入欄。

STEP 2 建立「電子郵件」輸入欄

接著再建立電子郵件輸入欄，同樣要使用單行文字輸入欄。請將 **type 屬性**設定成 **email**，這樣一來，在部分瀏覽器上就會簡單查核此欄輸入的值是否符合電子郵件的格式。

```
57 <p>姓名<input type="text" name="user_name"></p>
58 <p>電子郵件<input type="email" name="user_mail"></p>
59 <p>您的類型 草食動物 肉食動物 人類 </p>
```

7章/step/03/03_text_step2.html

電子郵件

網頁表單中顯示了「電子郵件」和單行文字輸入欄。

建立下拉式選單

顯示select box的標籤

```
<select>
  <option> ～</option>
  <option> ～</option>
</select>
```

用 <select>～</select> 包圍全部內容，再以 <option>～</option> 包圍每個項目。用 name 屬性設定 <select> 標籤，用 value 屬性設定 <option> 標籤。給予 multiple 屬性，可選擇多個項目。

STEP 1 建立「您的類型」下拉式選單

能以下拉形式顯示多種選項的表單元件稱為「下拉式選單」，此表單要讓訪客選擇自己屬於哪一種類型。下拉式選單的範圍要用 **<select> 標籤**包圍，並且用 **<option> 標籤**包圍其中的選項。設定後請在 <select> 標籤加上 **name 屬性**，並在 <option> 標籤加上 **value 屬性**。

```
59 <p>
60   您的類型
61   <select name="user_type">
62     <option value="草食動物"> 草食動物 </option>
63     <option value="肉食動物"> 肉食動物 </option>
64     <option value="人類"> 人類 </option>
65   </select>
66 </p>
```

7章/step/03/04_select_step1.html

您的類型 [草食動物 ∨]

網頁表單中顯示了下拉式選單，可提供多個選項同時節省空間。

建立可複選的核取方塊

STEP 1 選擇「過敏食物」

可以勾選多個選項 (複選)」的表單元件，就稱為「**核取方塊** (Checkbox)」。請在 <input> 標籤的 **type 屬性**設定 **checkbox**，並**在 name 屬性設定相同的值**，代表屬於同一個群組。

```
67 <p>
68   過敏食物
69   <input type="checkbox" name="allergy" value="蛋"> 蛋
70   <input type="checkbox" name="allergy" value="奶"> 奶
71   <input type="checkbox" name="allergy" value="小麥"> 小麥
72   <input type="checkbox" name="allergy" value="大豆"> 大豆
73 </p>
```

7章/step/03/05_check_step1.html

過敏食物 ☐ 蛋 ☐ 奶 ☐ 小麥 ☐ 大豆

網頁表單中顯示了可勾選多個項目的核取方塊。

建立多行文字輸入欄

顯示多行輸入欄的標籤

<textarea> </textarea>	在開始標籤與結束標籤之間輸入的字串會當作預設值，通常會先空白。

STEP 1 建立「留言」輸入欄

在此要加入讓訪客留言的欄位，考慮到留言可能會超過一行，所以要建立**多行文字輸入欄**。請使用 **<textarea> 標籤**標示範圍，並加上 **name 屬性**。

```
73 </p>
74 <p> 留言 <textarea name="message"></textarea></p>
75 <p> Send</p>
```

7章/step/03/06_textarea_step1.html

留言

網頁表單中顯示了可輸入多行文字的留言欄位。

建立表單按鈕

STEP 2 建立填表完成時的「傳送資料」按鈕

填完表單資料之後，通常會按個按鈕將資料送出，只要在 <input> 標籤的 **type 屬性**設定成 **submit**，即可建立傳送按鈕，**value 屬性**的值就是按鈕上顯示的文字。若有多個按鈕，則必須加上 name 屬性，以便判斷訪客是按了哪個按鈕；本例只有一個按鈕，所以不需設定。

```
74 <p> 留言 <textarea name="message" ></textarea></p>
75 <p> <input type="submit" value="Send"></p>
76 </form>
```

7章/step/03/07_submit_step1.html

Send

網頁表單中顯示了寫著「Send」的按鈕，按下後就會傳送表單資料。

提高表單的易用性

易用性（Usability）這個名詞代表「是否容易使用」。若以表單為例，我們會把可以點按的區域變大，讓訪客更容易按，這就是提高易用性的設計。

連結項目名稱與輸入欄的標籤

<label> ～ </label>	用這個標籤包圍的項目名稱與輸入欄會互相連結，按一下項目名稱，就能啟用選項或輸入欄。

STEP 1 讓項目名稱的文字與選項按鈕連動

在原本的表單中，點選到按鈕才有反應，按旁邊的文字則沒有反應，這樣其實不太好操作。因此要用 **<label> 標籤**標記項目名稱與 radio 按鈕，這樣一來，在點按文字時也會選取。

```
53 <p>
54 <label><input type="radio" name="attend" value="參加" checked="checked">參加 </label>
55 <label><input type="radio" name="attend" value="不參加">不參加 </label>
56 </p>
```

7章/step/03/08_label_step1.html

◉參加 ○不參加 ＞ ○參加 ◉不參加

當訪客將游標移動到項目名稱「不參加」的文字上按一下，也會呈現選取狀態。

label 的示範到此就完成了，你也可以試著用 <label> 標籤來標記「過敏食物」。完成的檔案在 **7 章 / 完成 /index.html**，請自行確認。

這裡要注意！POINT

– HTML 與 CSS 只能設計表單介面，無法處理表單資料

如果要將表單資料傳送出去，必須要有後端程式（例如 PHP 等）來接收和處理資料才行。HTML、CSS 只能製作表單介面，因此本範例沒有將表單資料送出。

通常由設計師製作網頁表單介面後，還要與後端工程師配合，才能處理表單所送出的資料。如果你沒有這樣的資源，可以利用相關的線上資源，例如 Google 表單、網路問卷等，不需自己寫程式也能做出完善的線上表單。

編寫線上邀請表單的 CSS

本章要編寫線上表單的CSS樣式，並帶你學習新的 CSS 屬性，例如 position 屬性、虛擬元素等，擴展 CSS 的視覺表現。

這一章會稍微提升難度喔！不要太心急，慢慢學習即可。

你說什麼～！！那我先準備一點零食……。

SECTION 1 確認編寫 CSS 的步驟

檢視作業檔案

請使用 VS Code 開啟 **8 章 / 作業 /css/style.css**，並以瀏覽器開啟 **8 章 / 作業 /index.html**，接下來可以一邊確認套用了 CSS 的效果，一邊練習。

你也可以同步對照要完成的範例網站設計圖（**8 章 / 設計 /design.png**）來練習操作。

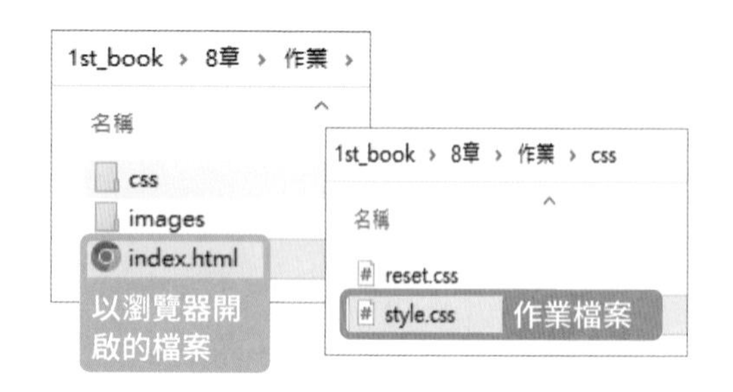

8 章 / 作業 /index.html 這個作業用檔案**已經設定了一部份 class 屬性**。原本的程序是要從零開始撰寫，本章省略了此步驟。

上一章練習使用的 HTML 檔案中沒有包括 class 屬性，即使編寫這一章的 CSS 也不會套用效果，所以**一定要從第 8 章的作業檔案開始練習操作喔！**

好的，我瞭解了！

確認編寫 CSS 的步驟

這裡先確認本章要學習的內容，包括「編寫 CSS 步驟」與「要增加的 class 名稱」。

1.設定字型

範例網站中使用了兩種網頁字型，
所以一開始要學習網頁字型的用法

2.設定版面

建立大致版面，包括寬度、留白的設定等

3.設定共通元素

設定各區段共通的設計元素

4.編寫各個區段的 CSS

依照以下順序編寫 CSS

1. header
2. msg 區段(.msgSec)
3. date 區段(.dateSec)
4. form 區段(.formSec)
5. footer&視差滾動效果

藍色的部分是在 HTML
新增的 class 屬性

這張圖沒有寫，但是有幾個
地方加上了名為 ffJosefin
的 class 屬性(⇒P.158)

SECTION 2

使用網頁字型

什麼是網頁字型？

大家在本書前面有學過，如果網頁中的文字套用了裝置內沒有安裝的字型，會無法正常顯示 (⇒ P.081)。但是每個人電腦裡安裝的字型都不太相同，這樣該怎麼辦呢？有個好方法就是使用「**網頁字型（Webfont）**」。「網頁字型」的用法就是在網頁中載入儲存在網路上的字型資料，這樣不論哪種裝置，都可以顯示出相同的字型了。

如果使用「網頁字型」，大家就可以用相同的字型瀏覽網頁了。

這裡要注意！POINT

使用網頁字型的注意事項

網頁字型雖然好用，但有個小缺點，就是在一開始載入網頁時，必須下載字型資料，所以網頁的顯示速度會比較慢。

使用中文的網頁字型時，由於字元數多，資料容量大，會影響下載速度，所以使用時必須限制字型種類及字重（粗細）。

使用「Google Fonts」

很多公司都有提供網頁字型的服務，其中最知名的就是可以免費使用的**「Google Fonts」**。以下將介紹一般 Google Fonts 的使用步驟。

STEP 1 造訪「Google Fonts」的網頁

首先要造訪「https://fonts.google.com/」並且在頁面上選擇要用的字型。

(※ 本例選擇了範例網站沒有用到的字型)

※ 註：這是作者撰寫本書當時的網頁截圖，外觀可能會和讀者看到的有出入。

STEP 2 選擇要使用的字重（粗細）

點選想要的字型之後，會列出所有的字重，請選出想要的樣式，按下右側的「Select + 字重」鈕，再按右上角的鈕，就會開啟右側的「Selected family」視窗。

STEP 3 將程式碼拷貝到網頁中

接著只要將「Selected family」視窗下方的程式碼分別拷貝＆貼上至 HTML 檔案與 CSS 檔案中即可。

本例要把右圖粉紅色圈選處的程式碼貼至 HTML 的 **<head> 標籤**內，請注意要**貼在 reset.css 後面，style.css 的前面**。另外要在 CSS 中指定右圖中綠色圈選處的字型家族名稱，這樣一來就會套用該網頁字型。

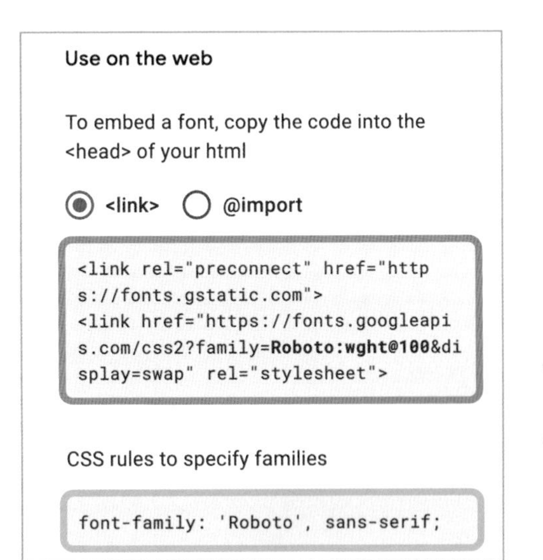

Use on the web
To embed a font, copy the code into the <head> of your html
<link>
@import
<link rel="preconnect" href="https://fonts.gstatic.com">
<link href="https://fonts.googleapis.com/css2?family=Roboto:wght@100&display=swap" rel="stylesheet">
CSS rules to specify families
font-family: 'Roboto', sans-serif;

載入標籤時，可能因為 Google Fonts 的服務調整而會出現與截圖不一致的情況。

在作業用的 HTML 的檔案內，已經輸入了範例網站用的網頁字型。本例使用的是中文字型「Shippori Mincho」與英文字型「Josefin Sans」，字重都是 Regular。

▼該部分的程式碼

```
3   <head>
4     <meta charset="UTF-8">
5     <link rel="stylesheet" href="css/reset.css">
6     <link rel="preconnect" href="https://fonts.gstatic.com">
7     <link rel="stylesheet" href="https://fonts.googleapis.com/css2?
       family=Josefin+Sans&family=Shippori+Mincho&display=swap" >
8     <link rel="stylesheet" href="css/style.css">
9     <title>Wedding Party Invitation</title>
10  </head>
```

8章/作業/index.html

載入網頁字型的標籤

這是可以快速載入字型的標籤，即使沒有輸入，也可以使用網頁字型。
※這個部分可能因為 Google Fonts 的服務調整而消失或增加。

編寫控制字型的 CSS

將網頁內文套用成網頁字型

STEP 1 設定 <body> 內文的字型

如同上一頁的說明，我們已在 <head> 標籤內寫好「載入 Google Fonts」的標籤，所以只要在 body 的 CSS 中用 **font-family 屬性**指定該網頁字型的名稱，例如「Shippori Mincho」，即可套用。設定網頁字型的同時，也要顧慮到有些使用者可能在無法使用網頁字型的環境，因此還要設定一組通用的字體家族名稱，同時一併指定字型大小與顏色。

```
1 @charset "utf-8";
2 body {
3   font-family: 'Shippori Mincho',serif;
4   font-size: 18px;
5   color: #121212;
6 }
```

8章/step/03/css/01_font_step1.css

Message

親愛的朋友們
水豚藏與水豚子將舉辦婚禮派對。

誠摯邀請您在百忙當中撥空參與，分享我們的喜悅。
請填寫以下表單，告知是否出席。

Message
親愛的朋友們
水豚藏與水豚子將舉辦婚禮派對。
誠摯邀請您在百忙當中撥空參與，分享我們的喜悅。
請填寫以下表單，告知是否出席。

已套用了網頁字型「Shippori Mincho」。

STEP 2 設定導覽列及標題等處的字型

接著要將網頁標題等英文字套用另一種網頁字型「Josefin Sans」。由於在套用處設定了「class= "ffJosefin"」，所以我們要針對這個 class 來設定 font-family。

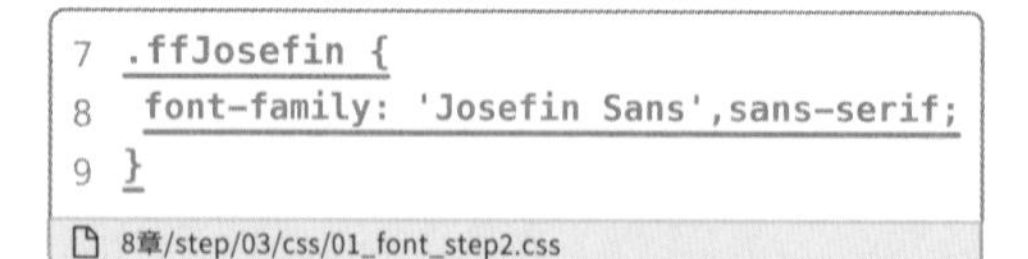

```
7 .ffJosefin {
8   font-family: 'Josefin Sans',sans-serif;
9 }
```

8章/step/03/css/01_font_step2.css

Message
Date
Form
Scroll

導覽列及標題等字型也產生了變化。

雖然可以和前面一樣，在想套用字型的地方分別設定 font-family，但是如果要設定的地方比較多，建議在套用部分設定 class 屬性，以整合選擇器來設定會比較方便。

編寫網頁版面的 CSS

在編寫 CSS 之前，請先確認想要怎麼樣的版面，再來思考要如何編寫 CSS。剛開始時你可能會覺得很難，但是先思考大致的排版方式，就可以避免寫出不需要的 CSS。

確認版面設計

首先要確認每個 section 的內容寬度。

請檢視右圖，可以看到內容寬度（粉紅色的寬度）是以特定寬度置中對齊，msg 區段、form 區段的背景色會占滿整個畫面。

如果要完成這樣的設計，需要兩種元素：**「以特定寬度讓內容置中對齊的區塊」**以及**「讓背景占滿整個畫面的區塊」**這兩種。

目前的 HTML 中只有一個區塊，所以接下來要在 HTML 中加入排版用的 <div> 標籤，從增加區塊開始練習。

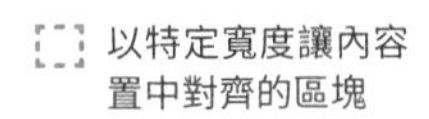

占滿整個畫面的區塊

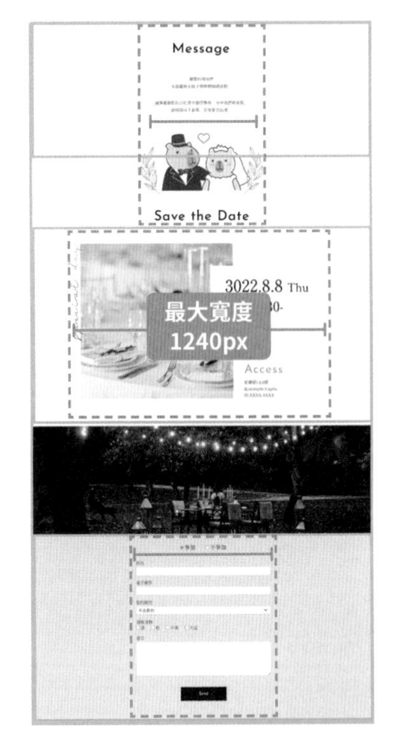

在這個網站中，每個 section 的內容寬度不同，但是只要先統一寬度，後續要插入 <div> 標籤排版就會比較容易。統一寬度時，建議調整成最大的寬度。
目前的設計是以「date」區段為最大寬度，所以是設定成 1240px。

設定寬度時，最好先確認之後要多欄排版的位置夠不夠寬。

STEP 1 插入排版用的 <div> 標籤

如同上一頁的說明，我們要在 header 元素與 section 元素內，插入排版用的 <div> 標籤。請在 **index.html** 中以下 4 個地方插入 <div> 標籤，並加上共用的類別名稱「**innerWrap**」。

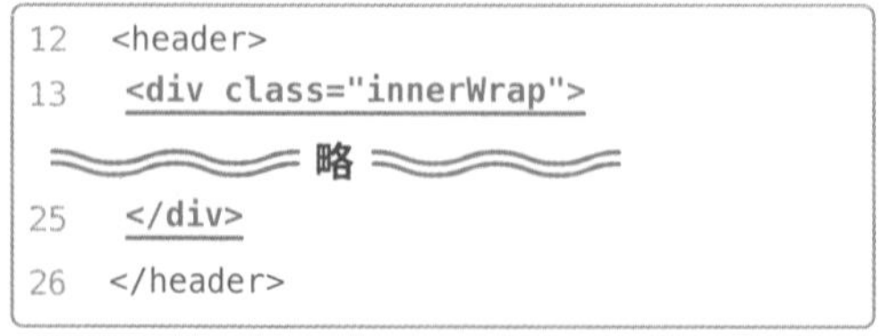

```
12  <header>
13    <div class="innerWrap">
        略
25    </div>
26  </header>
```

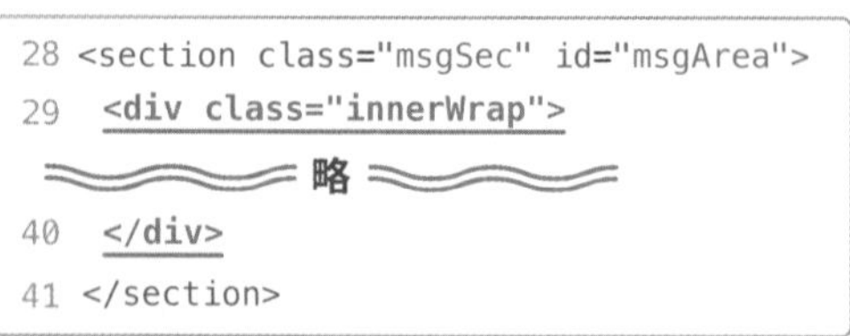

```
28 <section class="msgSec" id="msgArea">
29   <div class="innerWrap">
       略
40   </div>
41 </section>
```

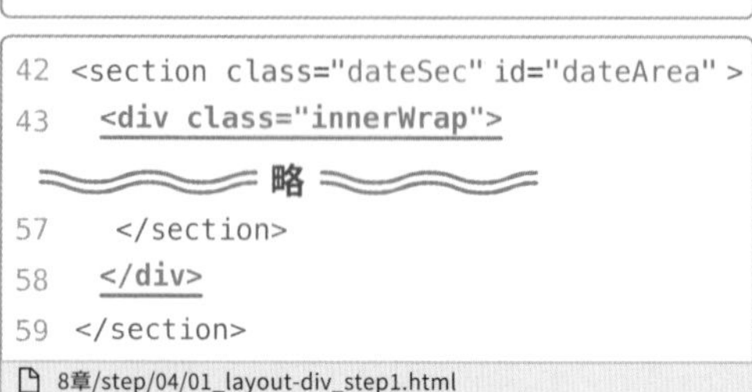

```
42 <section class="dateSec" id="dateArea" >
43   <div class="innerWrap">
       略
57     </section>
58   </div>
59 </section>
```

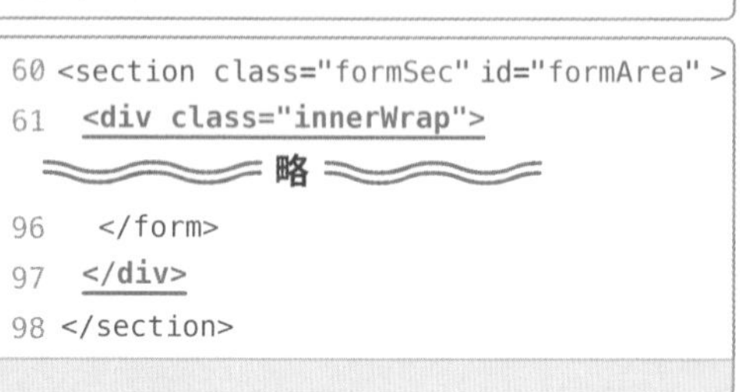

```
60 <section class="formSec" id="formArea" >
61   <div class="innerWrap">
       略
96     </form>
97   </div>
98 </section>
```

8章/step/04/01_layout-div_step1.html

STEP 2 替區塊加上輔助用的邊框（之後會刪除）

如果沒有邊框，會很難判斷區塊的範圍，所以回到 **style.css**，替 innerWrap 區塊暫時加上 border，以便判斷範圍。

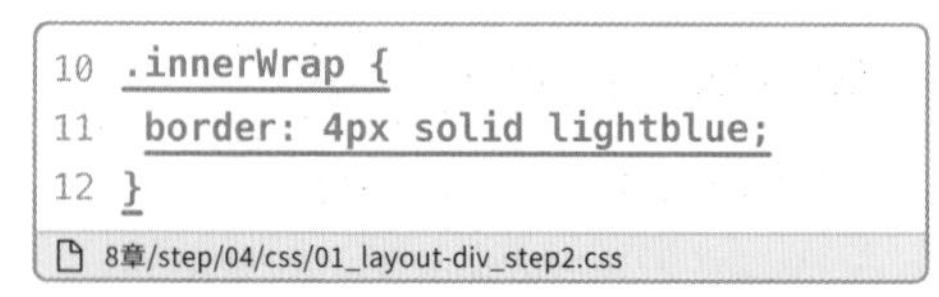

```
10 .innerWrap {
11   border: 4px solid lightblue;
12 }
```

8章/step/04/css/01_layout-div_step2.css

替區塊加上邊框，這裡是當做輔助線以便判斷區塊的範圍，等到設計告一段落時即可刪除邊框（P.175）。

STEP 3 讓區塊內容置中對齊

繼續設定 CSS，設定區塊寬度 1240px，並且要置中對齊，同時加上 padding。

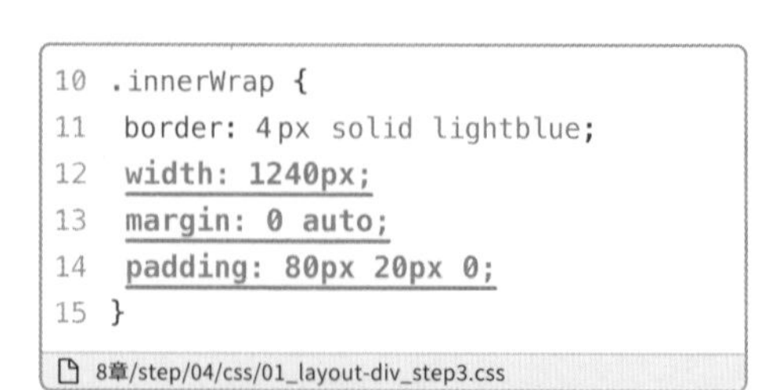

```
10 .innerWrap {
11   border: 4px solid lightblue;
12   width: 1240px;
13   margin: 0 auto;
14   padding: 80px 20px 0;
15 }
```

8章/step/04/css/01_layout-div_step3.css

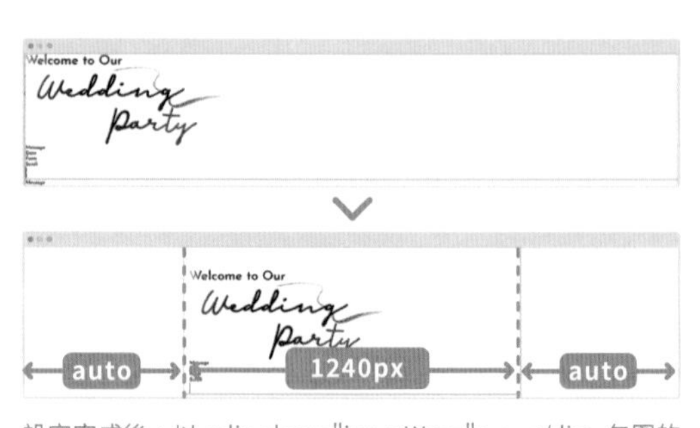

設定完成後，以 <div class="innerWrap"> ～ </div> 包圍的區塊寬度會變成 1240px，而且內容會置中對齊。

編寫網頁共通元素的 CSS

設定各區段的標題

裝飾標題的文字樣式

設定字距的屬性

letter-spacing: ～ ;	在值輸入含單位的數值。 正值會擴大字距，負值是縮小字距。

<h2> 標籤內的文字為行內元素，所以在其父元素 h2 上設定 **text-align:center;** 即可讓標題文字置中對齊，同時將 **letter-spacing** 設定為 0.05em，以調整字距。請注意當數值第一位為「0」時會省略，只需輸入小數點和後面的數值。此外也要調整文字大小與留白。

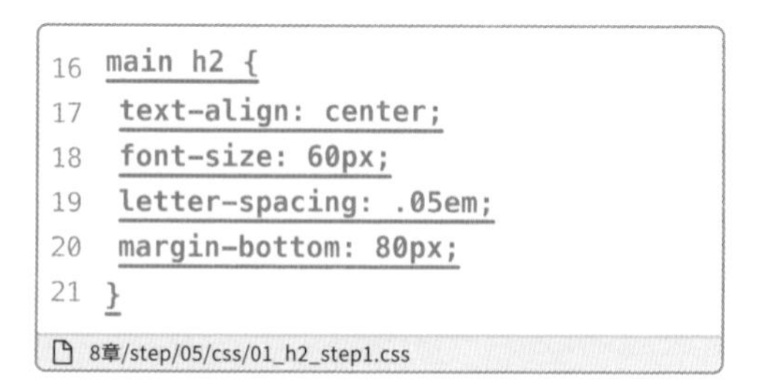

```
16 main h2 {
17   text-align: center;
18   font-size: 60px;
19   letter-spacing: .05em;
20   margin-bottom: 80px;
21 }
```

8章/step/05/css/01_h2_step1.css

將標題文字放大並置中對齊。

如何設定字距（letter-spacing）的值？

letter-spacing 的單位有很多種，**em 是文字高度**，會依文字大小做變化，使用起來比較直覺。由於 1em ＝「文字高度」，所以 0.5em 的字距就是「文字高度的一半」。

我通常會習慣將字距設定為 0.04~0.12em。

編寫頁首的 CSS

Before

After

設定主視覺背景圖

STEP 1 在背景顯示主視覺的花束影像

一次設定完成背景的屬性

background: ～ ;

可以一次設定完成與背景有關的 8 個屬性。
使用半形空格隔開，在值設定各個屬性。

設定背景影像顯示大小的屬性

background-size: ～ ;

在值設定 cover（覆蓋整個區域）、contain（顯示整張影像）等關鍵字或含單位的數值。

此網站的主視覺並不是插入圖片，而是利用 CSS 設定背景影像。以下將使用 **background 屬性**，並以簡寫的方式撰寫程式碼。請將 **background-size** 的值設定為 **cover**，這樣一來即使改變瀏覽器的大小，主視覺背景圖仍會以「覆蓋整個 header 區域」的方式顯示出來。

```
22 header {
23   background: url(../images/hero.jpg) no-repeat right center/cover;
24 }
```

8章/step/06/css/01_header_step1.css

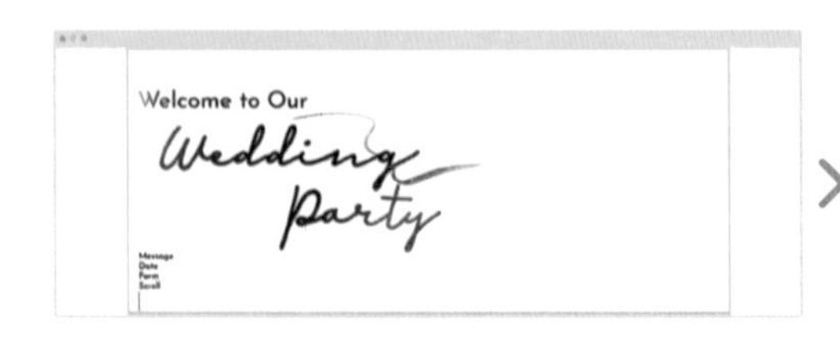

背景圖顯示出主視覺圖片，會覆蓋整個 header 區域。

與「背景圖」有關的各式各樣的CSS屬性

▶ background 屬性的寫法

background 屬性的值可以一次設定與背景有關的 8 種 CSS 屬性。

background 的寫法

```
background: url(檔案路徑) no-repeat right center/cover ;
```

url(檔案路徑) → background-image
no-repeat → background-repeat
right center → background-position
cover → background-size

・以半形空格隔開各個值
・沒有固定順序

在設定 background-size 時，請記得一定要在 **background-position 的值後面加上 /（斜線）**。

以上 4 個屬性，加上 **background-color**、**background-attachment**、**background-clip**、**background-origin**，總共可以設定 8 種屬性。

▶ background-size 的關鍵字

設定 background-size（背景圖大小）的值時，常常會使用「**cover**」或「**contain**」這些關鍵字，請先瞭解這兩者的差異。

cover

- 在維持長寬比的狀態下，盡可能放大指定元素，覆蓋整個背景
- 裁切超出範圍的部分

contain

- 在維持長寬比的狀態下，縮放顯示整個影像

除了設定關鍵字之外，當然也可以設定含有單位的數值，例如「50%」。

STEP 2 設定頁首區域的高度

請參考完成的設計圖，會發現頁首區域目前高度不夠，導致背景圖好像被切掉下半部。所以要改變頁首區域的高度，也就是用 CSS 調整位於 <header> 標籤內的 **<div class="innerWrap">** 的樣式，如下所示。

```
25 header .innerWrap {
26   height: 720px;
27 }
```

8章/step/06/css/01_header_step2.css

改變了頁首區域的高度。

這邊我不太懂，難道我不能直接設定 <header> 標籤的高度嗎？

本例就像水豚藏所說的，如果在 <header> 標籤設定高度，也會顯示出相同的結果。同樣的視覺表現會有各種不同的 CSS 寫法喔！

本例會這樣寫的原因，是因為如果在 <header> 標籤設定高度，後面會無法順利置入 Scroll 符號來製作視差滾動效果，所以才選擇在 innerWrap 設定高度的方法。

STEP 3 調整標語的位置

設定好背景圖之後，發現標語的位置太靠近網頁上方，因此替 h1 元素設定 **padding-top** 增加上方的留白，以調整標語的位置。

```
28 header h1 {
29   padding-top: 120px;
30 }
```

8章/step/06/css/01_header_step3.css

在上方加入留白間距，可將標語的位置往下移動。

置入提示捲動的「Scroll」符號

想將 Scroll 符號固定放在 header 元素的最下方，所以要使用 **position 屬性**置入。

設定元素配置方法的屬性

position: ～ ;	在值輸入 static、relative、absolute、fixed、sticky 其中一個。

設定位置的屬性

left: ～ ; right: ～ ; top: ～ ; bottom: ～ ;	只有設定位置的元素（以 position 屬性設定除了 static 以外的值的元素）有效果。 在值輸入設定位置，含有單位的數值。

STEP 1 在適合的位置放置 Scroll 符號

下一頁會詳細說明 position 屬性，請先實際執行操作，瞭解可以產生何種效果。

以 **position** 方式置入元素時，需要有基準點。因此請先在 **header .innerWrap** 之中設定 **position:relative;**，這樣就可以決定移動元素的基準點。接著請替想要移動的元素設定 **position:absolute;**。下一頁會針對這兩個屬性提供詳細的解說。
以 left 與 bottom 設定具體位置，就能在你想要的位置放置 Scroll 符號。

```
25 header .innerWrap {
26   height: 720px;
27   position: relative;
28 }
```

```
32 header .scroll {
33   position: absolute;
34   left: 0;
35   bottom: 0;
36 }
```

8章/step/06/css/02_scroll_step1.css

設定後，改變了 Scroll 符號的位置。

這裡要徹底瞭解 LEARNING

善用position屬性來排版

排版的時候若能善用 position 屬性，即可隨意設定元素的位置，提高排版的靈活度。

善用 **position 屬性**，可以展現出預設的配置方式（static）無法表現的效果，例如讓元素重疊顯示等。但是建議你先瞭解每個值的意思和特色後再使用。

static（預設值）

- 沒有設定 position 的元素會變成這個值
- 以 left 或 top 等設定位置也不會移動

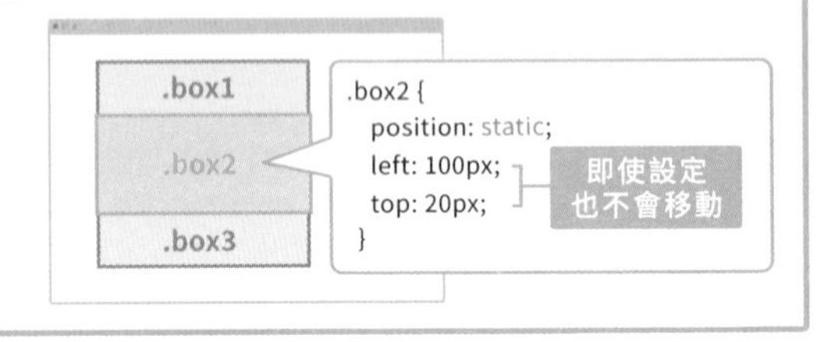

.box1
.box2
.box3
.box2 {
position: static;
left: 100px;
top: 20px;
}
即使設定
也不會移動

relative

- 使用 left、right、top、bottom，可以具體設定想配置的位置
- 基準點在原始位置的左上方
- 後續元素（.box3）的位置不變

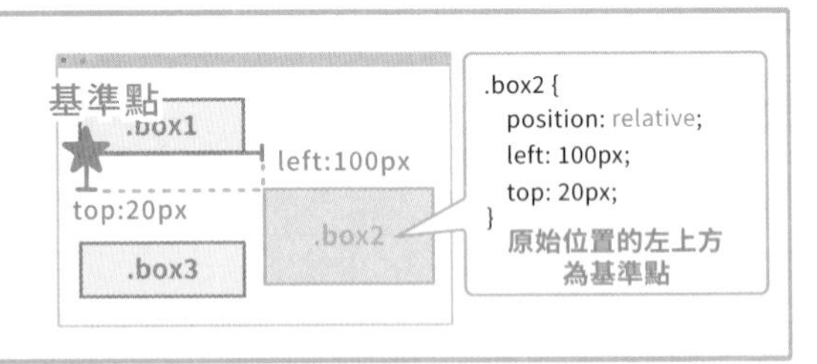

基準點
.box1
left:100px
top:20px
.box2
.box3
.box2 {
position: relative;
left: 100px;
top: 20px;
}
原始位置的左上方
為基準點

absolute

- 使用 left・right・top・bottom，可以具體設定想配置的位置
- 基準點在視窗的左上方
- 後續元素（.box3）的位置緊接在一起
- 失去了區塊元素「盡可能占滿整個寬度區域」的性質

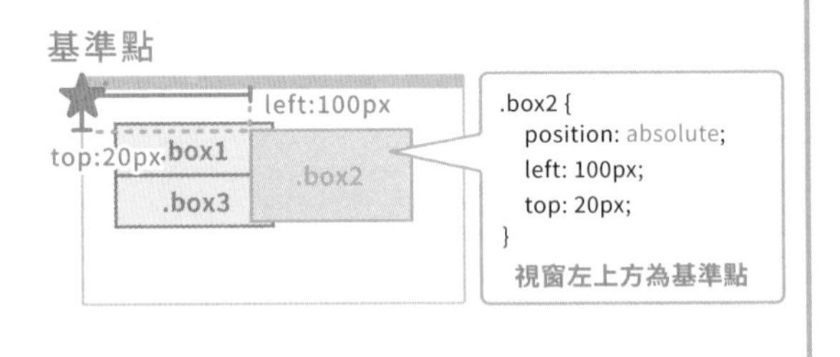

基準點
left:100px
top:20px
.box1
.box2
.box3
.box2 {
position: absolute;
left: 100px;
top: 20px;
}
視窗左上方為基準點

哇，原來設定成 relative 與設定成 absolute 的基準點會不一樣呢！

absolute 預設會以「視窗左上方」為基準點，但是這樣不方便使用，所以通常會將它的基準點改成**父元素的左上方**。修改方式請看下一頁的說明。

▶ 把 absolute 的基準點改成父元素的左上方

改變 absolute 的基準點

❶ 在父元素設定 static 以外的值，通常會設定為 relative。這樣基準點就會在父元素的左上方

❷ 在想移動的元素設定 absolute

❸ 使用 left、right、top、bottom，設定想配置的位置

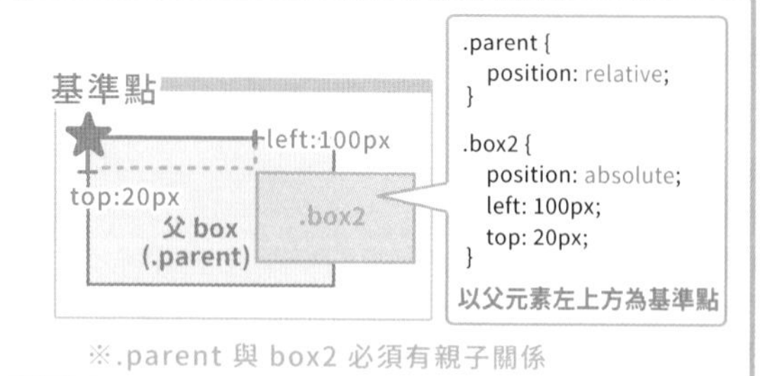

初學者常常會覺得使用 position 屬性來排版很困難，建議你多加練習，熟悉之後應該會覺得很好用喔！

STEP 2 讓 Scroll 符號置中對齊並進行微調

上一個步驟中，我們將 Scroll 符號的 position 值設定為 absolute，受到這個影響，會導致 p 元素（.scroll）形成未占滿整個區塊寬度的狀態。假如要讓 p 元素占滿整個寬度，可以將 width 設定為 100%，並設定 **text-align:center;** 讓 Scroll 這行文字置中對齊，此外還要再設定 **font-size** 指定文字大小。最後是「Scroll」文字下方的圖片（垂直線段），我們要替它設定 **margin-top**，在該線段與「Scroll」之間加入一點間距。

```
32 header .scroll {
33   position: absolute;
34   left: 0;
35   bottom: 0;
36   width: 100%;
37   text-align: center;
38   font-size: 16px;
39 }
40 header .scroll img {
41   margin-top: 8px;
42 }
```

8章/step/06/css/02_scroll_step2.css

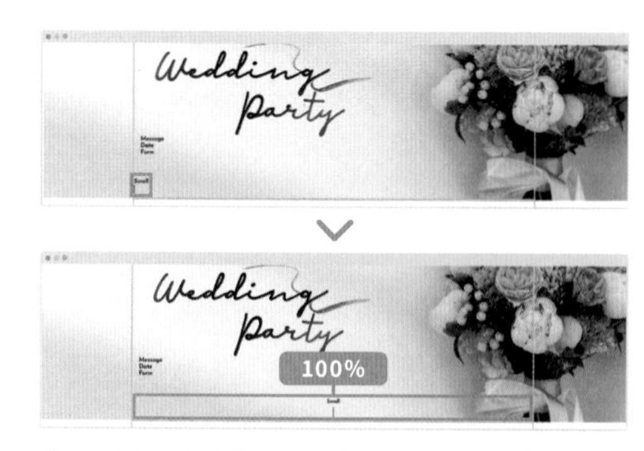

讓 Scroll 文字置中對齊，並且在線段上面插入留白間距。

製作全域導覽列

我們要讓導覽列固定在網頁的上方，即使使用者往下捲動，也會持續出現在上方。
只要設定 **position:fixed;** 就可以固定位置。

STEP 1 置入全域導覽列並固定在網頁上方

要固定導覽列的位置，方法是在 **header nav** 中設定 **position:fixed;**，然後利用 top 與 left 設定位置。請注意把屬性值設定為 **fixed** 時，和 absolute 一樣，元素寬度不會占滿整個畫面，所以要設定 **width:100%;**。

```
43 header nav {
44   position: fixed;
45   top: 0;
46   left: 0;
47   width: 100%;
48 }
```

8章/step/06/css/03_nav_step1.css

導覽列的文字原本在圖片下面，設定後將移到左上角（這是因為目前暫時設定 top：0、left：0，後面會再調整位置）。

這裡要注意！POINT **position:fixed; 的特色**

設定 position:fixed; 的特色是，即使網頁捲動了，元素仍會持續固定在該位置。此外，配置時的基準點會在視窗的左上方。

STEP 2 將導覽項目水平排列

目前導覽項目是垂直排列，我們要改成水平排列，所以在 **ul 元素**設定 **display:flex;**。

```
49 header nav ul {
50   display: flex;
51 }
```

8章/step/06/css/03_nav_step2.css

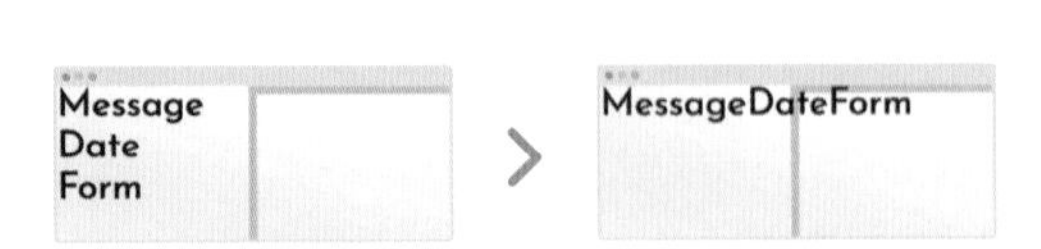

將導覽項目變成水平排列。

水平排列是設定為 flex 對吧！
這個我知道！前面有學過！

STEP 3 調整導覽列的位置

接著要讓 nav 元素中的 ul 元素置中對齊，並且用 **padding** 調整導覽項目周圍的留白。

```
49 header nav ul {
50  display: flex;
51  width: 1240px;
52  margin: 0 auto;
53  padding: 10px 20px;
54 }
```

8章/step/06/css/03_nav_step3.css

改變了導覽列的位置。

STEP 4 讓導覽項目左右均分對齊

接著要讓導覽項目均分對齊，這裡可以使用 **Flexbox** 屬性 **justify-content**（⇒ P.114），以拉開每個項目的間距。

```
49 header nav ul {
50  display: flex;
51  justify-content: space-around;
52  width: 1240px;
53  margin: 0 auto;
54  padding: 10px 20px;
55 }
```

8章/step/06/css/03_nav_step4.css

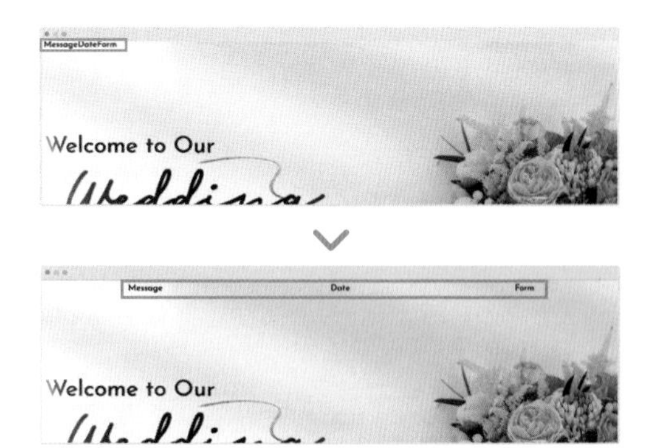

以相等的間隔配置導覽項目。

STEP 5 設定當滑鼠移入導覽項目時加上底線

我們希望當使用者將滑鼠移到連結上面時，就會顯示底線，所以這裡要使用虛擬類別，請設定 **text-decoration:underline;**。

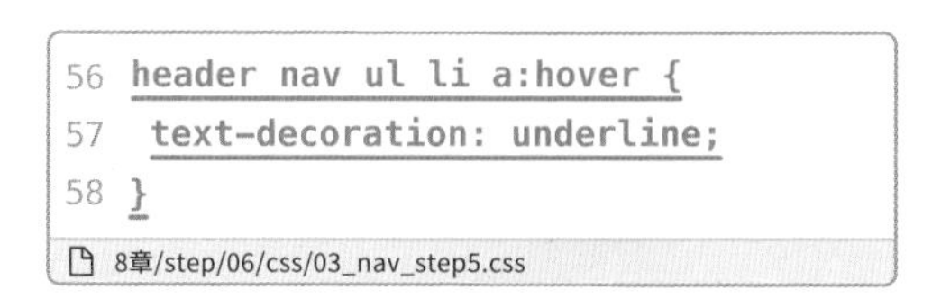

```
56 header nav ul li a:hover {
57  text-decoration: underline;
58 }
```

8章/step/06/css/03_nav_step5.css

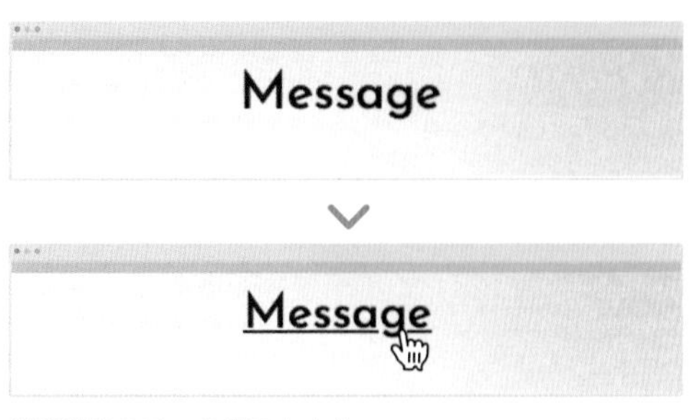

當滑鼠移入時，會顯示出底線。

STEP 6 設定導覽列的重疊順序

設定元素重疊順序的屬性

z-index: ～;	在值輸入整數。 數值愈大，重疊順序會愈上面，也可以設定負值。

這裡要注意一點，就是有設定了 position 的元素，其重疊順序可能會不如預期。為了避免和其他元素重疊，要先設定 **z-index**，讓導覽列隨時顯示在所有物件的前面。

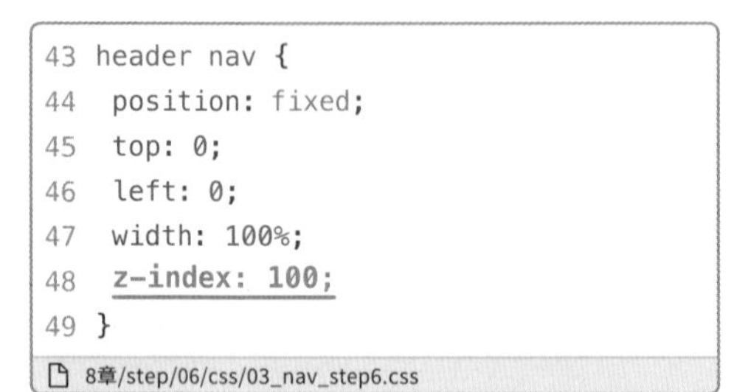

```
43 header nav {
44   position: fixed;
45   top: 0;
46   left: 0;
47   width: 100%;
48   z-index: 100;
49 }
```

8章/step/06/css/03_nav_step6.css

雖然畫面上看不出變化，但是這樣就完成了！

太好了！總算做完頁首囉！

這裡要徹底瞭解 LEARNING 什麼是 z-index？

HTML 元素除了 X 軸（水平）與 Y 軸（垂直）之外，還有 Z 軸（深度）。沒有設定時，元素會像散落在桌上的紙張，全部都位於同一層（Layer）。

z-index 就是在設定 Z 軸（深度），這是決定**重疊順序**的屬性。

z-index 只會對設定了 position 等狀態的元素（稱為指定位置元素）發揮效果。

在上個步驟中，我們將全域導覽列設定為 **z-index:100;**，如右圖所示，它就會「顯示在高於其他 Z 軸的位置」。

只要將全域導覽列的 Z 軸設定成較大的數值，即使重疊很多元素也不用擔心。

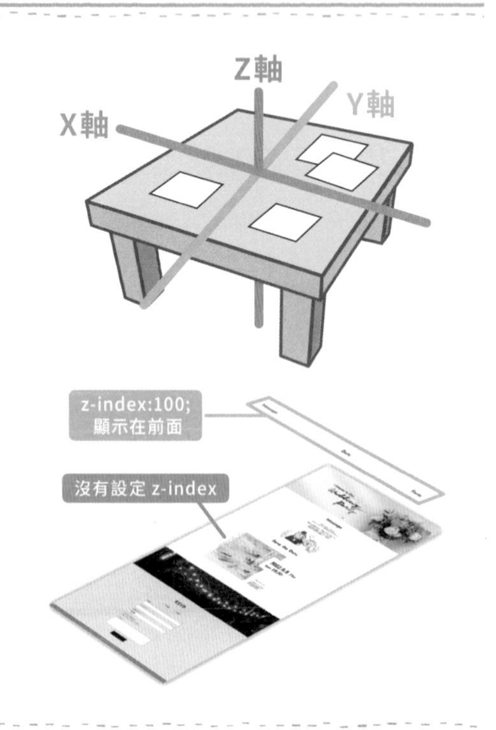

編寫 msg 區段的 CSS

Before

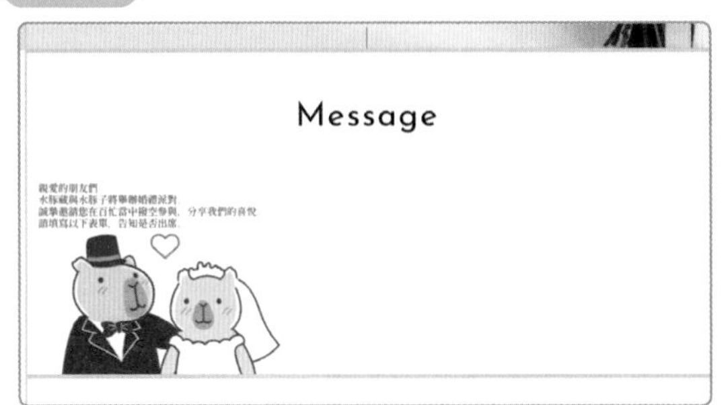

After

接下來要針對 class 名稱為「msgSec」的區域來編寫 CSS。

請觀察上圖的 After，在輔助線上（水豚夫婦的左右兩側）重疊了葉子圖案。這種超出區塊範圍的元素，只要使用 **position 屬性**就能輕易完成配置。

配置內容與圖片

STEP 1 調整背景色與內容的位置

以下要設定 msgSec 區塊的背景色，並且讓內容置中對齊。由於文字和圖片都是行內元素，所以只要設定 **text-align: center;** 就能置中對齊。此外，由於內容的行距較窄，所以要用 **line-height** 屬性調整，段落之間也要用 **margin-bottom** 加上留白。

```
60 .msgSec {
61   background-color: #fbfaf7;
62 }
63 .msgSec p {
64   text-align: center;
65   line-height: 1.75;
66   margin-bottom: 40px;
67 }
```

8章/step/07/css/01_message_step1.css

為 msgSec 區塊加上背景色，並且讓內容置中對齊。

STEP 2 調整文字與圖片之間的留白

在圖片的 p 元素（.illust）使用 **margin-top** 加上留白，可稍微增加插圖上方的間距。另外，上個步驟有替 p 元素設定 margin-bottom:40px;，這會導致圖片下方也留白，所以要再將圖片下方的留白設定為 0px。

```css
68 .msgSec p.illust {
69   margin-top: 80px;
70   margin-bottom: 0;
71 }
```

8章/step/07/css/01_message_step2.css

擴大圖片上方的留白，並刪除圖片下方的留白。

「p.illust」選擇器是指「設定了 class 名稱為 illust 的 p 元素」。

覆寫 CSS 與優先順序

上面為了刪除留白而設定的 margin-bottom:0; 會覆蓋掉在 STEP1 設定的 margin-bottom:40px;。這是因為 **CSS 的套用原則是以後面的設定為優先**。

▶ 選擇器的詳細度

CSS 執行的優先順序並不是只根據編寫順序，還有一個原則是「詳細度」，會依照選擇器的寫法決定優先順序。

若詳細度愈高，優先順序就會愈前面，但套用 CSS 的順序與編寫順序無關。

若使用 **!important** 屬性會破壞正常的覆寫規則，若非必要，請避免使用。

這裡要注意！POINT

請注意「邊界重疊」的狀況

STEP1 設定的 margin-bottom:40px; 與 STEP2 設定的 margin-top:80px 都是針對相同地方設定 margin，但是結果並不會變成 40px + 80px = 120px。

在相鄰元素設定垂直方向的 margin 時，就會發生如右圖這種重疊狀況，稱為**邊界重疊**（Collapsing margins）。

通常在發生邊界重疊時，會採用較大值。

重疊時的間距（藍綠色部分）變成較大值 80px。

STEP 3 加上裝飾用的葉子圖片（左）

產生元素的屬性

content: ～ ;	在值輸入影像路徑或文字。 通常會組合 ::before 與 ::after。

在水豚夫婦兩側有葉子圖片，這只是裝飾用的圖片，用 **::before** 與 **content** 建立虛擬元素即可讓它顯示，不需使用 img 標籤。這個裝飾會重疊在區塊下方，所以要用 **position** 配置。

```
68 .msgSec p.illust {
69   margin-top: 80px;
70   margin-bottom: 0;
71   position: relative;
72 }
73 .msgSec p.illust::before {
74   content: url(../images/deco_left.png);
75   position: absolute;
76   left: 320px;
77   bottom: -30px;
78 }
```

8章/step/07/css/01_message_step3.css

顯示出葉子裝飾（左側）。

下一頁將會詳細說明**虛擬元素（::before）**的用法。

STEP 4 加上裝飾用的葉子圖片（右）

右側也想加上葉子裝飾，這裡要用 **::after** 建立虛擬元素，執行和上一步相同的設定。請注意原來設定位置的 left 要改成 **right**。

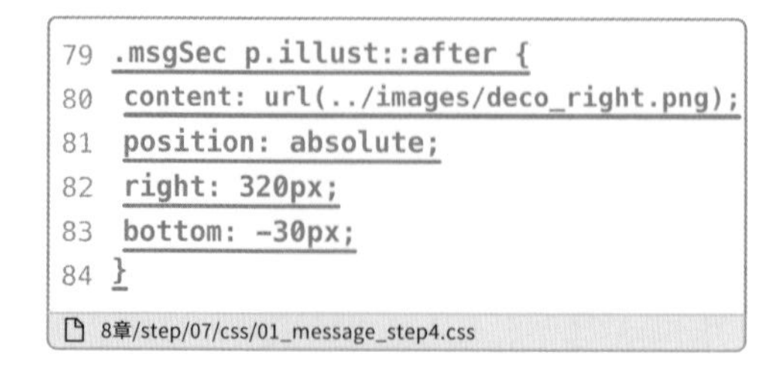

```
79 .msgSec p.illust::after {
80   content: url(../images/deco_right.png);
81   position: absolute;
82   right: 320px;
83   bottom: -30px;
84 }
```

8章/step/07/css/01_message_step4.css

顯示出葉子裝飾（右）之後，msg 區段就完成了！

這裡要徹底瞭解 LEARNING 虛擬元素 ::before 與 ::after

::before 與 **::after** 是不用另外增加 HTML 標籤，就可以使用的虛擬元素。**::before 是在「開始標籤之後」**產生元素，**::after 是在「結束標籤之前」**產生元素。

::before 與 ::after 的寫法
並列兩個 :（冒號）
選擇器名稱 ::before(after){content:~ ;}
如果只有 ::before 或 ::after，因為沒有內容，
什麼都不會顯示，所以必須搭配使用 content 屬性。
p::before {
content:"☆";
}
p::after {
content:"★";
}
HTML
<p>Wedding Party</p>
HTML 沒有☆與★的描述
☆Wedding Party★
以虛擬元素顯示☆與★

STEP3～4 在 .illust 的 <p> 標籤的「開始標籤之後」置入了左側葉子圖片，在「結束標籤之前」置入了右側的葉子圖片。

前面在練習時，是用 content 屬性設定了圖片，但是如果想調整圖片大小，比較常用的技巧是設定 **content:"";**，先讓內容變成空的值，後續可以再用 background-image 屬性設定圖片。第 13 章將會實際演練這個技巧。

編寫 date 區段的 CSS

Before

After

設定 date 區段的背景色與留白

STEP 1 刪除區塊邊框並調整背景與留白

前面 P.160 製作的區塊邊框，到此已不需要，可以刪除。並在 **.dateSec** 設定背景色與留白。

```
10 .innerWrap {
11   border: 4px solid lightblue; ←刪除這一行
12   width: 1240px;
```

```
84 .dateSec {
85   background-color: #ffffff;
86   padding-bottom: 120px;
87 }
```

8章/step/08/css/01_date_step1.css

刪除當做輔助線的邊框，並加入下方的留白（padding）。背景色原本就是白色，所以看起來沒有變化。

請注意，在刪除一行程式碼之後，程式碼的行數（行號）就會改變。但是最後只要和上述原始碼的結尾（第 87 行）一致，就沒問題。

有時候即使用開發人員工具檢查，也很難確認元素的位置或大小，這時候暫時替元素加上輔助線（邊框），就會比較容易瞭解範圍。之後不需要時再刪除邊框即可。

使用 Flexbox 組合水平排列的版面

STEP 1 在 HTML 中新增排版用的 <div> 標籤

此區段要讓「影像」與「文字（包括日期、時間、電話、地址）」兩個區塊左右並排（水平排列）。請開啟 **index.html**，增加一個給彈性容器用的標籤 **<div class="layoutWrap">**。此外，也要增加一個把「文字資料區塊」組成群組的 <div> 標籤 （⇒ P.122）。

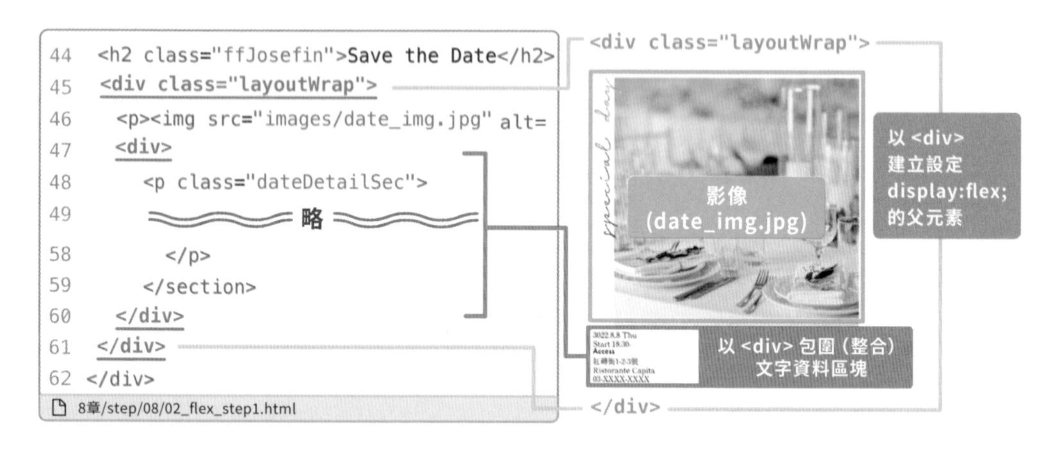

44 <h2 class="ffJosefin">Save the Date</h2>
45 <div class="layoutWrap">
46 <p><img src="images/date_img.jpg" alt=
47 <div>
48 <p class="dateDetailSec">
49 略
58 </p>
59 </section>
60 </div>
61 </div>
62 </div>
8章/step/08/02_flex_step1.html
<div class="layoutWrap">
影像
(date_img.jpg)
以 <div>
建立設定
display:flex;
的父元素
以 <div> 包圍（整合）
文字資料區塊
</div>

STEP 2 使用 Flexbox 讓影像與文字變成水平排列

在 <div class="layoutWrap"> 設定 **display:flex;**，即可讓影像與文字資料區塊水平排列。在此可利用 **flex-basis 屬性**設定區塊寬度，以調整水平排列時左右兩欄的寬度。

```
88 .dateSec .layoutWrap {
89   display: flex;
90 }
91 .dateSec .layoutWrap > p {
92   flex-basis: 735px;
93 }
94 .dateSec .layoutWrap > div {
95   flex-basis: 465px;
96 }
```

8章/step/08/css/02_flex_step2.css

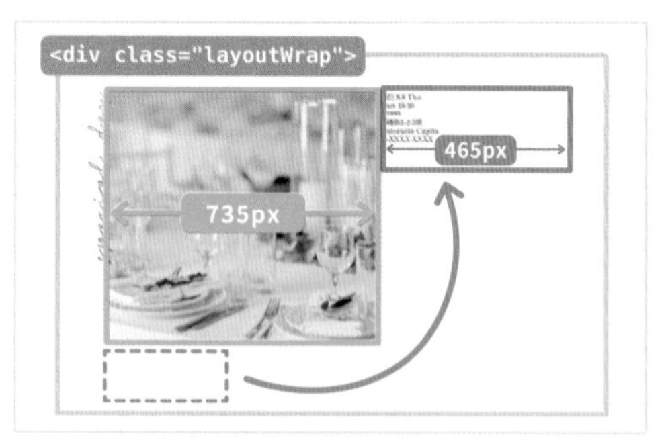

<div class="layoutWrap">
465px
735px

將原本垂直排列的「影像」與「文字資料區塊」變成水平排列，並控制左右兩欄的寬度。

「**.dateSec .layoutWrap > p**」我們稱為**子選擇器**，只會套用在 .layoutWrap 底下的 p 元素 （⇒ P.120）。換句話說，這並不會對子元素內的元素（後代元素）產生作用。

調整日期與時間的樣式

STEP 1 調整日期與時間的文字大小和位置

前面有使用一個 <div> 標籤將右邊的「文字區塊」組成群組，在此替它設定 **padding-top** 讓上方留白。在文字區塊中，日期與時間有自己的類別名稱「**.dateDetailSec**」，可對這個選擇器設定 **font-size** 來放大文字。為了製造圖文重疊的效果，因此在日期與時間左側的 margin 設定負值，讓它往左錯位，重疊在影像上。同時也一併調整背景色、留白、行距。

```
94  .dateSec .layoutWrap > div {
95    flex-basis: 465px;
96    padding-top: 100px;
97  }
```

```
98  .dateSec .dateDetailSec {
99    font-size: 72px;
100   margin: 0 0 170px -100px;
101   background-color: #ffffff;
102   padding: 40px 64px;
103   line-height: 1.2;
104 }
```

8章/step/08/css/03_datedetail_step1.css

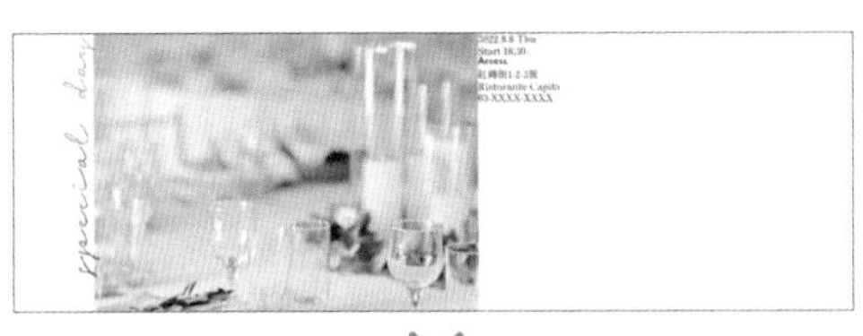

調整了日期與時間的位置，並和影像稍微重疊。

STEP 2 在 HTML 中加入 <span> 標籤來個別調整樣式

參考完成的設計圖，「Thu」、「Start」、「18:30-」等文字大小都不同，為了個別調整樣式，請在 **index.html** 加入 **<span> 標籤**，以便個別設定 CSS。

```
48 <p class="dateDetailSec">
49   3022.8.8␣<span class="word1">Thu</span><br>
50   <span class="word2">Start</span>␣<span class="word3">18:30-</span>
51 </p>
```

保留半形空格

8章/step/08/03_datedetail_step2.html

加入 <span> 標籤時，外觀暫時沒有變化。

如果和這個步驟一樣，只是想改變文字樣式，不需要使用特殊意義的標籤時，通常會用 <div> 標籤或 <span> 標籤來製作。本例只想在部分文字套用樣式，所以使用 <span> 標籤即可 （⇒ P.122）。

Part 4

08

STEP 3 將同一列的文字設定成不同的大小

接著針對上個步驟所增加的幾個 span class（word1、word2、word3），分別設定文字大小（font-size）。當類似選擇器的屬性相同時，可簡化寫成一行，以提高易讀性。

```
105 .word1 {font-size: 50px;}
106 .word2 {font-size: 40px;}
107 .word3 {font-size: 60px;}
```

8章/step/08/css/03_datedetail_step3.css

在同一列文字中設定不同的文字大小。

調整交通資訊

STEP 1 請用前面學過的屬性調整交通資訊的文字樣式

最後用相同的步驟來調整交通資訊（.accessSec）的文字顏色及大小。這些屬性前面都已經學過了，你也可以試試看自行調整。完成的結果如下。

```
108 .accessSec {
109  margin-left: 48px;
110 }
111 .accessSec h3 {
112  color: #cfafa3;
113  font-size: 55px;
114  letter-spacing: .05em;
115  margin-bottom: 8px;
116 }
117 .accessSec p {
118  line-height: 1.6;
119 }
```

8章/step/08/css/04_access_step1.css

到此就完成 date 區段的設計了！

呼！總算設定好了，這邊內容有點難，身為初學者的我可能無法完全理解。大家可以練習到這裡，真的很棒喔！

編寫 form 區段的 CSS

Before

RSVP

在上圖的 Before 狀態中，第 7 章標記過的表單元素（例如文字輸入欄）不見了，這是受到重置 CSS 的影響。接下來要用 CSS 裝飾表單，所以剛開始顯示成這樣沒關係。

設定 form 區段的背景色與留白

STEP 1 設定背景色與留白

在 **.formSec** 設定背景色（#efe8d9）與留白。請設定表單寬度（600px），並置中對齊。

```
120 .formSec {
121   background-color: #efe8d9;
122   padding-bottom: 60px;
123 }
124 form {
125   width: 600px;
126   margin: 0 auto;
127 }
```

8章/step/09/css/01_form_step1.css

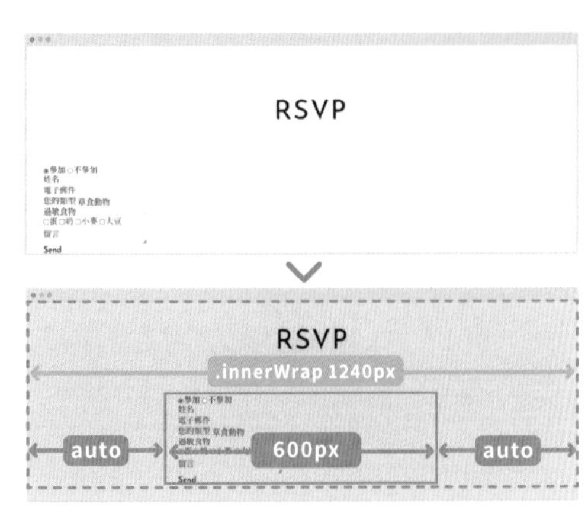

替此區段加上背景色並設定置中對齊。

STEP 2 設定外觀一致的表單元件

接著要來美化表單元件，用 CSS 統一設定文字輸入欄的背景色與框線。將寬度擴大成 100% 並調整留白。輸入欄是共通的設計，所以用 **,**(逗號) 分隔，以設定多個選擇器。

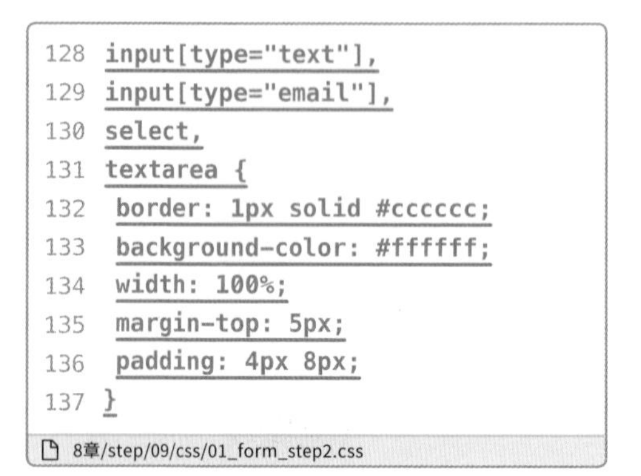

```
128 input[type="text"],
129 input[type="email"],
130 select,
131 textarea {
132  border: 1px solid #cccccc;
133  background-color: #ffffff;
134  width: 100%;
135  margin-top: 5px;
136  padding: 4px 8px;
137 }
```

8章/step/09/css/01_form_step2.css

用 CSS 完成白色輸入欄的共通設計。

這裡替文字輸入欄設定的 width:100%; 是「針對父元素」的設定，所以文字輸入欄的寬度會變成和 form 元素（父元素）一樣，都是 600px。

屬性選擇器

STEP2 所設定的 **input[type="text"]** 稱為**屬性選擇器**（⇒ P.120）。寫法如下。

屬性選擇器的寫法

選擇器名稱[屬性名稱]
（選擇器名稱可以省略）

具體範例

input[type]	以含有 type 屬性的 input 元素為對象
input[type="text"]	以屬性值一致的 input 元素為對象
[type="text"]	以屬性內設定了 type="text" 的所有元素為對象

為什麼要使用屬性選擇器？

因為在排列 input 元素的表單中，使用屬性選擇器，就不需要在 HTML 增加多餘的 class 了，這樣寫會更有效率喔。

STEP 3 調整選項按鈕與核取方塊［選擇欄］的外觀

設定垂直排列方式的屬性

vertical-align: ～ ;

display 屬性的值可以針對行內元素、行內區塊、表格儲存格的元素進行設定。
在值輸入含單位的數值或關鍵字。

常用的關鍵字

baseline	★水豚藏	middle	★水豚藏
top	★水豚藏	bottom	★水豚藏

套用在表格儲存格元素的狀態

top	middle	bottom

請仔細觀察表單元件，在預設的狀態下，其實選項按鈕與核取方塊都有點偏向下方，並沒有和項目名稱對齊。接著就要讓元件與名稱垂直置中對齊，請利用 width 與 height 設定元件大小，並以 **vertical-align** 對齊。元件與項目名稱之間的留白可用 **margin-right** 設定。

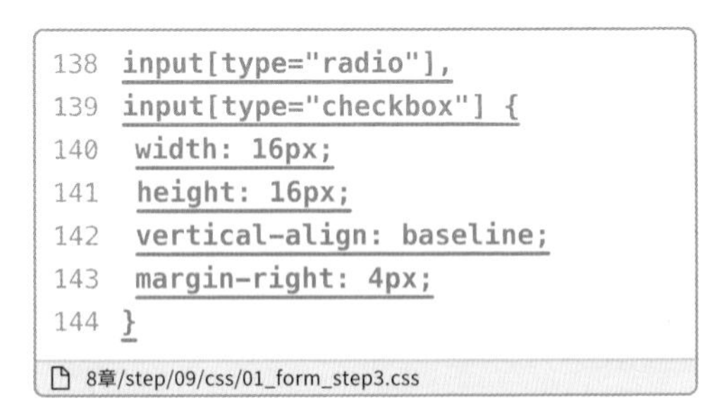

```
138 input[type="radio"],
139 input[type="checkbox"] {
140  width: 16px;
141  height: 16px;
142  vertical-align: baseline;
143  margin-right: 4px;
144 }
```

8章/step/09/css/01_form_step3.css

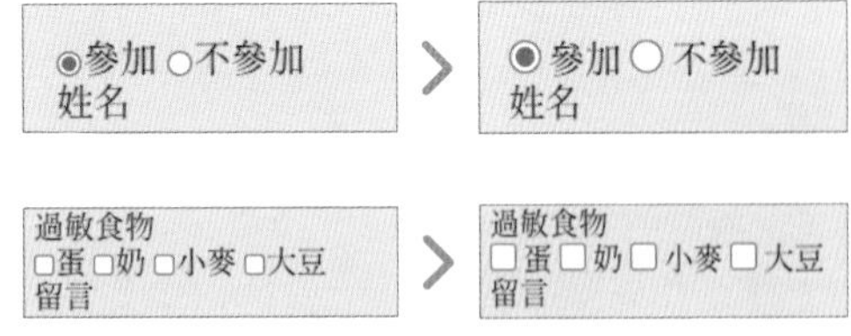

調整了按鈕與項目名稱的位置。

某些字體即使將值設定為 middle，vertical-align 可能仍不會垂直置中。這次的範例正好完美對齊了 baseline，假如仍無法對齊，可利用 px 設定，或用 margin 來微調。

這裡要注意！ POINT

注意 vertical-align 套用的元素

vertical-align 屬性並不是針對區塊元素調整行內元素的位置，而是可直接調整行內元素的垂直位置。因此，vertical-align 必須直接設定在想套用的元素上。前面學過的 text-align 設定方法是「設定父元素，讓子元素置中對齊」，雖然名稱很像，但是和 vertical-align 完全不同。

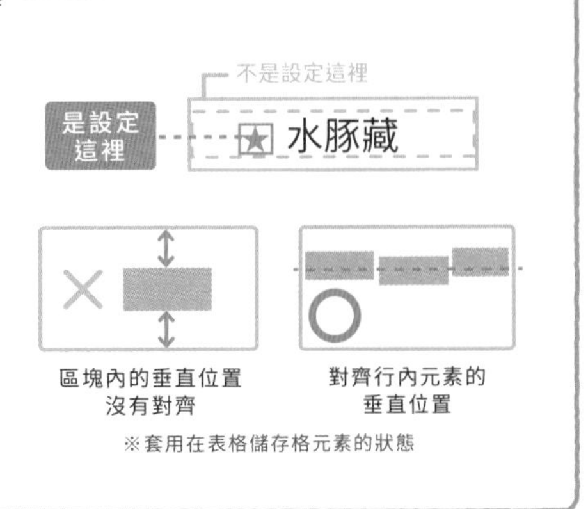

STEP 4 調整選項按鈕與核取方塊［項目名稱］的外觀

接著要調整「參加、不參加」這些選擇欄的位置。此處的 class 名稱是 **.attendRadio**，因此以下設定 text-align 文字置中對齊，並以 margin-bottom 設定上方留白。

此外，我們還想拉開「參加、不參加」兩個項目名稱之間的距離，所以要在 **label 元素**設定左右 margin。文字大小設定為 24px。

同時也調整「過敏食物（**.allergyCheck**）」4 個項目名稱 label 元素之間的留白。

調整了選項按鈕與項目名稱的位置

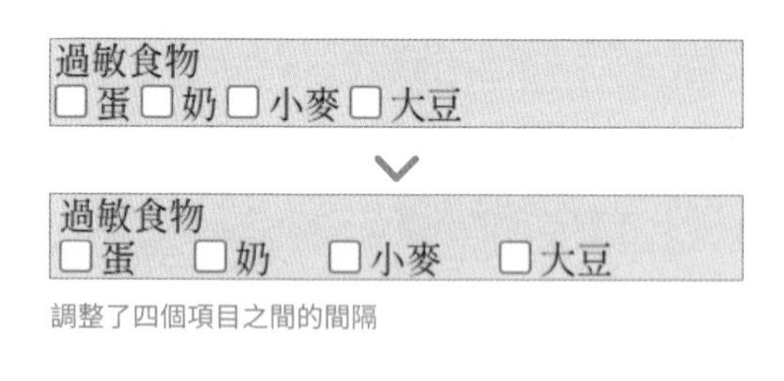

調整了四個項目之間的間隔

```
145 .attendRadio {
146   text-align: center;
147   margin-bottom: 40px;
148 }
149 .attendRadio label {
150   margin: 0 20px;
151   font-size: 24px;
152 }
153 .allergyCheck label {
154   margin-right: 24px;
155 }
```

8章/step/09/css/01_form_step4.css

STEP 5 顯示下拉式選單的符號

在下拉式選單右側，要加上提示可往下拉的符號（▼），可利用 background 屬性設定影像。

```
156 select {
157   background: #ffffff url(../images/arrow.png) no-repeat 98% 50%/17px 10px;
158 }
```


8章/step/09/css/01_form_step5.css

在下拉式方塊顯示了▼

下拉式選單本來有包含符號，但因為 reset.css 重置而消失了，所以要重新設定好。

STEP 6 調整留言輸入欄的高度與整體的留白間距

接著來設定留言區域，首先要替 **textarea** 元素設定 **height**，加大留言輸入欄，同時也在留言欄和 Send 按鈕之間加上留白。

目前各欄位的距離有點擠，為了調整間距，要在包含項目名稱與輸入欄的 <p> 標籤設定 **line-height** 與 **margin-bottom** 加以調整。

```
159 textarea {
160   height: 148px;
161   margin-bottom: 30px;
162 }
163 form > p {
164   line-height: 1.4;
165   margin-bottom: 20px;
166 }
```

8章/step/09/css/01_form_step6.css

擴大留言區域，並調整了各欄位之間的留白間距。

STEP 7 裝飾 Send 按鈕

「Send」按鈕（**input 元素**）屬於行內元素，所以要在它的父元素 p 元素（**.submitBtn**）設定 **text-align:center;**，置中對齊。在此可以使用型態選擇器，在按鈕加上背景色、設定文字顏色以及留白。

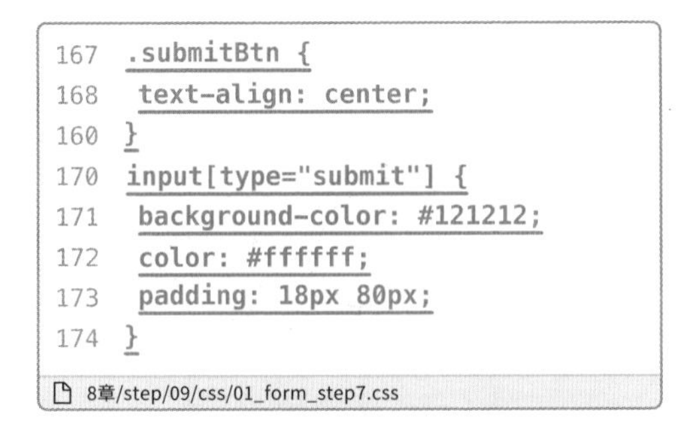

```
167 .submitBtn {
168   text-align: center;
160 }
170 input[type="submit"] {
171   background-color: #121212;
172   color: #ffffff;
173   padding: 18px 80px;
174 }
```

8章/step/09/css/01_form_step7.css

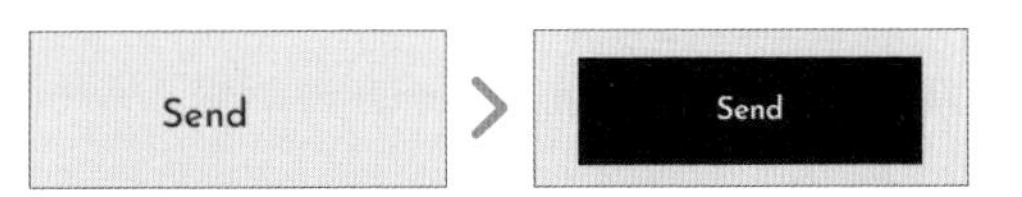

RSVP

參加　不參加

姓名

電子郵件

您的類型

草食動物

過敏食物

蛋　奶　小麥　大豆

留言

Send

到這裡就完成 form 區段的設定了！

10 編寫 footer 與視差滾動效果的 CSS

裝飾 footer 區段

STEP 1 完成頁尾的外觀設定

請設定 footer 元素的背景色、文字顏色、留白。文字要用 **text-align** 置中對齊。

```
175 footer {
176   background-color: #c7887f;
177   color: #f3e9e5;
178   padding: 14px 10px 20px;
179   text-align: center;
180 }
```

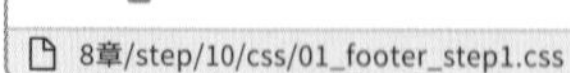
8章/step/10/css/01_footer_step1.css

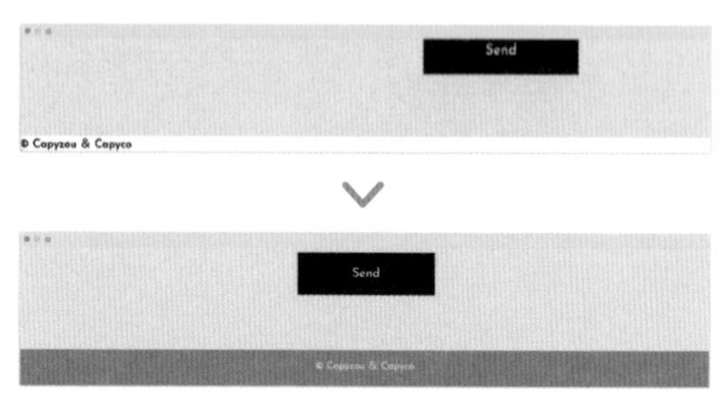

比照設計圖完成頁尾（footer）區塊的樣式設定。

練習到這裡，用到的 CSS 屬性幾乎都已經學過了，會覺得愈來愈熟悉喔！

製作視差滾動(Parallax Scrolling)效果

「視差滾動（Parallax Scrolling）」是捲動網頁時產生的特效，意思是在捲動網頁時，要讓位於不同層的元素，以不同速度移動，這樣可以呈現出前後不同的遠近感。

範例網站是透過固定背景影像，與上層內容產生捲動差異的方式來製造視差滾動效果。

如果增加層數或移動物件、製造速度落差，可以產生更強烈的視差效果。

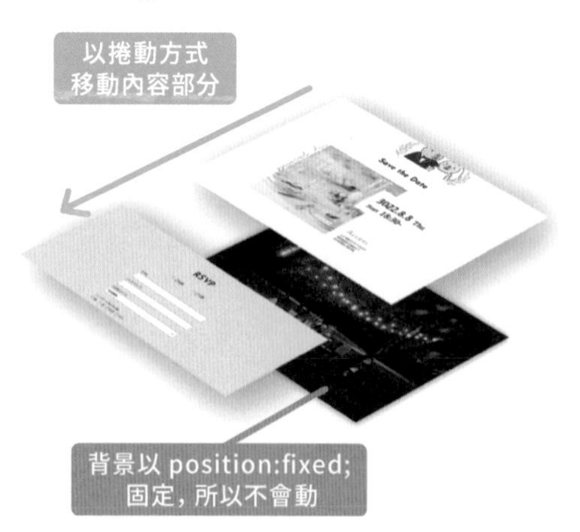

STEP 1 增加產生視差效果的 CSS

首先要讓影像顯示在 date 區段的下方，所以要先在 **.dateSec** 下方，利用 **margin-bottom** 加上和影像高度一樣的留白。

接著要讓影像顯示成 .dateSec 虛擬元素的背景影像。請設定 **position:fixed;**，把 width 與 height 變成 100%，可以顯示占滿整個畫面的影像，重點是將 **z-index 設定為 -1**，就可以將該背景影像固定放在內容最深（最裡面）的層級。

```
181 .dateSec {
182   margin-bottom: 480px;    在 .dateSec 下方加上可以顯示影像的留白
183 }
184 .dateSec::after {          建立虛擬元素
185   content: "";             以 background 設定背景影像，所以 content 變成空值
186   position: fixed;  ┐
187   left: 0;          │
188   top: 0;           ├─固定滿版配置
189   width: 100%;      │
190   height: 100%;     ┘
191   background: url(../images/bg.jpg) no-repeat center/cover;  設定背景影像
192   z-index: -1;   將虛擬元素移動到下層
193 }
```

8章/step/10/css/01_parallax_step1.css

設定好之後，請實際捲動看看，以確認結果。

本例是將背景影像固定顯示為滿版。因此當使用者捲動了瀏覽器，該背景影像也不會移動，但是位於背景影像上層的內容會被捲動，這樣就會產生視差滾動效果。

看起來就好像網頁是在固定的背景圖上面滑來滑去，好好玩喔！

PART 4
09 章

加上 CSS 動畫效果

這一章要學習「轉場動畫」與「關鍵影格動畫」兩種動畫效果
只要用 CSS 設定即可完成

這一章要學習的是只用 CSS
就可以做出來的動畫。

網頁可以動起來嗎？
好像會很好玩！

SECTION 1

CSS 動畫的基本知識

CSS 動畫的種類

使用 CSS 可以表現兩種動畫效果，包括「**轉場動畫**」與「**關鍵影格動畫**」。

轉場動畫

- 定義起點與終點的兩個狀態
- 需要啟動動畫的觸發器
- 只會播放一次

自動產生中間的動畫

關鍵影格動畫

- 在起點與終點之間建立多個關鍵影格
- 即使沒有觸發器，也可以開始播放影片
- 可以設定迴圈次數與播放方法

呼叫每一個關鍵網格

上面提到的觸發器，是動畫出現的契機，例如「**hover**」（移入）就是常用的觸發器。兩種動畫的使用時機差異是，如果是「**只需一次觸發**」（例如移入時就跳出來）的簡單動畫，建議用**轉場動畫**；如果是「**需要複雜變化**」的動畫，則使用**關鍵影格動畫**。

利用完成檔案檢視動畫效果

請使用瀏覽器開啟 **9 章 / 完成 /index.html**，確認 Scroll 符號的動畫效果，以及滑鼠游標移入 Send 按鈕時的動畫效果。

檢視作業檔案

請使用 VSCode 開啟 9 章 / 作業 /css/style.css。這個檔案已經套用第 8 章的操作。接著請使用瀏覽器開啟 9 章 / 作業 /index.html，確認是否套用了 CSS 再繼續操作。

使用 CSS 屬性製作轉場動畫

與套用轉場效果有關的屬性

transition-property: ～ ;	這是設定套用效果的 CSS 屬性。 在值輸入任意屬性名稱或 all。
transition-duration: ～ ;	這是設定效果所需時間的屬性。 在值輸入秒數或毫秒數。
transition-delay: ～ ;	這是設定效果到開始為止的延遲時間的屬性。 在值輸入秒數或毫秒數。
transition-timing-function: ～ ;	這是設定變化方式的屬性。 在值設定關鍵字或函數型的值。

STEP 1 在表單的「Send」按鈕加上動畫效果

針對「滑鼠移入按鈕」的選擇器，要設定為 **input[type="submit"]:hover**，包含屬性選擇器與虛擬類別的組合，接著請設定動畫的狀態（本例要改變背景色、往右偏移）。接著把想要套用 **transition** 的 CSS 屬性名稱（background-color 與 margin-left）設定為 **transition-property**，同時也要設定其他 3 個 transition 相關屬性。

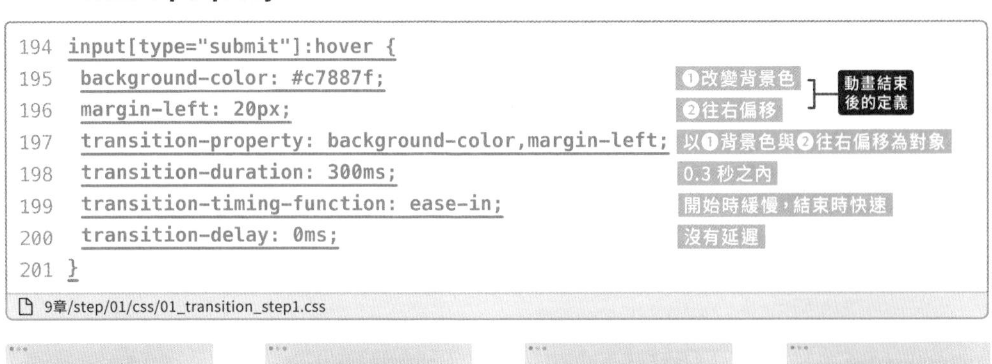

```
194 input[type="submit"]:hover {
195   background-color: #c7887f;
196   margin-left: 20px;
197   transition-property: background-color,margin-left;
198   transition-duration: 300ms;
199   transition-timing-function: ease-in;
200   transition-delay: 0ms;
201 }
```


9章/step/01/css/01_transition_step1.css

當滑鼠移入（狀態變成 hover）時，該按鈕會在 0.3 秒之內，以「ease-in」方式往右移，並改變顏色。延遲為「0ms」。

這裡要徹底瞭解 LEARNING

轉場動畫的設定方法

STEP1 逐一設定了 transition 的相關屬性，也可以利用簡寫一次完成設定。

簡寫的寫法

transition: all 300ms ease-in 100ms;

值的順序不同，秒數的設定是先寫的值當作 duration，第二個值是 delay

❶ transition-property
哪個屬性會被轉場影響

❷ transition-duration
花多少時間轉場

❸ transition-timing-function
如何轉場

❹ transition-delay
延遲多久後開始

transition-property 的 **all** 是指「**以所有屬性為對象**」。在上一個步驟中，我們是個別設定「background-color,margin-left」的轉場屬性，這裡也可以改寫成 all。

transition-timing-function 屬性可以設定動畫的變化方式，除了在練習時使用的「ease-in」之外，還有其他關鍵字可以設定。

transition-timing-function 的關鍵字

ease（預設值）	慢慢開始，慢慢結束
liner	以一定速度變化
ease-in	慢慢開始，快速結束
ease-out	快速開始，慢慢結束
ease-in-out	慢慢開始，中間加速，再慢慢結束

這裡要注意！ POINT

行動裝置上沒有 hover 的概念？

本例設定在滑鼠移入（hover）按鈕時會出現動畫，這是針對電腦版的設計。因為在手機之類的行動裝置上，並不是用滑鼠操作，而是用手指點選，**手指點選和 hover 幾乎是同時發生的。因此在行動裝置上並沒有 hover 的概念**，會無法確認 hover 的效果。

使用 CSS 屬性製作關鍵影格動畫

變形元素的屬性

transform: ～ ;	可以旋轉、縮放、傾斜、移動元素。 在值指定要讓元素如何變形。

設定變形原點的屬性

transform-origin: ～ ;	這個屬性是設定 transform 變形時的原點位置。 在值輸入代表位置的關鍵字或數值。

STEP 1 設定關鍵影格

關鍵影格動畫的製作步驟，是先設定關鍵影格，然後再套用於想移動的元素上。

利用「**@keyframes animation 名稱**」的方式即可設定關鍵影格。本例在此加上了名稱「**scrollAnimation**」，並建立出 0%（起點）、50%、50.1%、100%（終點）的關鍵影格，分別定義了 4 個狀態。本例的關鍵影格有 4 個，也可以再製作出更多關鍵影格。

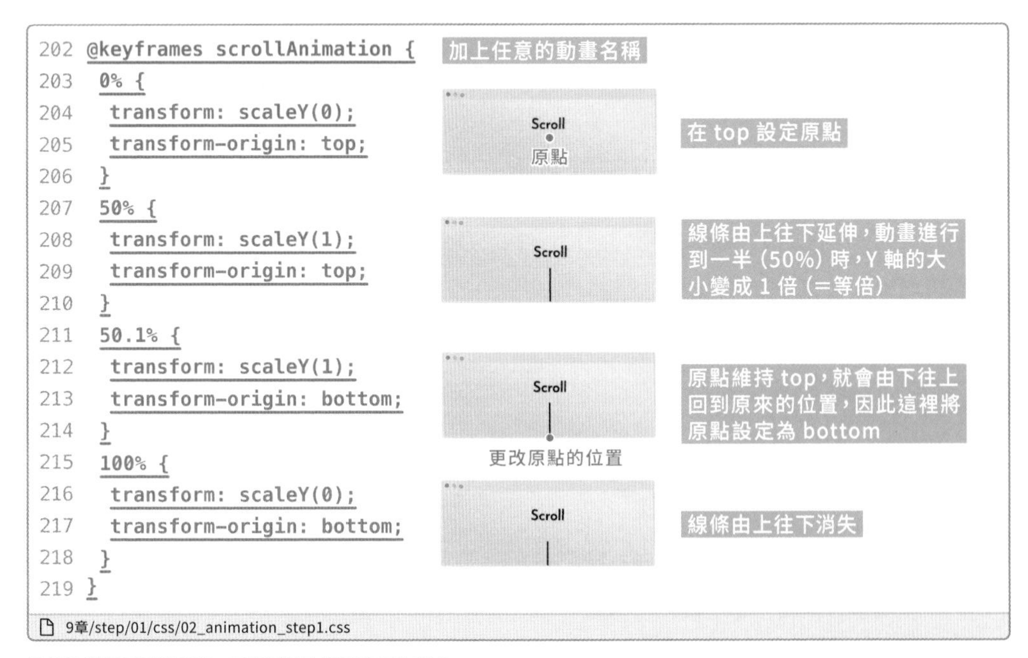

```
202 @keyframes scrollAnimation {
203   0% {
204     transform: scaleY(0);
205     transform-origin: top;
206   }
207   50% {
208     transform: scaleY(1);
209     transform-origin: top;
210   }
211   50.1% {
212     transform: scaleY(1);
213     transform-origin: bottom;
214   }
215   100% {
216     transform: scaleY(0);
217     transform-origin: bottom;
218   }
219 }
```

加上任意的動畫名稱
Scroll
原點
在 top 設定原點
Scroll
線條由上往下延伸，動畫進行到一半（50%）時，Y 軸的大小變成 1 倍（=等倍）
Scroll
更改原點的位置
原點維持 top，就會由下往上回到原來的位置，因此這裡將原點設定為 bottom
Scroll
線條由上往下消失

9章/step/01/css/02_animation_step1.css

目前只設定了關鍵影格，元素看起來還不會產生變化。

這裡要徹底瞭解 LEARNING

transform 屬性的變形功能

設定 **transform 屬性**可以旋轉、移動、縮放、傾斜元素。

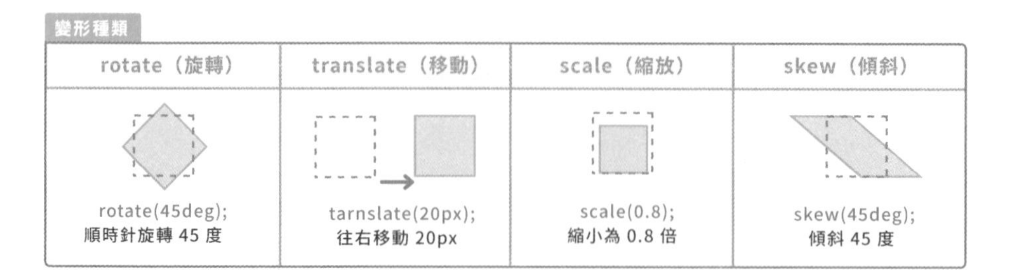

變形種類
rotate（旋轉）
translate（移動）
scale（縮放）
skew（傾斜）
rotate(45deg);
順時針旋轉 45 度
tarnslate(20px);
往右移動 20px
scale(0.8);
縮小為 0.8 倍
skew(45deg);
傾斜 45 度

也可以分別設定 X 軸與 Y 軸的值。STEP1 是使用 **scaleY 屬性**，對 Y 軸設定 scale。

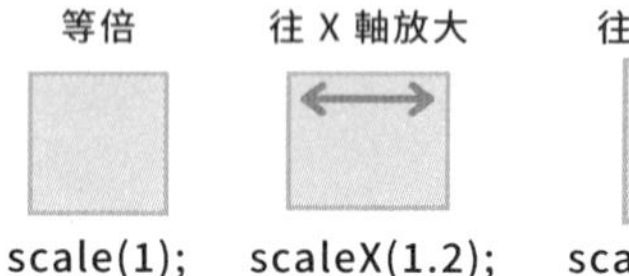

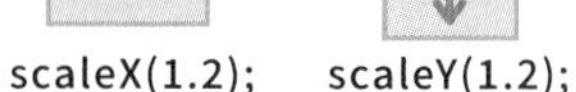

transform 屬性通常會和動畫一起使用，但是也可以單獨使用。

▶ 以 transform 變形元素時，要用 transform-origin 屬性設定原點

以 transform 屬性變形元素時，必須考慮**「變形的原點」**，也就是 **transform-origin 屬性**。一旦改變了原點，即使設定成相同的數值，也會改變變形的結果。

正方形往右旋轉 45 度

center（預設值）	left top	right bottom
原點 ※虛線為變形前的圖形	原點	原點

真的耶～！改變原點之後，結果完全不同！

舉例來說，在 STEP1 的「50.1%」關鍵影格中，把 transform-origin 的值改成 **bottom** 之後，線條將會往下變形（消失）。

STEP 2 套用關鍵影格動畫

套用動畫效果的相關屬性

屬性	說明
animation-name: ～ ;	這是設定套用效果的動畫名稱之屬性。 在值輸入動畫名稱。
animation-duration: ～ ;	這是設定效果所需時間的屬性。 在值輸入秒數或毫秒數。
animation-timing-function: ～;	這是設定動畫變化方式的屬性。 在值輸入關鍵字或函數型值。
animation-iteration-count: ～ ;	這是設定動畫執行次數的屬性。 在值輸入 infinite（無限迴圈）或數值（次數）。

接著請在 Scroll 圖片（img 元素）套用 STEP1 製作的關鍵影格動畫。在 **animation-name** 屬性的值設定關鍵影格動畫名稱「**scrollAnimation**」。同時也設定其他 3 個與 animation 有關的屬性。

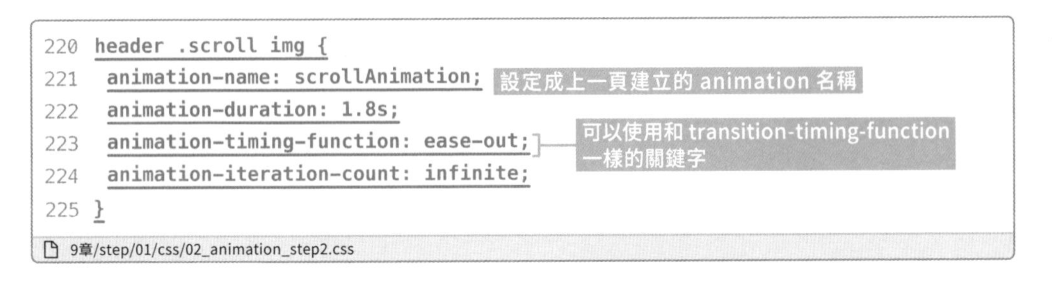

```
220 header .scroll img {
221   animation-name: scrollAnimation;
222   animation-duration: 1.8s;
223   animation-timing-function: ease-out;
224   animation-iteration-count: infinite;
225 }
```


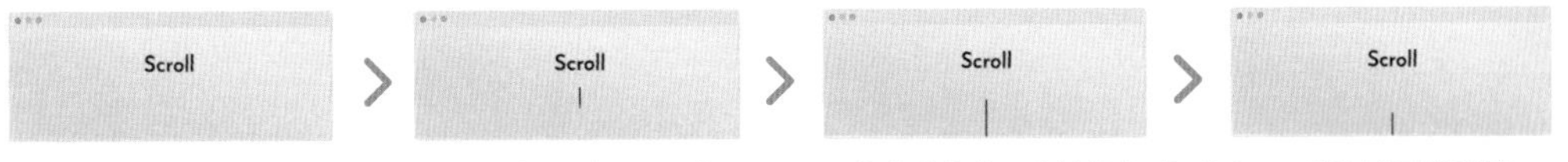

依照關鍵影格的設定，Scroll 符號花了「1.8 秒」，以「ease-out」的方式移動。由於設定「infinite」，所以會不斷重複。

關鍵影格動畫可以命名為任何動畫名稱。只要設定動畫名稱，不論哪個元素，都可以套用相同動畫。此外，和 transform 一樣，animation 相關屬性也可以用簡寫整合。

這個部分比較複雜，你可以多測試幾次動畫，觀察這些屬性對動畫效果的影響。

製作響應式網頁設計

本章將學習可支援多種裝置的「響應式網頁設計(Responsive Web Design)」
並且會帶著你製作出手機版的網站

這一章會出現很多新名詞，
讓我們一一來瞭解。

專有名詞好難懂……，
我會努力的！

支援多種裝置的基本知識

我聽說過網頁可以支援多種裝置，這到底是什麼意思啊……？

我們會用各種方式瀏覽網站，包括電腦、智慧型手機、平板電腦、電視等。而「支援多種裝置」就是在各種裝置上都能輕鬆瀏覽網站，不會發生版面跑掉之類的問題。

這一章要學的就是可支援多種裝置的設計方法：「響應式網頁設計」。

什麼是「響應式網頁設計」？

響應式網頁設計 (Responsive Web Design，簡稱為 RWD) 是一種網頁設計手法，會偵測使用者的瀏覽環境，讓網頁自動調整成適合畫面大小的設計。製作的原理是使用同一個 HTML 檔案，但是會**根據裝置寬度切換載入的 CSS**，即可快速變更設計。

在不同裝置上會看到不同設計的實例

一起來看看本章製作的手機版網頁與電腦版網頁有何差異。

頁首「Welcome to Our Wedding Party」的位置改變了，背景影像的長寬比例也不同。

在「Save the Date」區段，電腦版是照片與日期時間重疊且水平排列（兩欄式），而手機版變成垂直排版（單欄式）。

善用「響應式網頁設計」，就能讓網頁自動適應不同的裝置，調整成最適合的版面，讓使用者瀏覽時更方便。

用電腦上網或是用手機上網，螢幕尺寸就差很多，果然適合不同的瀏覽方式呢！

讓網頁支援多種裝置的方法

除了響應式網頁設計，還有一種方法是「依裝置製作網頁」。一起來看看兩者的特色吧！

以前的做法是另外替手機製作手機版網站，近年大部分網站都改用響應式網頁設計。其實這兩種做法各有優缺點，請評估你的網站需求來選擇最佳手法。

2 響應式網頁設計的準備工作

為了讓網站支援響應式網頁設計，必須先進行以下三項準備工作。以下將會學到不少新名詞，請不用擔心，後面都會有詳細的解說。

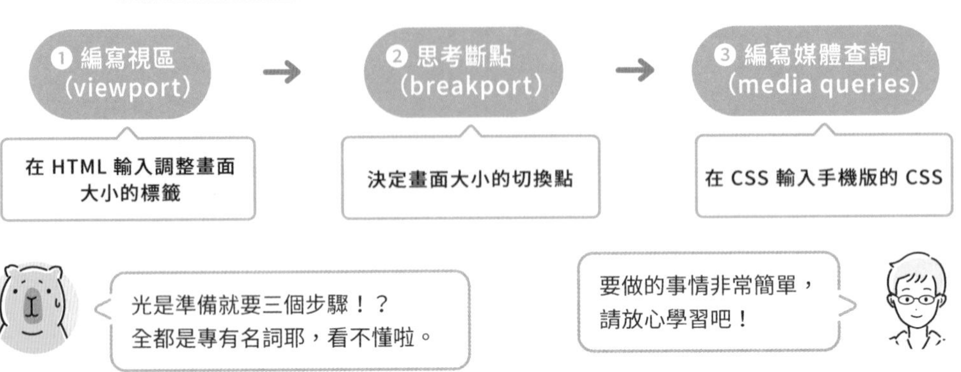

❶ 編寫視區（viewport）
❷ 思考斷點（breakport）
❸ 編寫媒體查詢（media queries）
在 HTML 輸入調整畫面大小的標籤
決定畫面大小的切換點
在 CSS 輸入手機版的 CSS
光是準備就要三個步驟！？
全都是專有名詞耶，看不懂啦。
要做的事情非常簡單，
請放心學習吧！

檢視作業檔案

請使用 VS Code 開啟 **10 章 / 作業 /css/style.css**。接著使用瀏覽器開啟 **10 章 / 作業 /index.html**，確認是否套用了 CSS。請對照完成設計（**10 章 / 設計 /design.png**），進行練習。

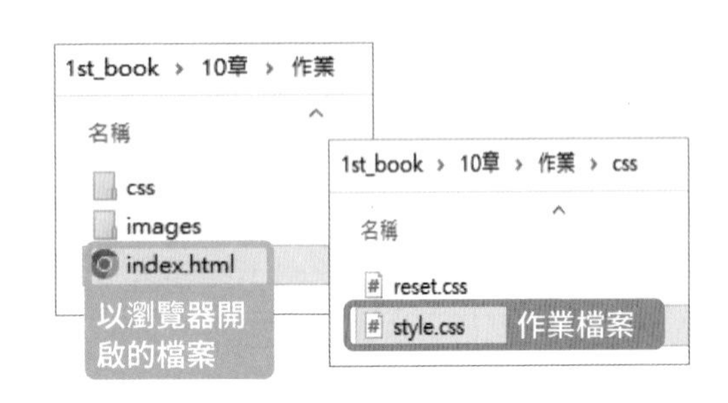

1st_book › 10章 › 作業
名稱
css
images
index.html
以瀏覽器開啟的檔案
1st_book › 10章 › 作業 › css
名稱
reset.css
style.css
作業檔案

設定視區(viewport)

STEP 1 在 HTML 設定視區

「**視區（viewport）**」又稱為「可見區域」，我們要先針對不同的裝置設定「視區」。請使用 VS Code 開啟 **10 章 / 作業 /index.html**，在 <head> 標籤內以 <meta> 標籤用一行編寫對視區（viewport）的描述。

```
4 <meta charset="UTF-8">
5 <meta name="viewport" content="width=device-width,initial-scale=1">
6 <link rel="stylesheet" href="css/reset.css">
```

10章/step/02/01_viewport_step1.html

目前只寫這行所以外觀沒有變化

這裡要徹底瞭解 LEARNING 什麼是視區（viewport）？

視區（viewport）也稱為「可見區域」，是指在用行動裝置瀏覽網頁時，要設定**「以多少 px 顯示寬度」**。

智慧型手機等行動裝置的瀏覽器，如果沒有特別設定視區，預設的可見寬度為 980px。如果我們要在手機這麼狹窄的畫面中，瀏覽像電腦版一樣寬的網頁，文字與影像都會被縮得非常小。

為了解決這個問題，我們要在視區的 **content 屬性**中設定 **width=device-width**。設定視區之後，就會**「依裝置尺寸顯示網頁寬度」**。

假如我們已經先做完電腦版的網站，再這樣設定之後，網頁中原本固定寬度的元素、大圖就會超出畫面，所以必須再針對手機版網站做最佳化設定。

因為顯示成電腦尺寸的畫面而難以瀏覽

比畫面大的元素超出範圍

上圖是概念圖，與我們實際瀏覽的狀態不太一樣。

▶ initial-scale 基本上設定為「1」

initial-scale 是指網頁預設的放大倍率，如果設定為 0.5，會顯示為 1/2 大小。通常如果沒有特殊需求，請設定 **initial-scale=1**，讓網頁以等比例顯示。

我可以記成 width 是「device-width」，initial-scale 是「1」嗎？

可以。在剛開始練習時，只要維持原本的程式碼即可。除非需要支援特殊的裝置尺寸，或是視區規格有變動，否則這樣設定就可以了。

決定斷點(breakpoint)

響應式網頁設計的特色之一，就是會依裝置畫面寬度切換套用不同的 CSS。這種切換點就稱為「**斷點（breakpoint）**」。

斷點的位置在哪裡，其實並沒有標準答案，因為當裝置不斷推陳出新，就會一直有新的螢幕尺寸。雖然也可以設定大量斷點來支援不同裝置，但是這樣執行起來會很麻煩。

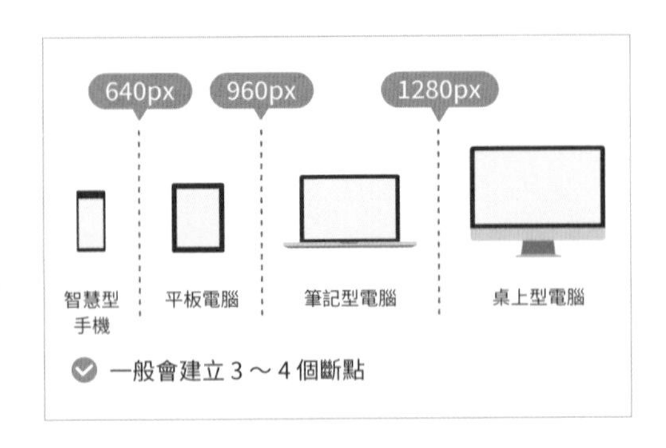

決定斷點的方法

那麼應該如何決定斷點呢？建議參考「螢幕解析度的市占率統計數據」，或從現有網站後台統計「現有網站訪客的裝置資料」，以找出最多人使用的數據來設定。

本章只設定 640px 一個斷點，以製作智慧型手機版的 CSS。

「statcounter」https://gs.statcounter.com/
這個網站可參考各國別與各裝置的螢幕解析度統計資料。

編寫媒體查詢的CSS(CSS Media Queries)

STEP 1 撰寫媒體查詢的 CSS

開啟 **10 章 / 作業 /css/style.css**，請在已經完成的 CSS 後面（第 226 行開始）如圖加入媒體查詢的描述。

前面所編寫的 CSS 可以同時套用在電腦與智慧型手機版的網頁上，但是接下來撰寫在媒體查詢內的 CSS 就只會套用在畫面寬度小於指定的數值（本例為 640px）的裝置，例如智慧型手機。

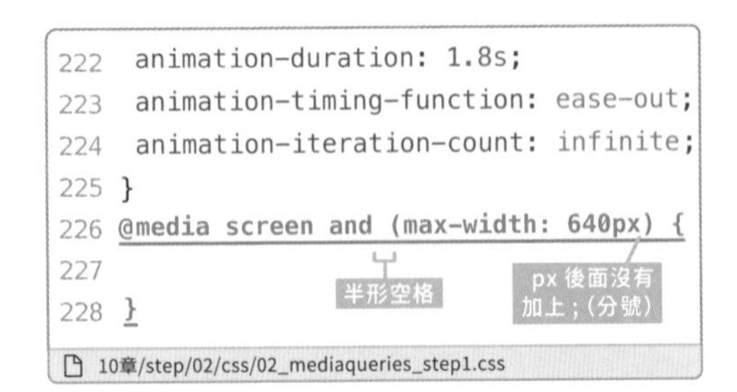

```
222  animation-duration: 1.8s;
223  animation-timing-function: ease-out;
224  animation-iteration-count: infinite;
225 }
226 @media screen and (max-width: 640px) {
227
228 }
```


10章/step/02/css/02_mediaqueries_step1.css

請在「設定條件（斷點）」的括號內設定斷點：「**max-width: ○○ px**」或「**min-width: ○○ px**」。例如「max-width:640px」代表的條件是「當畫面寬度在 640px 以下時套用」。而「min-width:640px;」則是「當畫面寬度在 640px 以上時套用」。

確認在行動裝置上的呈現結果

除了直接在手機上確認之外，也可以利用開發人員工具來模擬手機版的瀏覽效果。

STEP 1 選擇裝置工具按鈕

請使用瀏覽器開啟 **index.html**，接著啟動開發人員工具，如圖按左上角的「**切換裝置工具列**」鈕，瀏覽器視窗上方就會出現新的裝置工具列，即可模擬檢視這個網頁呈現在各種智慧型手機上的狀態。

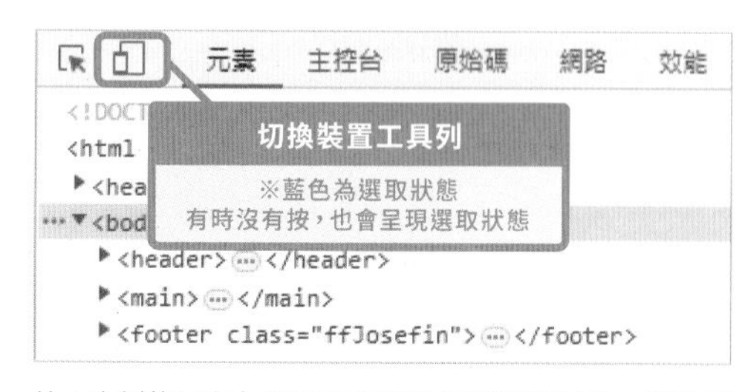

註：本例的開發人員工具已切換成繁體中文介面，若你不知道切換介面的方法，請參考 P.069 的說明。

STEP 2 將裝置切換成 iPhone SE 來測試

請在上方工具列中點選「**尺寸：回應式▼**」的下拉式選單，即可切換成各種裝置型號來檢視（請注意裝置清單可能會隨時更新）。下面就以「iPhone SE」為基準來測試網頁。

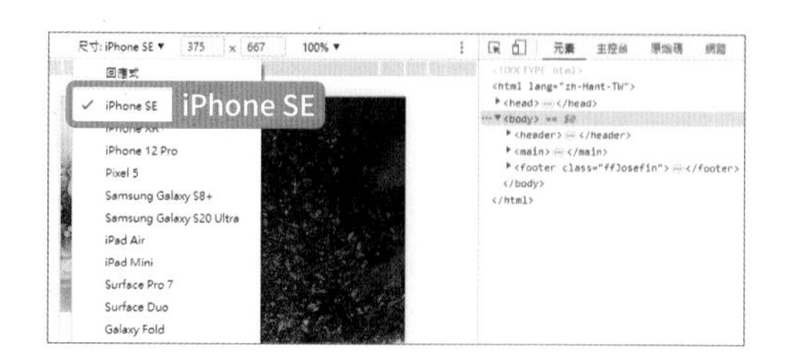

支援多種裝置的流程

前面我們只有編寫視區（還沒調整版面），所以目前會看到版面跑掉的結果。
接著只要在「媒體查詢」內編寫手機版的 CSS，即可調整成智慧型手機版的設計。

1.將元件納入畫面內

- 調整欄位數量
- 把以 px 固定大小的地方更改成可變尺寸
- 調整元件的位置與大小

2.調整設計

- 調整文字大小
- 調整各個區域

3.調整影像

- 讓影像支援高解析度螢幕

藍色的部分就是智慧型手機的寬度(viewport)吧

如果沒有呈現這種狀態，請試著多按幾次「切換裝置工具列」鈕

萬一還是不行，請重新檢查視區的描述

調整網頁元件以納入手機版的畫面

調整欄位數量

因為手機版的畫面較窄，我們要將原本水平排列的兩欄式排版改成單欄式排版，這樣就能支援智慧型手機的寬度。本章的設計只針對 date 區段做調整。

STEP 1 用 CSS 將兩欄式版面改成單欄式版面

在此用 **display:block;** 取代 **display:flex;** 的設定，即可解除 Flexbox 的水平排列，把兩欄水平排列的部分改成單欄。

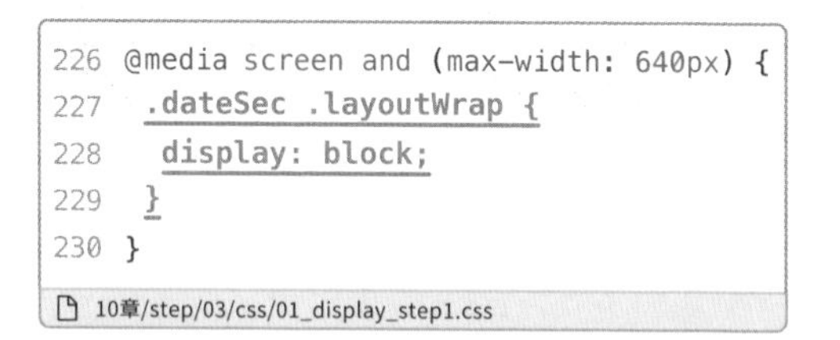

```
226 @media screen and (max-width: 640px) {
227   .dateSec .layoutWrap {
228     display: block;
229   }
230 }
```

10章/step/03/css/01_display_step1.css

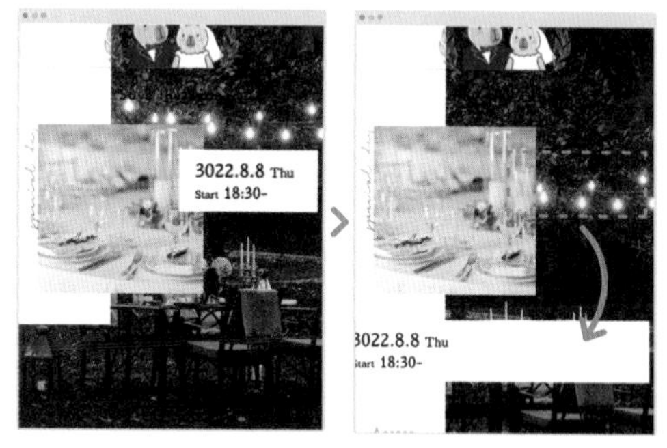

水平排列的「照片」與「日期時間部分」變成垂直排列。

這裡要注意！ POINT

手機版專屬的CSS設定務必寫在「媒體查詢」內

手機版的 CSS 要寫在 P.196 的 **@media screen and (max-width: 640px) {～}** 內。

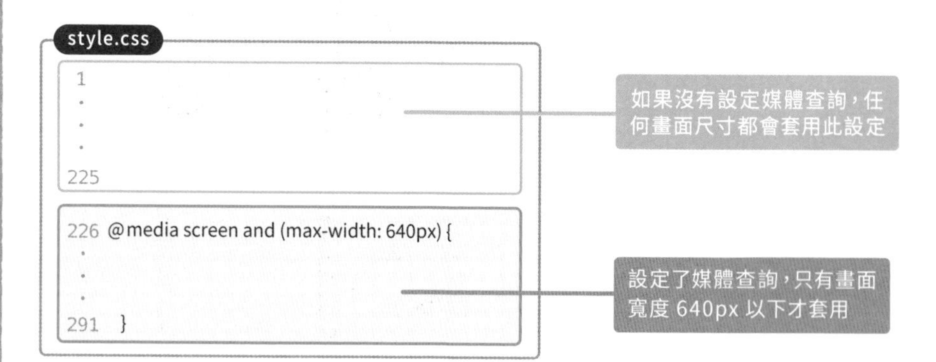

你記得前面學過 CSS 執行時會以「後寫」為優先嗎？（⇒ P.172）此機制就是運用該特性，讓寫在媒體查詢內的 CSS 只套用在手機版（寬度 640px 以下）。

Part 4

10

將固定寬度的版面改成可變寬度的版面

STEP 1 將固定寬度的單位（px）改成可變寬度的單位（%）

製作電腦版時都是以 px 設定固定的寬度，造成用手機瀏覽時超出畫面（viewport），因此**要改成可變寬度，也就是百分比（%）**。

因此，在電腦版網頁以「px」設定 **width** 的地方，都要改成「%」。本例希望寬度要占滿整個畫面，所以設定成 100%。

```
230  .innerWrap,
231  header nav ul,
232  form {
233   width: 100%;
234  }
235 }
```

10章/step/03/css/02_width_step1.css

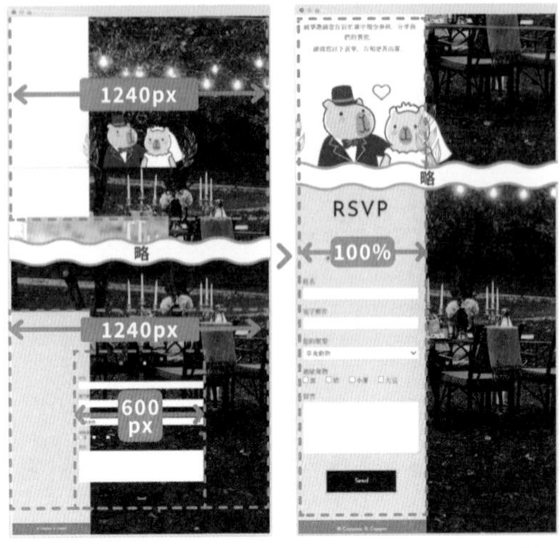

改變寬度單位後，手機版網頁的 msg 區段和 form 區段變化非常明顯，改善了表單跑版的狀況。

STEP 2 將影像的寬度單位也改成百分比（%）

目前圖片（img 元素）仍維持電腦版網頁的大小，所以還是超出畫面，接著就將 img 的 width 設定為 %，就會改成可變寬度。本例請設定成 100%，和父元素變成相同寬度。

```
235  header h1 img,
236  .msgSec p.illust img,
237  .dateSec .layoutWrap > p img {
238   width: 100%;
239  }
240 }
```

10章/step/03/css/02_width_step2.css

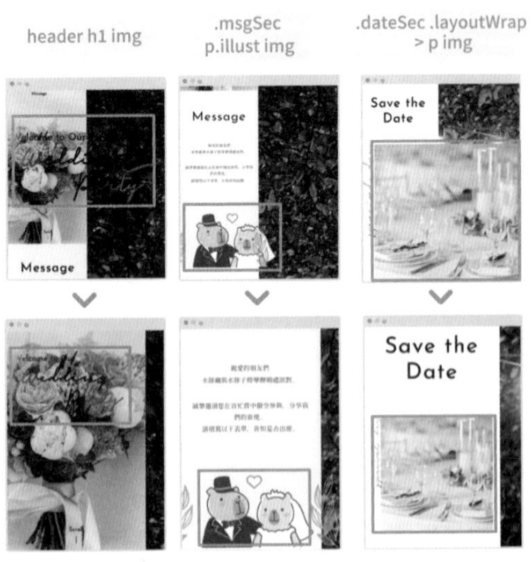

改變寬度單位之後，這 3 個地方的影像會自動調整寬度，變成可以納入智慧型手機的畫面（有背景色的範圍）。

調整圖片元素的位置與大小

STEP 1 調整葉子圖片的位置和大小

繼續比對手機版和網頁版的差異，看看是否有跑版的網頁元件。例如兩片葉子的位置與大小和網頁版的設計完全不同，以下就繼續調整。前面說過 CSS 執行時會以後面為優先，因此這裡只要重新設定 **left**、**right**、**bottom** 等屬性，就會取代前面設定過的樣式。
使用 transform 屬性的 scale，縮小葉子（⇒ P190）。

```
240  .msgSec p.illust::before {
241    left: -16px;
242    bottom: -80px;
243    transform: scale(0.7);
244  }
245  .msgSec p.illust::after {
246    right: -16px;
247    bottom: -80px;
248    transform: scale(0.7);
249  }
250 }
```

10章/step/03/css/03_position_step1.css

調整好葉子圖片的位置後，就沒有元素超過寬度了。

手機版網頁套用目前 CSS 的顯示狀態

這樣就把所有網頁元件都納入手機版網頁的寬度內了。

沒錯。如果想針對手機版網頁最佳化，都建議先重寫 CSS，讓網頁寬度符合手機版畫面，後面就會比較容易修改喔！

下一頁開始我們要根據完成的設計繼續調整細節。

針對手機版網頁進行最佳化調整

以下要針對手機版網頁進行最佳化調整，首先要修改影響整個網頁的 CSS。

調整手機版網頁的共通元素外觀

STEP 1 調整字型大小與留白

由於手機版顯示的字型大小與電腦版不同，所以要先把 body 設定的字型大小先調整成智慧型手機版用的 16px。

網頁的共通元素建議一起處理，所以要同時調整標題（h2 元素）的字型大小與留白。

```
250   body {
251     font-size: 16px;
252   }
253   main h2 {
254     font-size: 44px;
255     margin-bottom: 60px;
256   }
257 }
```

10章/step/04/css/01_font_step1.css

把網頁裡共通的標題與內文字型都改成適合智慧型手機版的樣式。

調整手機版的頁首區段外觀

STEP 1 設定手機版網頁的主視覺大小與標語位置

目前的手機版網頁上，主視覺的花束圖片與標語重疊了，因此要將主視覺圖片調整成手機版適合的尺寸。這裡也是用 CSS 設定（background），所以寫完之後就會取代前面的樣式。此外，主視覺圖片的高度也要改成手機版適合的高度，在此要將單位改成可以根據畫面大小調整（相對設定）的「**vh**」。同時再以 **padding** 調整標語的位置。

```
257   header {
258     background: url(../images/hero_sp.jpg) no-repeat right top/cover;
259   }
260   header .innerWrap {
261     height: 90vh;
262   }
263   header h1 {
264     padding-top: 80px;
265   }
266 }
```

10章/step/04/css/02_header_step1.css

這裡要徹底瞭解 LEARNING

視區適用的標準單位「vh」與「vw」

vh 是「**viewport height**」的縮寫，是用來設定視區的高度。簡單來說，就是「100vh = 和畫面高度一樣」。

vw 則是「**viewport width**」的縮寫，是用來設定視區的寬度。這同樣也是指「100vw = 和畫面寬度一樣」。

你可能以為 vh 只能設定高度，vw 只能設定寬度，其實這些單位可以用來當作畫面寬度或畫面高度的設定基準，也能當作 font-size 或 margin 的單位。

此外還有一點要特別注意，vw 或 vh 是**根據畫面尺寸決定大小**，而 % 是**根據父元素的尺寸決定大小**，所以設定成 80vh 與 80% 的意義是不同的。

本例是設定 90vh，所以圖片高度會變成畫面高度的 9 成。

使用 vh 或 vw 設定，即使用螢幕大小不同的智慧型手機來看，顯示效果都會很接近。

調整手機版的 msg 區段外觀

STEP 1 讓手機版網頁的內文靠左對齊

電腦版網頁的內文是置中對齊，在手機版上不易閱讀，因此設定 **text-align** 靠左對齊。

```
266   .msgSec p {
267     text-align: left;
268   }
269 }
```

10章/step/04/css/03_message_step1.css

將置中對齊的內文改成靠左對齊。

調整手機版的 date 區段外觀

STEP 1 調整日期與時間的文字大小

在手機版的網頁中，目前日期與時間等文字也超出畫面範圍，要加以調整才會比較容易瀏覽。所以設定成 **font-size:36px;**。以下就分別調整留白間距，並且逐一更改日期與時間的文字大小。

```
269   .dateSec .dateDetailSec {
270     font-size: 36px;
271     margin: 0 0 0 25%;
272     padding: 20px 20px;
273   }
274   .word1 {font-size: 25px;}
275   .word2 {font-size: 20px;}
276   .word3 {font-size: 30px;}
277 }
```

10章/step/04/css/04_date_step1.css

調整了文字大小與留白間距。

STEP 2 調整日期時間的位置

請參考範例網站的設計圖，日期時間文字要重疊在影像上，所以設定 **padding-top:0;** 消除上方留白，再設定 **transform** 屬性的 **translateY**（往 Y 軸移動）讓文字重疊上去。

```
277  .dateSec .layoutWrap > div {
278    padding-top: 0;
289    transform: translateY(-50px);
290  }
281 }
```

10章/step/04/css/04_date_step2.css

在此先讓日期時間與圖片的間距變成「0」，然後再讓日期時間往上移動 50px（設定往 Y 軸移動 -50 就會往上移動），即可讓該日期時間重疊在圖片上面。

STEP 3 調整交通資訊的外觀

交通資訊的文字大小與留白間距也和完成的設計不同，所以也要如下調整。

```
281  .accessSec h3 {
282    font-size: 44px;
283  }
284  .accessSec {
285    margin: 32px 0 0 32px;
286  }
287 }
```

10章/step/04/css/04_date_step3.css

調整了 Access 這段交通資訊文字的大小與位置。

STEP 4 調整整個 date 區段的外觀

目前 date 區段的白色背景下方留白過大，和圖片的距離太遠。此區域本來有設定視差滾動效果，若範圍太大，效果會不太明顯，所以也要加以調整。

```
287  .dateSec {
288    padding-bottom: 40px;
289    margin-bottom: 250px;
290  }
291 }
```

10章/step/04/css/04_date_step4.css

調整後縮小了留白間距。

讓影像支援高解析度螢幕

什麼是高解析度螢幕？

高解析度的螢幕，意思就是在相同面積中，比起一般螢幕會包含更多像素，因此畫質更為細緻。款式較新的手機多半會標榜採用高解析度螢幕，例如 Apple 的 Retina 螢幕也是高解析度螢幕。

製作手機版網站時，要考量到使用者可能會使用高解析度的螢幕來瀏覽，如果能以顯示尺寸的 2～3 倍輸出影像，就能呈現出更漂亮的畫質。

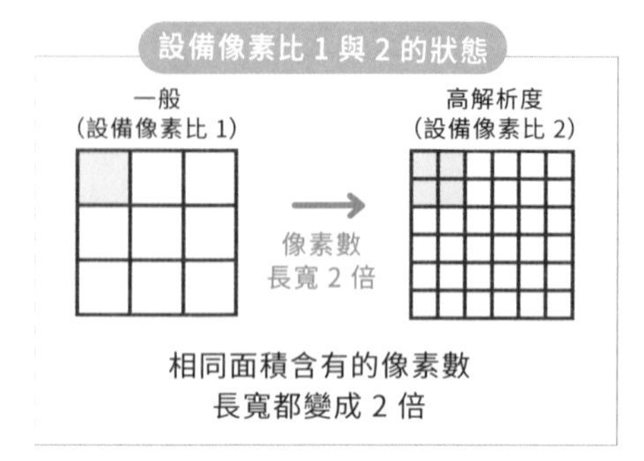

讓影像支援高解析度螢幕的方法

支援高解析度螢幕的方法

- **使用放大也不會變粗糙的向量格式「SVG 影像」**
- **準備高解析度螢幕用的大型影像並切換顯示**

以下將說明上述的第二種方法，透過設定讓影像支援高解析度螢幕。

STEP 1 在 <img> 標籤增加 srcset 屬性並設定高解析度螢幕用的影像

以範例網站來說，原本用電腦瀏覽沒什麼問題，但是改用高解析度的手機螢幕瀏覽時，感覺標語的畫質有點粗糙。如果發生這種狀況，在使用高解析度螢幕瀏覽時，就必須切換影像。請開啟 **index.html**，**在 <img> 標籤加上 srcset 屬性**，另外設定高解析度螢幕用的影像。這樣一來就會根據不同的螢幕解析度顯示出適合的影像。

```
15 <h1>
16     <img
17     src="images/hero_text.png"
18     srcset="images/hero_text.png 1x,images/hero_text@2x.png 2x"
19     alt="Welcome to Our Wedding Party">
20 </h1>
```

10章/step/05/01_srcset_step1.html

設定完成後，會自動在高解析度螢幕上切換顯示成適合的影像，所以改用手機版來看時也不會覺得圖片變模糊。

依照螢幕解析度切換影像的方法

使用 **srcset 屬性**就可以根據螢幕解析度切換顯示影像。

```
srcset="image.png 1x,image-2x.png 2x"
```

設定解析度 1 倍時的影像　　設定解析度 2 倍時的影像

在 <img> 標籤中設定 srcset 屬性，可以依照螢幕的解析度切換影像。由於沒有載入多餘的影像，所以不會明顯地拖延網頁的顯示速度，還能順利支援高解析度螢幕。

原本用 src 屬性設定的影像，預設也會使用於無法支援 srcset 屬性的環境，所以一定要先寫進去。

請用相同的方法來調整其他圖片，你可以使用放在 images 資料夾內的「message_img@2x.png」與「date_img@2x.jpg」來練習。套用所有設定的範例，已經儲存在 **完成**資料夾內供你參考。

設定高解析度影像時，要考慮影像檔案大小，避免檔案太大而拖延網頁的載入速度，同時也要針對手機版的 LOGO 及主視覺圖片來調整。到此本篇的範例就完成了。

Part 5

建立多頁式網站：水豚餐廳官網

我們要開餐廳了！
Restaurant Harvest
哇～恭喜！！
這次是要幫餐廳架設網站吧？
呃…，可是我忙著餐廳開幕的準備工作…

所以我想拜託兩位大大幫我架設網站！
錢不是問題啦…
嘿嘿
嘶…
OK!!
好喔，那我們馬上開始訪談吧！
訪談
!?

訪談
企劃
設計
編寫程式碼
架設網站的流程是這樣，在寫程式碼之前，還要做很多的準備工作喔
原來如此～！
那就麻煩你們開始訪談吧
真實的想法
本來想說可以全部丟給他們的…

要製作的網站 多頁式網站

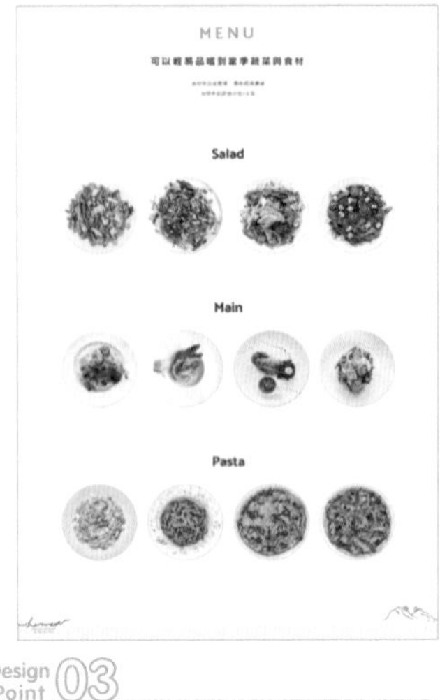

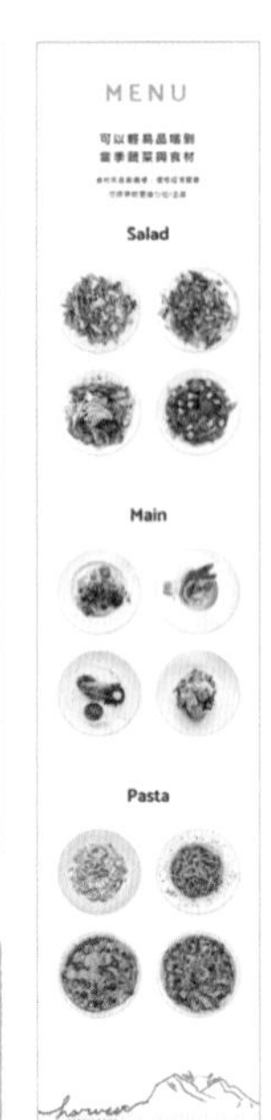

Design Point 01

將照片編修得鮮豔又明亮
讓餐點看起來更美味

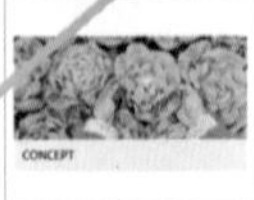

Design Point 02

電腦版網站使用直式照片
營造生動的視覺印象

Design Point 03

使用大量美食照片
展現餐廳的氣氛
以及美味的料理

要做這麼多網頁，
好像會很麻煩……

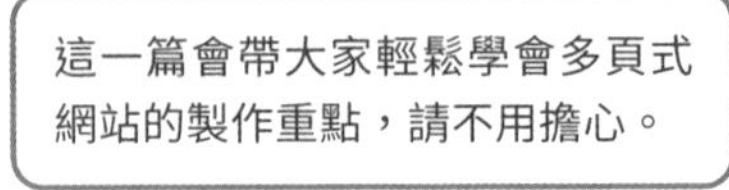

這一篇會帶大家輕鬆學會多頁式網站的製作重點，請不用擔心。

學習 POINT

網頁設計的基本觀念

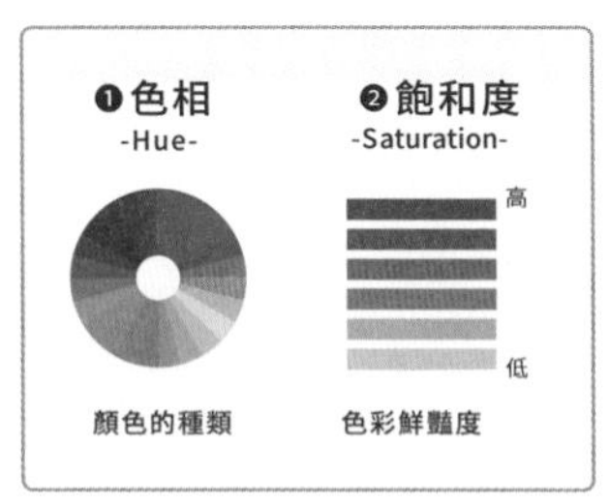

架設網站的工作不只包含編寫程式碼，還要具備網頁設計的基本觀念，例如配色等。

格線佈局(Grid Layout)

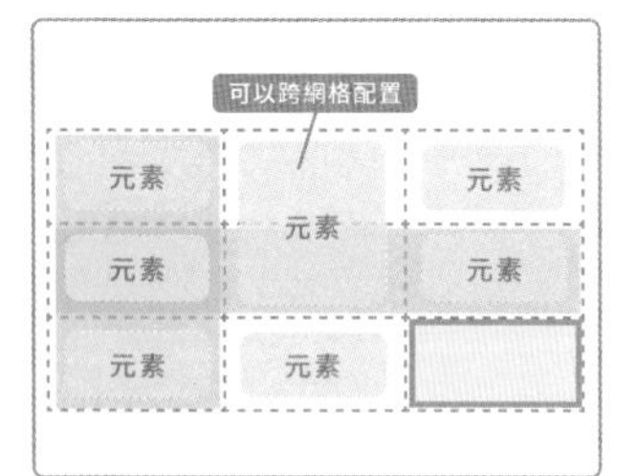

「格線佈局（Grid Layout）」可輕鬆排出複雜的網頁版面，本篇將帶你實作出這類版面。

參考網站的用法

本篇除了實作網站範例，還會提供線上學習資源，未來可以運用網路資源自主學習。

設計 POINT

多頁式網站的製作重點

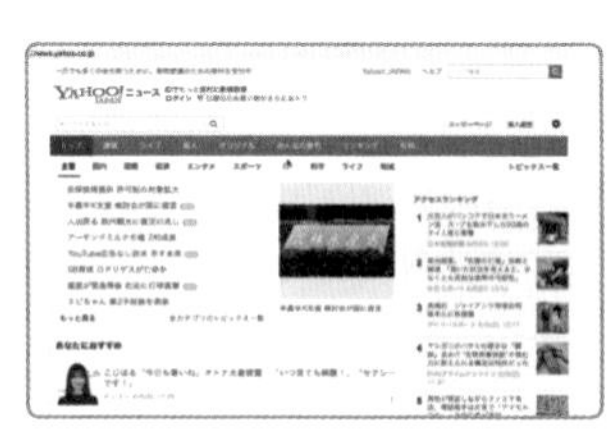

https://news.yahoo.co.jp/

架設包含許多網頁的多頁式網站時，最重要的關鍵是必須設計出讓使用者容易瞭解且方便操作的導覽列。

請評估如何為你的網站設計出適當的導覽系統，以免使用者迷失在一堆網頁之中（⇒ P.099）。

重點之一就是要統一頁首與頁尾的設計，讓使用者知道這是同一個網站。

範例網站的設計概念是……

簡單的風格 × 好看的照片

架設這個網站的目標，是想要吸引消費者來餐廳用餐，所以使用了大量的美食照，以呈現餐廳裡的氣氛以及料理的美味程度。

此網站的配色重點是要襯托出好看的照片，所以用白色當作基調。在簡約的配色中，運用漸層色當作重點，可增加新鮮感，避免過於單調的印象。

網站的架設流程與網頁設計的基本知識

為了讓大家順利學習，本章先不用寫程式碼，而要了解架設多頁式網站的完整流程，以及學習網頁設計的基本知識，包括配色、字體選擇等

一起來看看架設水豚餐廳的網站需要哪些流程吧！

除了編寫程式碼之外，還有好多事情要做呢！

網站的架設流程

首先就以 Part 5 要製作的餐廳網站為例，來說明一般大型網站的架設流程吧！

Step1 企劃 / 定義製作目標

設定目標使用者

這個部分通常是由網站的分析資料、商品或服務的購買資料推論出來。
如果想吸引新的使用者，可以根據「想讓這樣的人看到」的期望來決定目標使用者，或建立虛擬的使用者輪廓「人物誌」。

設定目標

釐清為什麼要製作這個網站。
目標可以設定成能用數值衡量的「定量目標」與評估品質的「定性目標」兩種。

其他：使用者調查 / 建立顧客旅程地圖等

除了以推測或資料為材料之外，也可以收集實際使用者的想法。
顧客旅程地圖可以將瀏覽網頁當下及前後的行為、心理狀態視覺化。

目標人物（人物誌）的設定範例

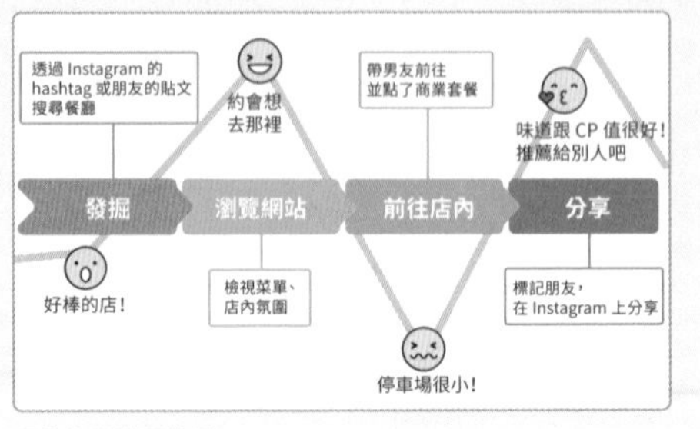

顧客旅程地圖範例

Step2 規劃與設計網站

發想內容

決定目標對象及目的後，具體思考「目標對象想要的內容」。
先思考內容的手法稱作「內容優先」。

企劃設計概念

決定要依照何種概念設計網站。
確認網站配色等視覺風格，並且將設計概念視覺化。

建立網站地圖

決定具體的內容之後，網站的規模就會變明確。
到了這個階段，要建立網站地圖，決定網站中要包含多少頁數（要製作哪些網頁）。

其他：IA/SEO 設計等

在製作網站地圖的過程中，有時也會評估 IA（資訊架構）及 SEO（搜尋引擎最佳化）。

想給使用者的印象

優先順序較高的印象
沉穩、自然、從容、煥然一新

優先順序較低的印象
高級、華麗、先進的、機械的、花俏的
充滿高級感的設計可能讓人退卻。
就價格區間而言，實惠比高級感更適合

設計概念範例（1）
把想傳達的印象及希望避免的感覺轉換成文字

設計定位

設計概念（2）
使用競爭對手的網站設計來評估，比對想給使用者的印象，將要製作的網站印象具體化

「行動優先設計（Mobile First Design）」

製作響應式網頁設計時，會提到「**行動優先設計（Mobile First Design）**」的概念，意思是當網站的主要使用者都是透過行動裝置瀏覽，在規劃時就要配合行動裝置的瀏覽習慣與特性來設計。例如，要考慮到智慧型手機畫面尺寸較小、畫面中能顯示的通訊資料較少，以及使用者在移動途中瀏覽時只能快速瀏覽片段等特性。請注意這並不是「先做手機版」或是「只做手機版」，而是要針對裝置來最佳化。

行動優先設計就是要重視裝置的使用體驗，但也要兼顧電腦版的使用者喔。

Step3 製作

製作線框圖(Wireframe)

確定了要製作的內容及網站之後，接著要製作線框圖。
線框圖是網頁內容的初步規劃圖，決定每一頁要放入什麼元素。

製作完稿版面設計圖(Design Comprehensive Layout)

完成線框圖後，會製作一份完稿版面設計圖(簡稱為「Design Comp」)。
你可以製作成靜態的設計圖，最近也增加了許多可以確認網頁跳轉、動畫的原型設計。

編寫程式碼

設計完成後，終於要編寫程式碼了。從設計資料匯出影像等，開始編寫程式碼。

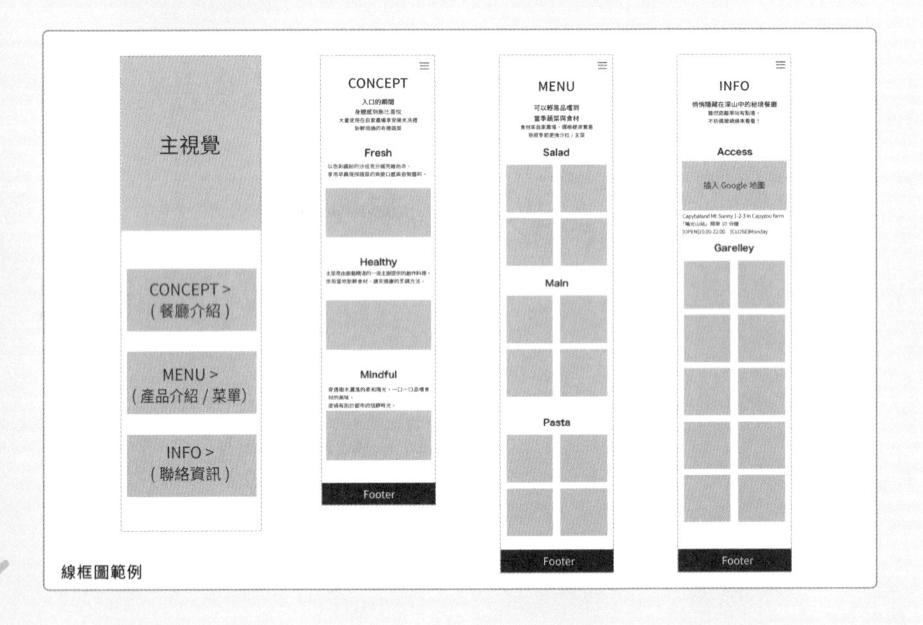

線框圖範例

每個網站專案需要的內容及順序都不同，以上是說明大致的規劃與製作流程。如果是會員制網站或電子商務網站等需要規劃系統的網站，就還要詳細規劃程式的部分。

沒想到製作一個網站需要經過這麼多個步驟呢！

SECTION 2

網頁設計的概要

什麼是網頁設計？

我們通常以為「設計」就是「把外觀變好看」，不過「設計」這個詞其實還具備了「規劃」的意思。如同前面所說的網站架設流程，在製作完稿版面設計圖之前，還有許多步驟要執行，而網頁設計是在完成所有前置作業之後才開始。

換句話說，網頁設計的工作並不只是「讓網頁外觀變好看」，而是「**針對目標使用者以及使用目標，設計出符合需求的網頁**」。因此，所謂的「好設計」可能會隨著目標對象及目標而改變。

除此之外，在設計網頁的過程中，還必須考慮網頁的使用習慣等問題（⇒ P.219）。

相同的茶類商品也會依照目標對象及目的改變設計

強調健康

強調包裝可愛

UI/UX 設計

在網頁設計中還有兩個重要概念，就是 **UI（使用者介面）設計以及 UX（使用者體驗）設計**。每個人解釋的廣度不同，以下先介紹一般的定義。

UI 設計

使用者瀏覽網站時，
與顯示及操作有關的設計

非各自獨立，
而是彼此相關

UX 設計

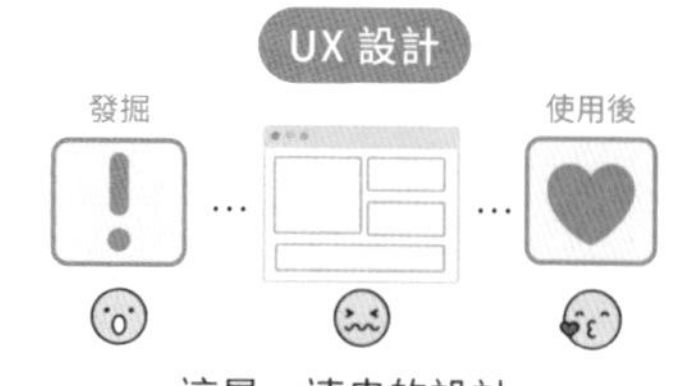

這是一連串的設計，
包含使用者瀏覽網站時的其他體驗

UI、UX 設計的觀點對網頁設計非常重要，在製作時必須考慮到淺顯易懂、易用性、使用者的使用感受等。完善的 UI 和 UX 設計，才能帶給使用者良好的使用體驗。

SECTION 3 網頁設計的必備知識

大家常說「好設計的定義因人而異」、「好設計不只一種」，話雖如此，設計還是必須遵循基本的原則。以下將說明網頁的排版、字體、色彩等設計層面的必備知識。

排版(Layout)

排版是指編排元素。以下將以 Part 5 的設計為例，說明排版的 4 個原則。

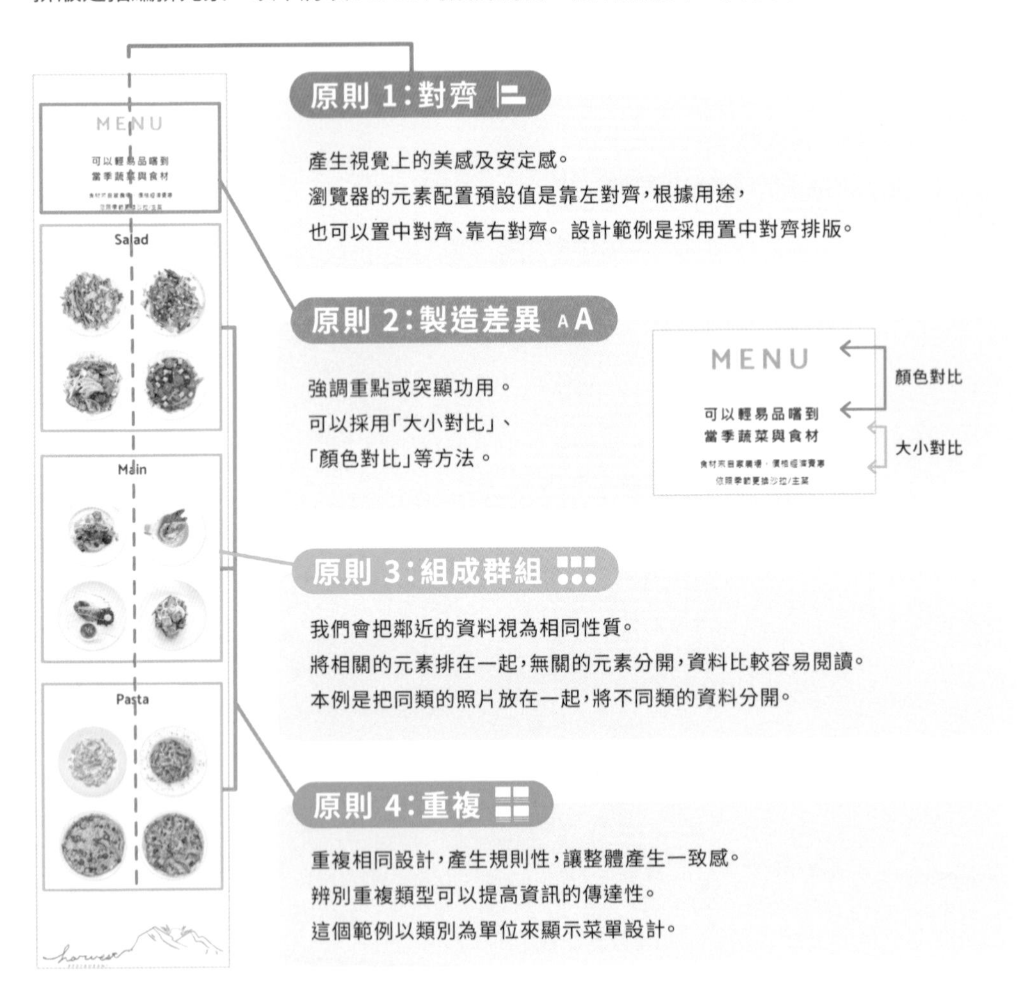

MENU
可以輕易品嚐到
當季蔬菜與食材
Salad
Main
Pasta
原則 1：對齊
產生視覺上的美感及安定感。
瀏覽器的元素配置預設值是靠左對齊，根據用途，
也可以置中對齊、靠右對齊。 設計範例是採用置中對齊排版。
原則 2：製造差異 A A
強調重點或突顯功用。
可以採用「大小對比」、
「顏色對比」等方法。
MENU
可以輕易品嚐到
當季蔬菜與食材
顏色對比
大小對比
原則 3：組成群組
我們會把鄰近的資料視為相同性質。
將相關的元素排在一起，無關的元素分開，資料比較容易閱讀。
本例是把同類的照片放在一起，將不同類的資料分開。
原則 4：重複
重複相同設計，產生規則性，讓整體產生一致感。
辨別重複類型可以提高資訊的傳達性。
這個範例以類別為單位來顯示菜單設計。

字體與字型

字體、字型的種類與粗細也會左右設計給人的印象。請掌握字體的基本分類與特色。

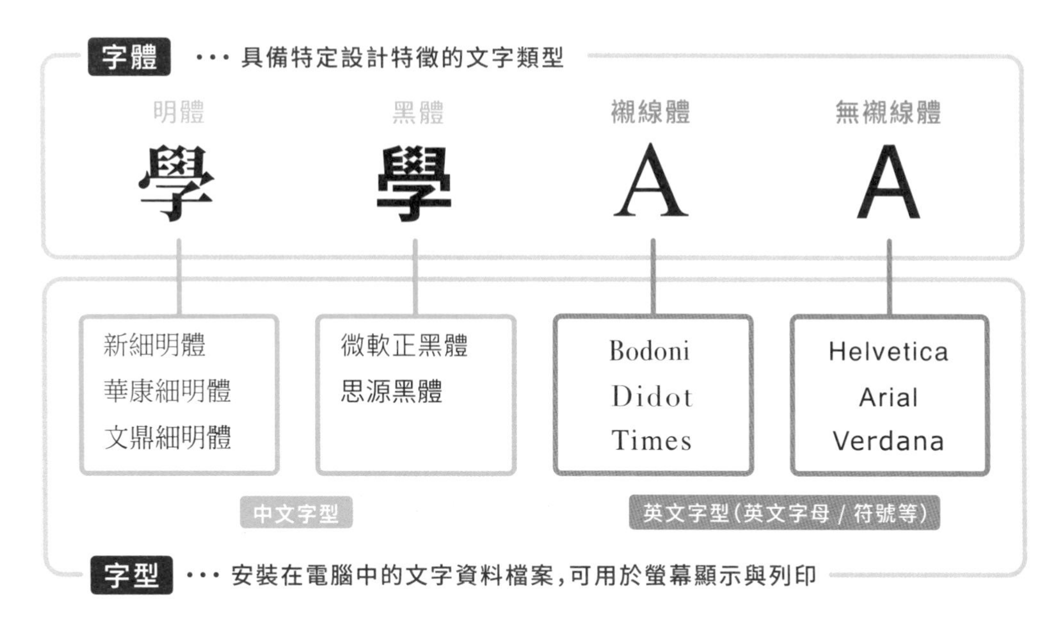

「明體＆襯線體」與「黑體＆無襯線體」的組合具有類似的特色，說明如下。

明體＆襯線體的特色

- 橫線細、直線粗
- 尾端有裝飾

印象與用途

- 知性／專業／傳統
- 可讀性高（易讀），適合新聞、小說等長文

黑體＆無襯線體的特色

- 筆劃粗細幾乎一樣
- 筆劃較粗，容易辨識

無襯線體（sans-serif）的「sans」是「沒有」的意思

印象與用途

- 安定感／現代感／親近感
- 辨識性高（距離遠也能辨識），適合標準字與標題

上面只是字體最粗略的分類，其他還有圓體、書法字體等各式各樣的字體。在設計中搭配不同的字體粗細、顏色、大小，也會改變設計風格以及給人的印象。

色彩(color)

在我們生活周遭，到處都是「色彩」。設計網頁時，色彩就是決定印象的重要元素。以下將介紹色彩的基本性質與給人的視覺印象。

色彩的三大性質「色相 / 飽和度 / 明度」

色彩具有「**色相（hue）**」、「**飽和度（saturation）**」、「**明度（brightness）**」這 3 個特質。若能好好瞭解這 3 個特質，調整顏色時會更有概念。

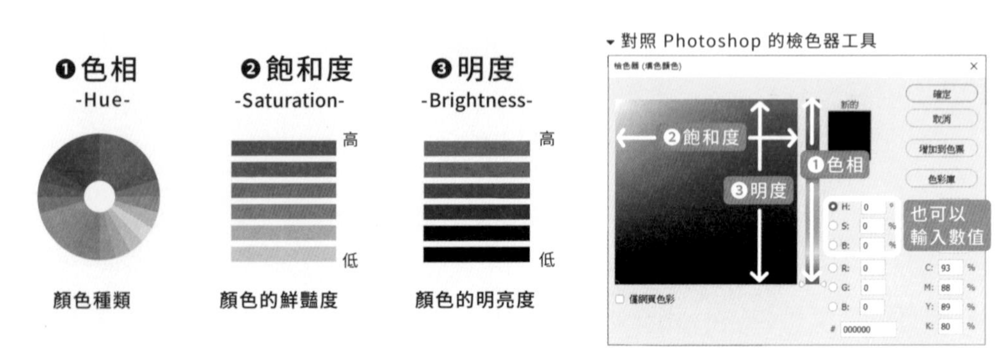

色彩印象

大部分的人對色彩都有既定的印象。先瞭解這些印象，選擇網站色彩時就可以加以運用。

設計網頁時需考慮網頁的使用習慣

上述這些排版、字型、色彩的知識，是海報、傳單等平面設計作品共通的設計重點。但是網頁設計還具備一些特殊性質，在設計的過程中也必須考慮到。

網頁是可以操作的介面

雜誌、傳單等平面作品，都是呈現出視覺資料的產物，但是網頁是一種「需要使用者操作的媒體介面」，使用者可能會在網頁上進行「移動到其他網頁」、「購物」、「留言提問」等操作。

因此設計網頁時必須重視「**操作的容易程度**」、「**操作的處理速度**」、「**介面是否容易瞭解**」等。

網頁的瀏覽環境每個人都不同

每個使用者上網時的瀏覽環境都不同，這也是網頁和其他類設計很大的差別。我們在第 10 章學過響應式網頁設計，就會知道每個人的裝置寬度及解析度可能都不一樣，所以設計時必須分別針對不同裝置的環境進行最佳化。

網頁可以表現動態

最近許多網站都會在網頁內加入各種「動態」。有些網站的內容就是互動式的，包括對使用者的操作提供各種回饋的動態效果。

在網頁中加入動態的回饋效果，可以提供更好的 UI、UX 操作體驗，這也是網頁的優勢之一。

行動裝置越來越新，網頁的新技術也越來越多了，依裝置來調整設計也很重要呢！

PART 5

12 章

編寫餐廳網站的 CSS（手機版）

了解基本概念後，這一章就要從智慧型手機版的 CSS 開始製作餐廳網站
同時也要學習多頁式網站的製作方法

本章還會帶著大家練習「CSS 格線佈局」這種超方便的排版技巧喔！

哇～感覺會做出很棒的網站喔！

SECTION 1 製作多頁式網站的重點

確認整體一致的設計與共用元件

編寫多頁式網站的程式碼時，重點就是要先確認**「是否有共用的元件」**。
以範例網站來說，首頁以外的 3 個頁面（CONCEPT、MENU 、INFO 頁面）都有類似的設計，分析它們的共用元件，是網頁的上半部和頁尾區塊。

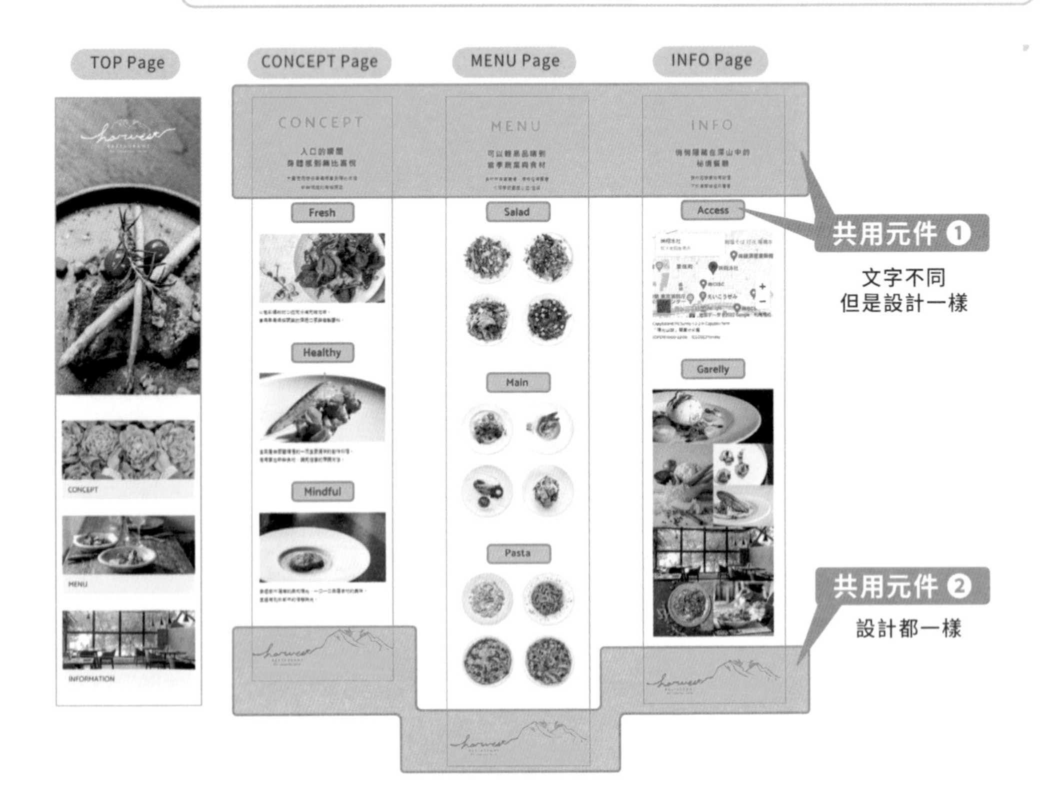

右圖是範例網站的階層式架構，在此架構中，首頁是最上層，其他網頁都稱為**下層網頁**。

本例這 3 個下層網頁都包含共用元件，因此可先製作其中一頁，再拷貝該網頁的 HTML 檔案並更改檔名，接著更換共用元件以外的內容，就可以完成其他頁面了，這種做法會更有效率。

就像這樣，在編寫程式碼之前先確認所有網頁的設計，選擇效率最好的做法，就能事半功倍。

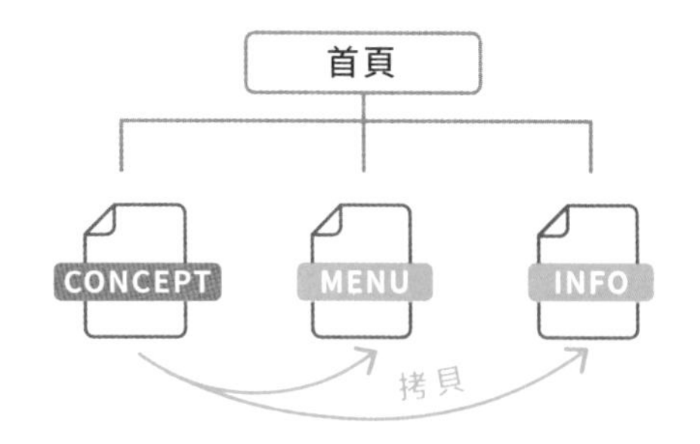

拷貝已經完成的網頁，再製作其他網頁

本章的作業檔案中已經準備好需要的 HTML 檔案，讀者不用再自己拷貝並製作成其他頁面了。但是等你未來需要自行架設多頁式網站時，請記得上述的處理方式。

根據網站的階層式架構來思考檔案架構

在製作網頁數量很多，階層架構複雜的網站時，建議劃分成多個 CSS 來控制網頁，並且按照每個階層來配置影像資料夾，這樣會比較容易管理。其實檔案該怎麼架構並沒有標準答案，只要選擇最適合專案的方式即可。

例如下圖這種複雜的公司網站架構，可能會依照網頁類別來準備、管理影像資料夾以及 CSS，如右圖所示。但是當 CSS 檔案愈多，就會愈難管理。

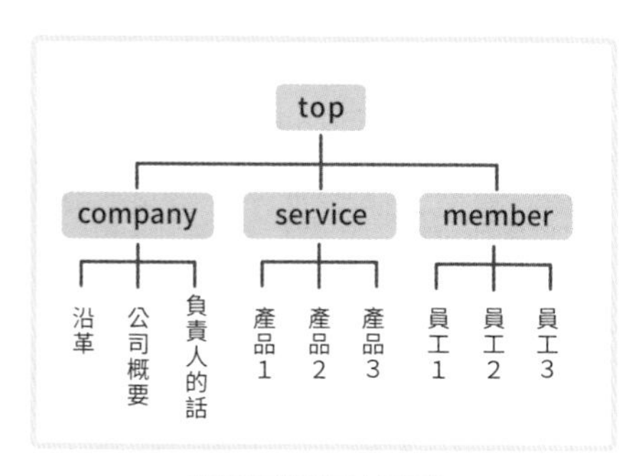

階層結構（網站地圖）

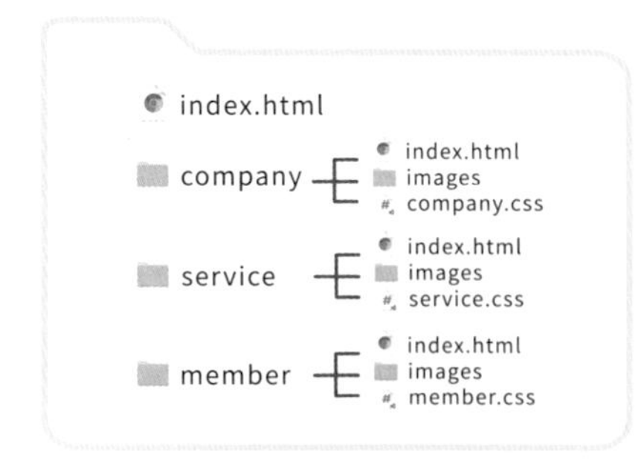

儲存的檔案夾直覺又容易瞭解

編寫首頁的程式碼

確認 HTML 檔案

請使用 VS Code 開啟 12 章 / 作業 / index.html。此檔案已經初步做完標記，你可以比對網站設計圖（12 章 / 設計 / sp_top.png），以確認標記內容。

```
1  <!DOCTYPE html>
2  <html lang="zh-Hant-TW">
3   <head>
4     <meta charset="UTF-8">
5     <meta name="viewport" content="width=device-width,initial-scale=1">
6     <link rel="stylesheet" href="css/reset.css">
7     <link rel="preconnect" href="https://fonts.gstatic.com">
8     <link rel="stylesheet" href= "https://fonts.googleapis.com/css2?family=Catamar
9     <link rel="stylesheet" href="css/style.css">
10    <title>Harvest Restaurant</title>
11  </head>
12  <body class="topPage">
13    <header>
14      <h1>
15        <img src="images/top_logo.svg" alt="Harvest Restaurant">
16      </h1>
17    </header>
18    <main>
19      <ul class="linkList">
20        <li>
21          <a href="concept.html">
22            <img src="images/top_ph01.jpg" alt="">
23            <span>CONCEPT</span>
24          </a>
25        </li>
26        <li>
27          <a href="menu.html">
28            <img src="images/top_ph02.jpg" alt="">
29            <span>MENU</span>
30          </a>
31        </li>
32        <li>
33          <a href="info.html">
34            <img src="images/top_ph03.jpg" alt="">
35            <span>INFORMATION</span>
36          </a>
37        </li>
38      </ul>
39    </main>
40  </body>
41 </html>
```

在 body 設定 class 名稱：topPage

class 名稱：linkList

本章的 HTML 因為版面關係，暫時**省略了 alt 屬性的值**。實際製作時請記得加上去。

檢視作業檔案

請使用 VS Code 開啟 **12 章 / 作業 /css/ style.css**，再以瀏覽器開啟 **12 章 / 作業 /index.html**，確認是否套用了 CSS。接著請一邊比對完成的設計圖（**12 章 / 設計 /sp_top.png**），一邊練習。

確認編寫 CSS 之前的狀態

本章會示範先做智慧型手機版網站的方式，下一章則會將這個網站改造成電腦版。

STEP 1 切換成手機版檢視

由於本章要製作手機版網頁，要先編寫智慧型手機版的程式碼，為了方便對照效果，請開啟 index.html，然後啟動瀏覽器的開發人員工具，如下切換成手機檢視狀態（⇒ P.197）。

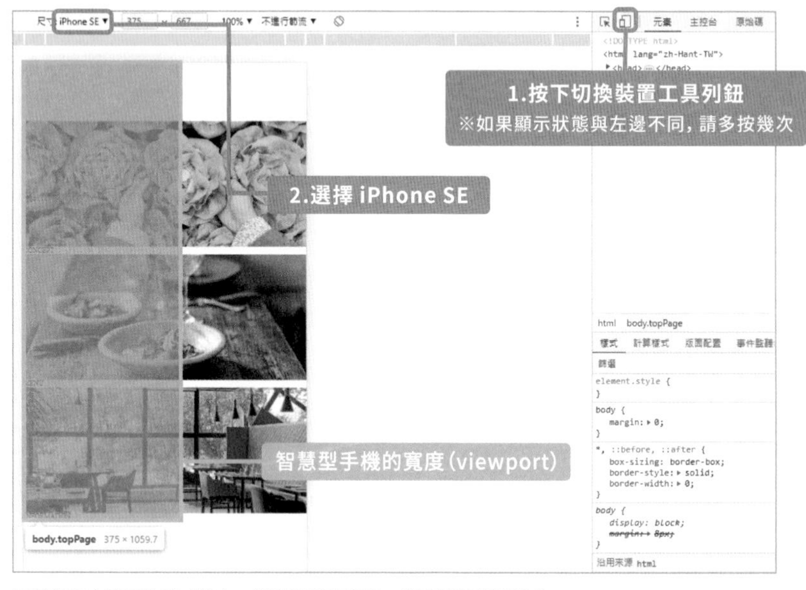

目前網頁中的圖片尺寸較大，超出視區的寬度，導致顯示結果錯位。

將右側的開發人員工具視窗切換到「**元素**」頁籤，然後再選取其中的 **<body> 標籤**，即可在左側確認 viewport 的範圍，如上圖所示。

設定網頁共通的字型

本章的設計範例是使用 Google Fonts 中的「Catamaran」與「Noto Sans JP」網頁字型。目前已經在 HTML 的 <head> 標籤內寫好載入網頁字型的程式碼，接下來只要用 CSS 設定 body 要用的字型，即可套用到整個網頁。請在 body 設定 **font-family** 的樣式，如下指定整個網頁的字型，接著也一併設定文字大小、行高、文字顏色等細節。

```
1  @charset "utf-8";
2
3  body {
4    font-family: 'Catamaran',' Noto Sans Traditional Chinese', sans-serif;
5    font-size: 16px;
6    line-height: 1.5;
7    color: #2c2c2c;
8  }
```

C 要大寫

12章/step/02/css/01_font_step1.css

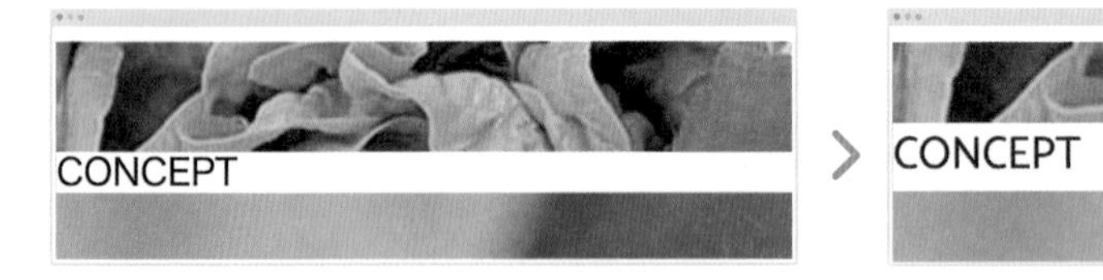

CONCEPT

首頁的文字比較少，不容易看出變化，其實已經改變了字體和行高。

font-family 的設定順序

font-family 套用字型的原則是**「先輸入的字型為優先」**以及**「沒有該字型時，套用下一個字型」**(⇒ P.081)，可個別設定英數字與中文字型。下圖的寫法是先指定英文字型（Catamaran），再設定中文字型（Noto Sans Traditional Chinese）。如下設定的結果，英文字、數字、符號就會套用 Catamaran 字型，而中文字則會套用成 Noto Sans Traditional Chinese 字型。

font-family: 'Catamaran','Noto Sans Traditional Chinese', sans-serif;

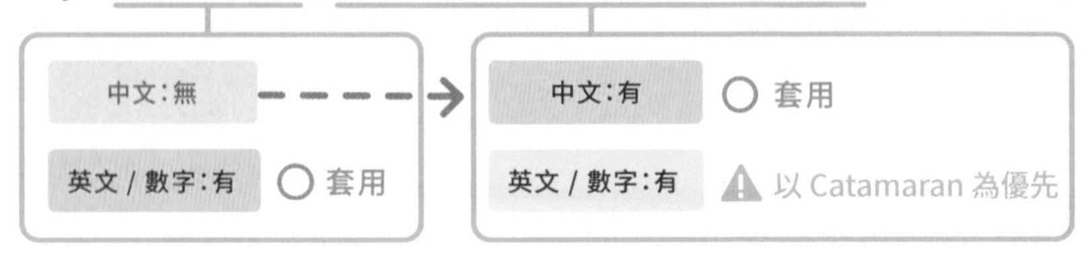

修正圖片超出範圍的問題

STEP 1 指定圖片寬度的最大值

設定寬度最大值的屬性

max-width: ～ ;

在值輸入含有單位的數值。
同樣的屬性還有 max-height（高度的最大值）。

截圖中的藍色區域就是 body 元素，現在有幾張圖片太大，超出 body 元素的範圍。

因此要對所有圖片（img 元素）設定 **max-width:100%;**，設定後，即可防止圖片寬度超出父元素（body），原本寬度超出範圍的圖片都會變成和 body 同寬。

```
9  img {
10   max-width: 100%;
11 }
```

12章/step/02/css/02_img_step1.css

設定後，圖片寬度都變成 body 元素的寬度（375px）。

設定「max-width:100%;」與「width:100%;」的差異

這裡的圖片寬度，我不能設定成「width:100%;」嗎？

當圖片寬度大於父元素時，在 img 元素設定「**width:100%;**」也有相同效果（會將圖片寬度變成和父元素一樣）。但是要注意，如果設定成「width:100%;」，意思是**所有寬度小於父元素的圖片都要擴大成 width:100%;**，這會導致寬度小於 body 的圖片也被強制放大，可能會造成圖片變模糊的結果。

所以本例用「**max-width**」，此屬性是設定「**最大寬度**」，只會調整寬度超出父元素範圍的圖片，沒有超出範圍的就不會變動。所以套用之後，超出父元素寬度的圖片會縮小成 100%（和父元素同寬度），小於父元素寬度的圖片則會維持相同大小。

任意放大圖片會讓圖片變模糊、畫質變差，所以像是「img」這種影響範圍較廣的選擇器，我通常都會使用 **max-width:100%;** 來設定寬度。

設定首頁的主視覺圖片

STEP 1 設定在首頁的 header 區域顯示主視覺圖片

我們要讓網站首頁顯示大張的主視覺圖片，以達到吸引人的效果。請將 header 區塊的高度設定為 90vh(有關視區高度單位「vh」的說明可參考 P.203)，設定背景圖，並調整留白。

```
12 .topPage header {
13   height: 90vh;
14   background: url(../images/top_bg.jpg) no-repeat center top/cover;
15   padding-top: 50px;
16   margin-bottom: 64px;
17 }
```

12章/step/02/css/03_header_step1.css

將頁首區塊高度變成 90vh，並顯示出背景圖。

這裡的寫法是把 <body> 標籤內稱為「topPage」的 class 變成選擇器。透過這個設定，就可以單獨在首頁的 header 元素套用這段 CSS。

header 的 h1 元素中原本有置入 LOGO 影像，但白色 LOGO 和白色背景融為一體，因此幾乎看不到。替 header 新增背景圖之後，就可以看到白色的 LOGO 圖片顯示出來了。

STEP 2 調整 LOGO 圖片的大小與位置

顯示 LOGO 圖片後，用 **width** 設定寬度，並設定 **text-align:center;** 置中對齊。

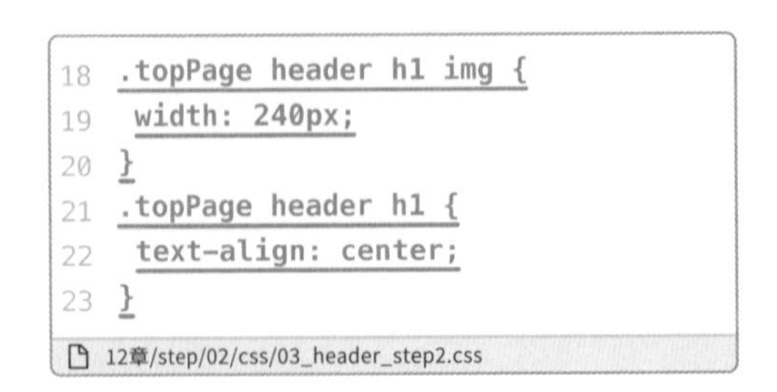

```
18 .topPage header h1 img {
19   width: 240px;
20 }
21 .topPage header h1 {
22   text-align: center;
23 }
```

12章/step/02/css/03_header_step2.css

調整 header 的 h1 中的圖片，讓 LOGO 縮小並置中對齊。

這裡要徹底瞭解 LEARNING **在網頁中使用 SVG 向量圖**

範例網站中的白色 LOGO 圖片是 **SVG 格式**（⇒ P.056），這是一種向量圖的格式。

向量圖的特色是以座標或計算公式來繪圖，即使放大縮小，圖片完全不會失真。而點陣圖則是以點（像素）集合成圖片，若將圖片放大，畫質就會變差、變模糊。

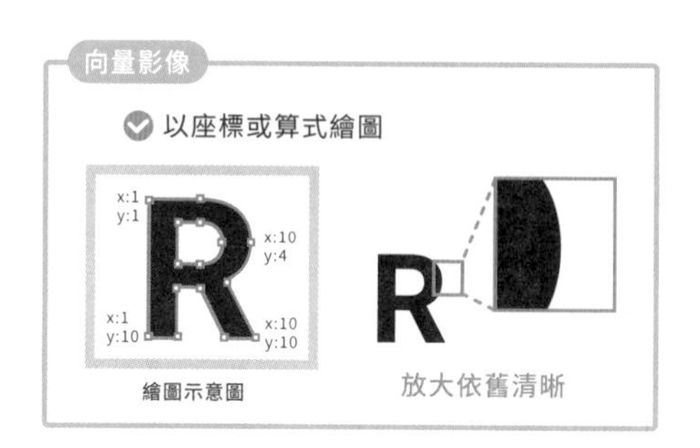

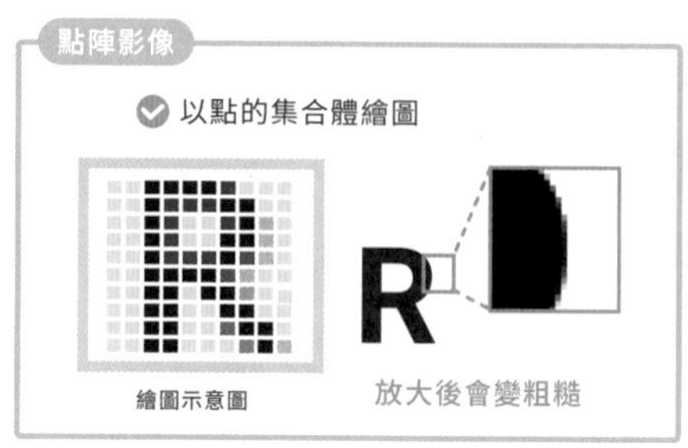

SVG 格式在高解析度螢幕上也不會模糊，所以常用於 LOGO 或小型圖示。

調整可連到其他網頁的超連結圖片清單

STEP 1 調整圖片之間的留白

首頁下方是包含 3 張大圖的跳頁選單，前面已調整過圖片寬度，請參考完成的設計圖，會發現清單的左右兩側有留白。因此接著就要替 **linkList（超連結清單）設定 padding**，並利用 **margin-bottom** 設定每個文字連結項目 **（.linkList li）**下方的留白。

```
24  .linkList {
25    padding: 0 20px;
26  }
27  .linkList li {
28    margin-bottom: 40px;
29  }
```

12章/step/02/css/04_linklist_step1.css

在整組選單的左右、每個文字連結項目下方都加上留白。

Part 5

12

STEP 2 擴大超連結的作用範圍

目前超連結的作用範圍較小，不容易點選，所以把 **a 元素**設定為 **display:block;**，這樣一來，整個影像都會變成超連結作用範圍。同時請一併設定背景色。

```
30 .linkList li a {
31   display: block;
32   background-color: #f5f5f5;
33 }
```

12章/step/02/css/04_linklist_step2.css

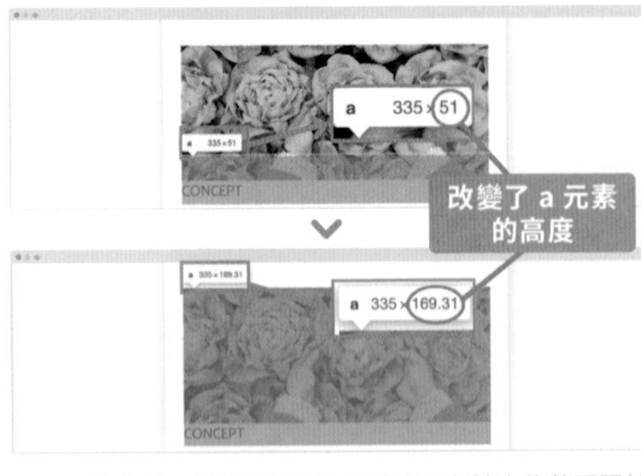

可用開發人員工具確認超連結區域是否有擴大為整張照片（藍色部分就是超連結區域）

STEP 3 在文字的上下插入留白

目前此 HTML 中的「CONCEPT」等文字是以 **<span>** 標記的行內元素，由於不是區塊元素，上下無法留白。為了插入留白，要先**將 display 屬性的值改為 block**，接著即可設定 **padding**，在文字上下插入留白。同時也要設定字型大小。

```
34 .linkList li a span {
35   display: block;
36   padding: 12px 15px 10px;
37   font-size: 18px;
38 }
```

12章/step/02/css/04_linklist_step3.css

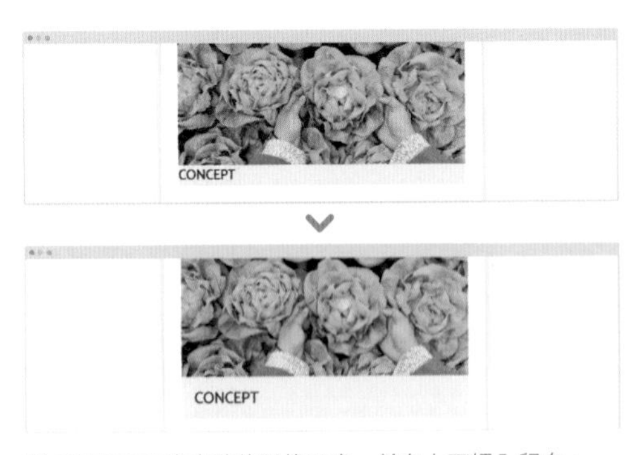

將 CONCEPT 文字改為區塊元素，並在上下插入留白。

這裡要注意！POINT 可以替 a 元素加上 padding 嗎？

「可以替 a 元素加上 padding 嗎？」可能有人會產生這個疑問，如果實際嘗試，就會比照右圖，在粉紅色的區域（整個 a 元素的內側）加上 padding，這樣無法達成「在文字上下留白」的目的。因此如果沒有適合套用 CSS 的元素，都建議插入裝飾用的 <span> 標籤（⇒ P.122）。

目前 a 元素中包含圖片和文字，因此會以這種方式在整個 a 元素內側加上 padding。

STEP 4 設定「當滑鼠移入或點擊連結時變亮」的濾鏡效果

在元素套用濾鏡效果的屬性

filter: ～ ;

可以套用明度、飽和度、色相等效果。
在值輸入濾鏡的種類。

接著要設定的是「當滑鼠移入連結時變亮」的效果，要使用名為「**filter**」的濾鏡屬性。此屬性可以指定多種效果（濾鏡的種類），本例是用可設定明亮度的 **brightness**。

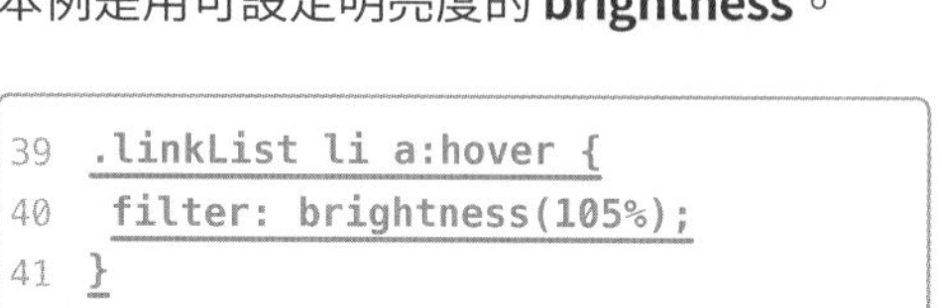

```
39 .linkList li a:hover {
40   filter: brightness(105%);
41 }
```

12章/step/02/css/04_linklist_step4.css

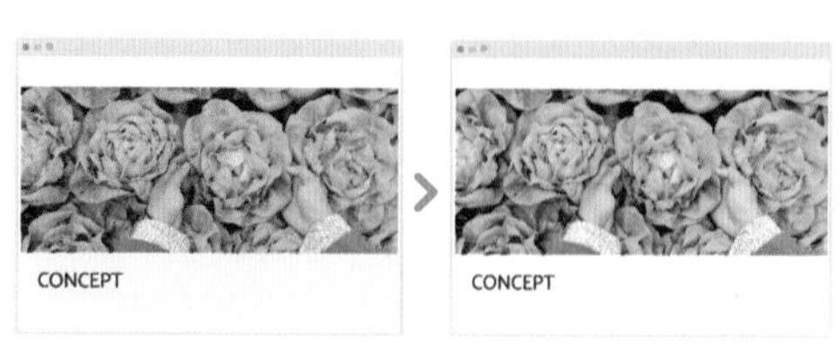

設定後，當滑鼠移入或點擊時，圖片或背景會變亮。

到這邊就完成首頁了！

這裡要徹底瞭解 LEARNING 使用 filter 屬性加上濾鏡效果

filter 屬性可以替元素加上濾鏡效果。
濾鏡有各式各樣的種類，以下介紹幾種常用的濾鏡效果與設定方式。

filter 的寫法

filter : 效果名稱(值);

- 值的寫法會隨著效果而改變
- 以 ,（逗號）隔開可以設定多個效果

原始影像

明度（明亮）

brightness(130%)

陰影

drop-shadow(10px 10px #ccc)

模糊

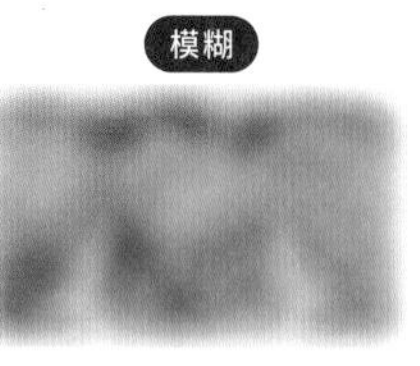

blur(10px)

黑白色調

grayscale(100%)

咖啡色色調

sepia(100%)

飽和度（鮮豔度）

saturate(180%)

對比度

contrast(180%)

編寫 CONCEPT 網頁的程式碼

檢視 HTML 檔案

請使用 VS Code 開啟 📁 **12 章 / 作業 / concept.html**，此檔案已初步做完標記，你可以比對網站設計圖（📁 **12 章 / 設計 / sp_concept.png**），以確認標記內容。

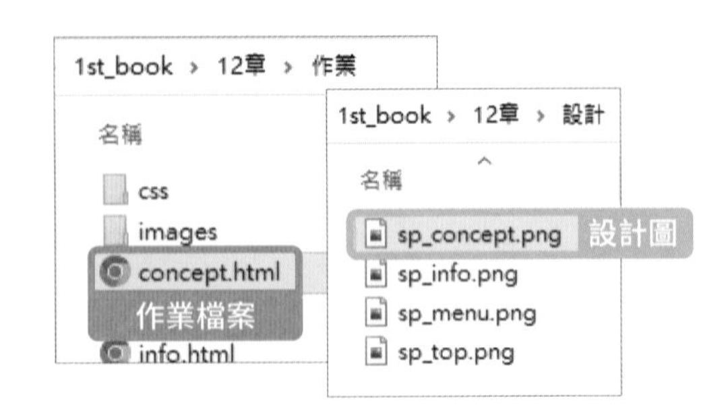

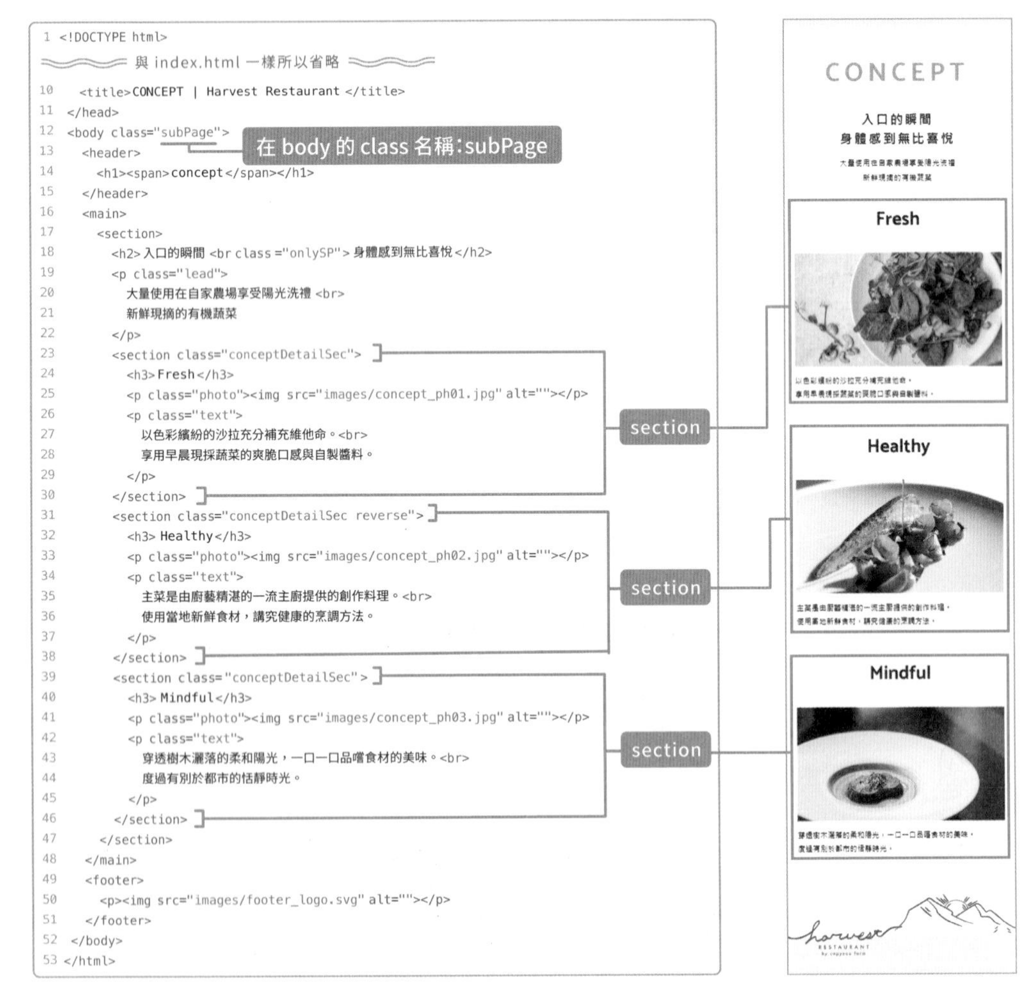


```
1  <!DOCTYPE html>
   ～～～ 與 index.html 一樣所以省略 ～～～
10   <title>CONCEPT | Harvest Restaurant </title>
11 </head>
12 <body class="subPage">
13   <header>
14     <h1><span>concept</span></h1>
15   </header>
16   <main>
17     <section>
18       <h2>入口的瞬間 <br class ="onlySP">身體感到無比喜悅</h2>
19       <p class="lead">
20         大量使用在自家農場享受陽光洗禮 <br>
21         新鮮現摘的有機蔬菜
22       </p>
23       <section class="conceptDetailSec">
24         <h3>Fresh</h3>
25         <p class="photo"><img src="images/concept_ph01.jpg" alt=""></p>
26         <p class="text">
27           以色彩繽紛的沙拉充分補充維他命。<br>
28           享用早晨現採蔬菜的爽脆口感與自製醬料。
29         </p>
30       </section>
31       <section class="conceptDetailSec reverse">
32         <h3> Healthy</h3>
33         <p class="photo"><img src="images/concept_ph02.jpg" alt=""></p>
34         <p class="text">
35           主菜是由廚藝精湛的一流主廚提供的創作料理。<br>
36           使用當地新鮮食材，講究健康的烹調方法。
37         </p>
38       </section>
39       <section class="conceptDetailSec">
40         <h3>Mindful</h3>
41         <p class="photo"><img src="images/concept_ph03.jpg" alt=""></p>
42         <p class="text">
43           穿透樹木灑落的柔和陽光，一口一口品嚐食材的美味。<br>
44           度過有別於都市的恬靜時光。
45         </p>
46       </section>
47     </section>
48   </main>
49   <footer>
50     <p><img src="images/footer_logo.svg" alt=""></p>
51   </footer>
52 </body>
53 </html>
```

在編寫 CSS 之前先確認共用元件

前面在 P.220 已經確認過範例網站的版面設計，粉紅色區域就是其中 3 個網頁共用的元件。接下來要編寫 CONCEPT 網頁的 CSS 時，就要從共用元件開始撰寫。

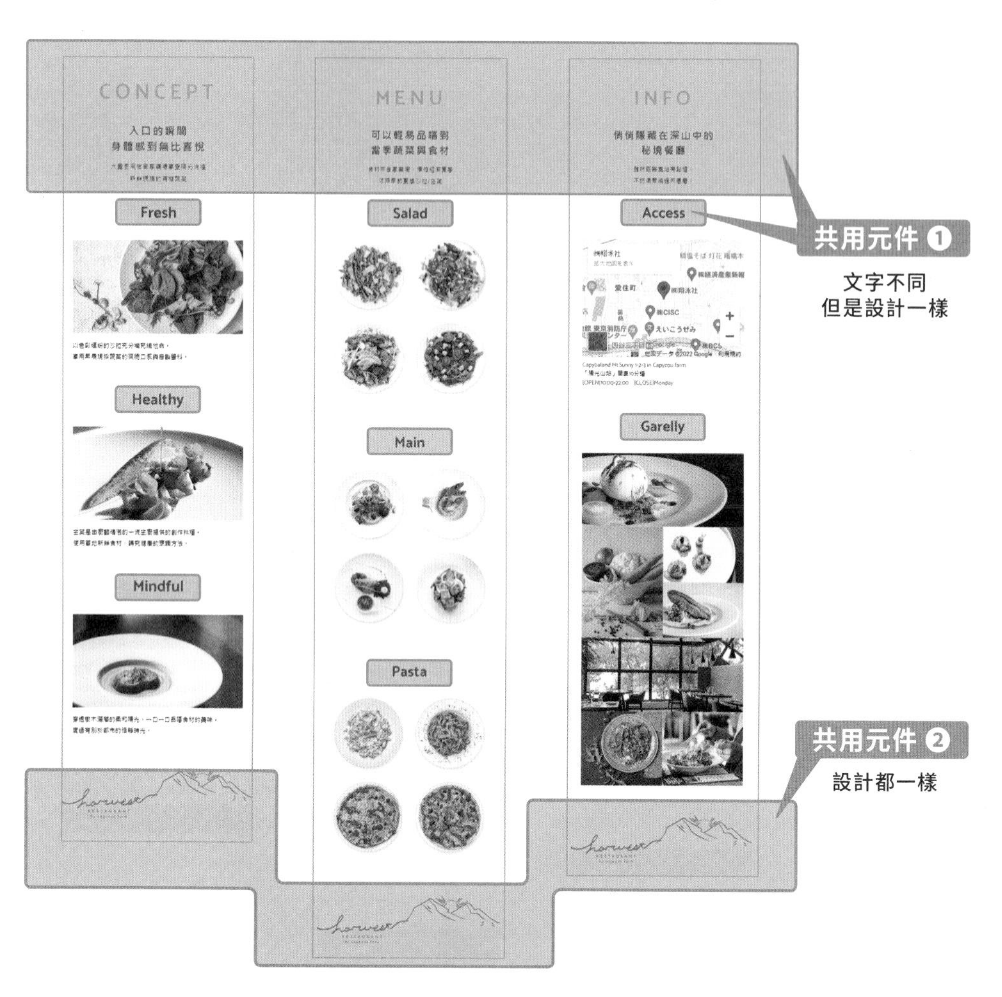

請參考左頁的 HTML，前面在製作首頁時，我們替 body 加上名為 topPage 的 class 名稱，而**在製作下層的 3 個網頁時，是替 body 加上共用的 class 名稱 subPage**。接著只要把共用的 class 變成選擇器，可同時替 3 個下層網頁（.subPage）套用相同的 CSS，且不會影響到前面首頁的設計（因為首頁的 body 是不同的 class 名稱）。

用這個方法就不用替每個頁面重複輸入相同的 CSS 了，很有效率呢！

製作網頁上半部的共用元件

接著要接續 P.229 的內容，繼續在**同一個 style.css** 編寫程式碼，以設定共用元件的樣式。請參考設計圖 **12 章 / 設計 /sp_concept.png**，並且用瀏覽器開啟 **concept.html**，一邊以手機預覽模式（⇒ P.223）確認狀態，一邊執行操作。

CONCEPT　　MENU

STEP 1 調整標題文字

設定大寫或小寫的屬性

text-transform: ～ ;

可以將英文字母隨意改成大寫或小寫。
在值輸入 uppercase（大寫）等關鍵字。

主要使用的值

uppercase	lowercase	capitalize
Menu → MENU 所有文字都顯示為大寫	**Menu → menu** 所有文字都顯示為小寫	**menu → Menu** 第一個字顯示為大寫

為了區隔範圍，先替 header 設定 **border-top**，在 header 上方畫出線條，同時調整留白。接著請運用前面學過的屬性裝飾 h1 元素，並且用 **text-transform** 把小寫文字改成大寫。

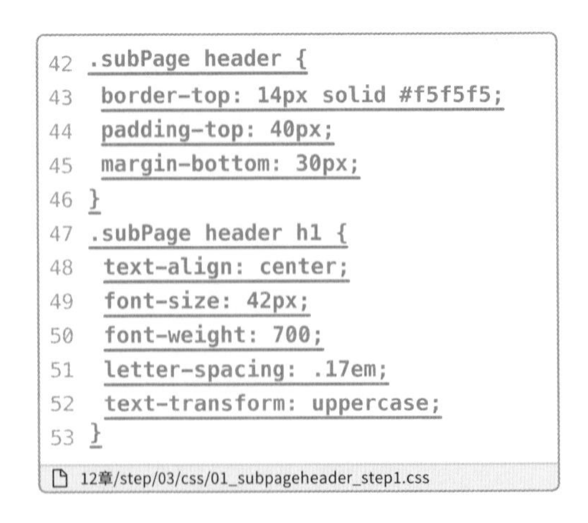

```
42 .subPage header {
43   border-top: 14px solid #f5f5f5;
44   padding-top: 40px;
45   margin-bottom: 30px;
46 }
47 .subPage header h1 {
48   text-align: center;
49   font-size: 42px;
50   font-weight: 700;
51   letter-spacing: .17em;
52   text-transform: uppercase;
53 }
```

12章/step/03/css/01_subpageheader_step1.css

裝飾頁首的外觀。「concept」原本在 HTML 中是小寫文字，套用 text-transform 的設定後就變成全部大寫。

這裡要徹底瞭解 LEARNING

為什麼要用 CSS 把小寫文字改成大寫文字

你可能會覺得很奇怪，想要大寫的話，直接在 HTML 中輸入大寫字母不就好了嗎？其實這是針對易用性的設定。如果我們直接輸入大寫文字，語音瀏覽器可能以為是縮寫。比方說大寫字母「MENU」，會被語音瀏覽器唸成「M、E、N、U」而不是「MENU(菜單)」。因此本例是先用小寫輸入「menu」，並且用 CSS 設定外觀，使用 **text-transform : uppercase;** 屬性讓文字全部都變成大寫，即可達到裝飾的目的，同時避免語音瀏覽器誤判的問題。

STEP 2 替標題文字加上漸層色的效果（將文字設定成遮色片）

設定背景影像顯示區域的屬性

background-clip: ～ ;	在值輸入 text 等關鍵字。

在範例網站的設計圖中，標題文字有漸層色的效果，這需要透過幾個步驟達成。首先要設定 **background-image**，加上漸層色的背景圖，接著再設定 **background-clip:text;**，就可以依照文字的形狀來裁剪背景圖，達成遮色片的效果。不過由於文字已經設定成黑色，看不出遮色片的效果，所以還要加上一個步驟，就是將文字顏色設定為 **transparent(透明)**。

```
54 .subPage header h1 span {
55   background-image: linear-gradient(135deg, #e6ba5d 0%,#9ac78a 100%);
56   -webkit-background-clip: text;
57   -moz-background-clip: text;
58   background-clip: text;
59   color: transparent;
60 }
```

12章/step/03/css/01_subpageheader_step2.css

圖中第 56、57 行的內容你可能會覺得很陌生，這是針對無法支援「background-clip」屬性的瀏覽器預做的準備，要加上稱為「供應商前綴（Vendor Prefixes)」的程式碼。後面的 P.235 將說明供應商前綴的意思和用法。

只設定 background-image

設定 background-image，文字顏色是黑色，所以看不見背景

將文字顏色設定成透明，就可以看見背景(漸層)

這裡要徹底瞭解 LEARNING

製作漸層色背景的方法

製作遮色片文字時，需要製作漸層色的背景圖。方法很簡單，只要將 **background-image** 的值設定成 **linear-gradient**，即可加上漸層色的背景圖。設定方法如下。

linear-gradient 的寫法

```
background-image: linear-gradient(135deg, #e6ba5d 0%, #9ac78a 100%);
```

設定傾斜漸層色的角度　　漸層的開始位置、結束位置

- 如果是 0% 與 100%，可以省略位置設定。改變 % 的值，也能調整位置。
- 以 ,（逗號）隔開，可以增加顏色數量。

具體範例　linear-gradient(#e6ba5d 0%, #fffff 50%, #9ac78a 100%);

請注意這邊並不是設定 background-color 喔！

▶ 製作漸層色時可善用網路資源

你可能會覺得從零開始製作想要的漸層色很不容易。其實網路上已經有很多方便的資源可以運用，以下就介紹可製作漸層色的生成器與圖庫網站。

下圖中的生成器網站「**CSS Gradient**」可在瀏覽器上自行調配出你喜歡的漸層色，再輸出漸層色的 CSS。圖庫網站「**WebGradients**」則是提供漸層色的現成範例，只要挑選適合的漸層色範例，即可拷貝 CSS 來使用。

生成器

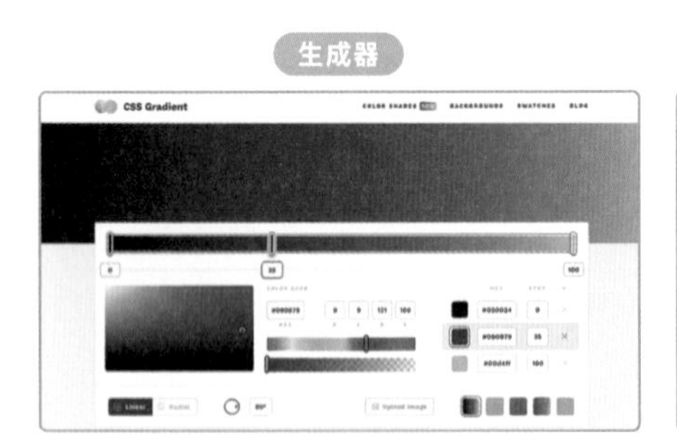

https://cssgradient.io/

圖庫

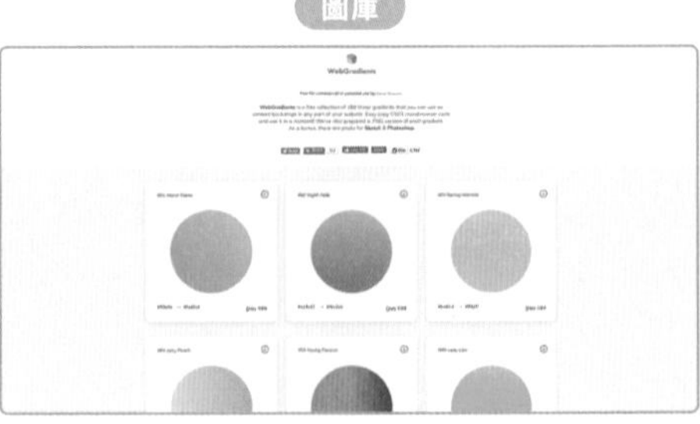

https://webgradients.com/

在本書的超值附錄裡，還有介紹其他的推薦網站喔。

這裡要注意！POINT

什麼是供應商前綴？

CSS 的版本一直在進化，因此每隔一段時間就可能會產生新的屬性，但是並非每一家瀏覽器都能支援。有部分瀏覽器會允許使用仍在開發階段的實驗性 CSS 屬性，但是必須在屬性名稱之前加上稱為「**供應商前綴**（或稱為**瀏覽器前綴**）」的前綴詞才行。各家瀏覽器需要的供應商前綴不太相同，如下所示。

供應商前綴的種類

-webkit-	・Google Chrome ・Safari ・Microsoft Edge ・Opera
-moz-	・Mozilla Firefox

前面 STEP2 的第 56～57 行程式碼就有加入此前綴詞。

本書原著寫作於 2021 年 9 月，此時的「background-clip」屬性仍需加上前綴詞才能使用，未來可能會隨著 CSS 或瀏覽器版本更新而能直接使用。因此在使用新的 CSS 屬性時，必須注意瀏覽器的支援狀況，有些 CSS 屬性是「某些瀏覽器不支援」，有些則是「加上供應商前綴即可使用」，你可以運用以下的網站來查詢支援狀況。

▶ 確認瀏覽器支援 CSS 狀況的網站

Can I Use?

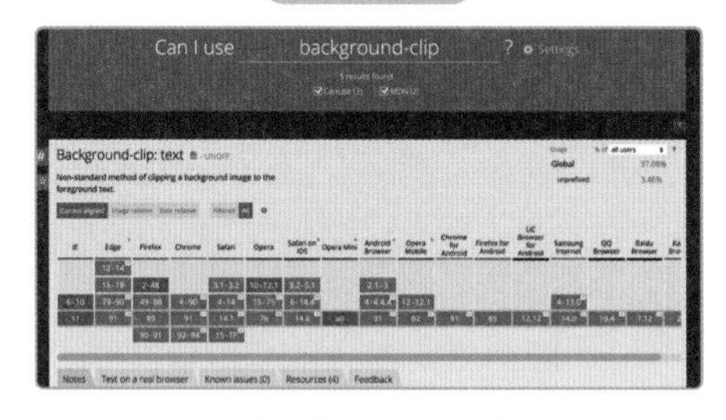

https://caniuse.com/

MDN Web Docs

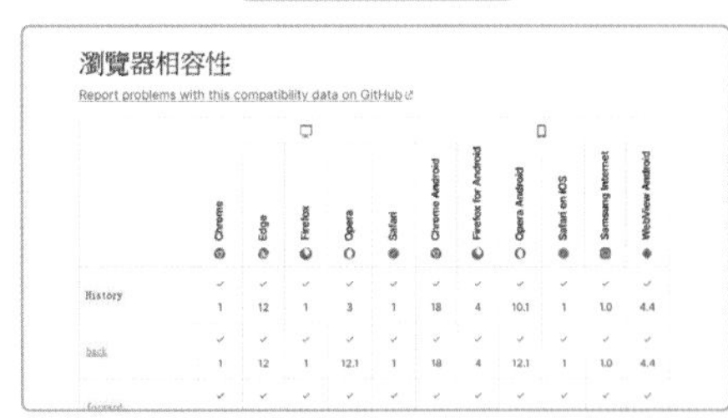

https://developer.mozilla.org/zh-TW/docs/web

CSS 在開發階段時，會同時記錄包含供應商前綴的屬性以及一般屬性。雖然沒有固定的編寫順序，但是請最後再寫上不含供應商前綴的屬性。

不過，等到該 CSS 屬性在每一家瀏覽器都可以支援以後，請記得刪除供應商前綴，以免發生意料之外的結果。

設定下層網頁共用的標題

入口的瞬間 身體感到無比喜悅 大量使用在自家農場享受陽光洗禮 新鮮現摘的有機蔬菜 **Fresh**	可以輕易品嚐到 當季蔬菜與食材 食材來自家農場，價格經濟實惠 依照季節更換沙拉/主菜 **Salad**

STEP 1 調整大標題（h2 元素）的外觀

請運用前面學過的屬性，比照設計圖來裝飾 **h2 元素**的文字以及下方的簡介（**.lead**）。

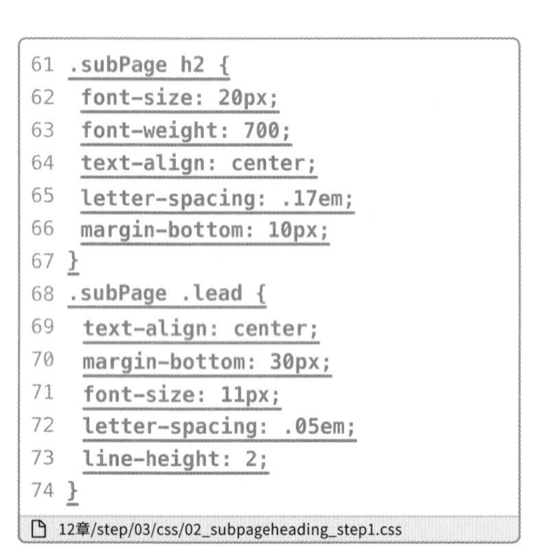

```
61 .subPage h2 {
62   font-size: 20px;
63   font-weight: 700;
64   text-align: center;
65   letter-spacing: .17em;
66   margin-bottom: 10px;
67 }
68 .subPage .lead {
69   text-align: center;
70   margin-bottom: 30px;
71   font-size: 11px;
72   letter-spacing: .05em;
73   line-height: 2;
74 }
```

12章/step/03/css/02_subpageheading_step1.css

調整了標題文字（h2）以及下方簡介（.lead）的文字大小、文字粗細、對齊方式、字距、下方留白、行高等外觀。

STEP 2 調整小標題（h3 元素）的外觀

請如下裝飾 h3 元素的文字。

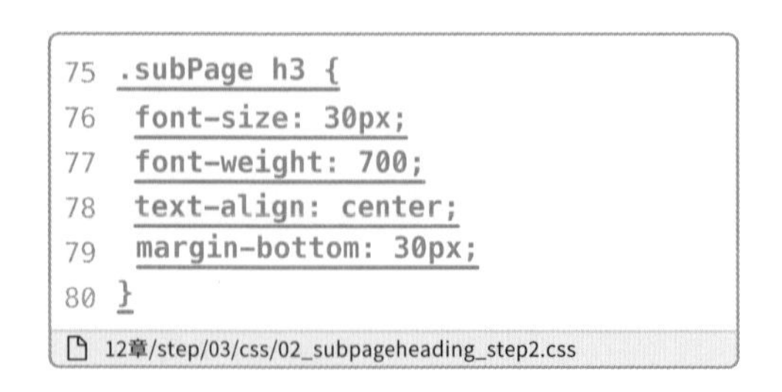

```
75 .subPage h3 {
76   font-size: 30px;
77   font-weight: 700;
78   text-align: center;
79   margin-bottom: 30px;
80 }
```

12章/step/03/css/02_subpageheading_step2.css

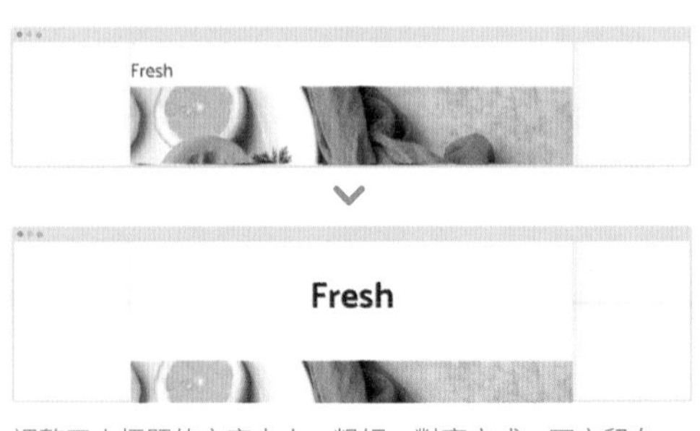

調整了小標題的文字大小、粗細、對齊方式、下方留白。

在主要內容欄位加上共用的留白

STEP 1 調整主要內容欄位的寬度

根據網站設計圖，下層網頁的主要內容寬度並未塞滿整個畫面，而是左右有稍微留白，因此要在 main 設定 **padding** 並加上留白。

```
81 .subPage main {
82   padding: 0 20px;
83 }
```

12章/step/03/css/03_subpagemain_step1.css

設定後，圖文內容的左右兩側都加入留白。

這邊如果我用 margin 設定，也可以呈現一樣的效果嗎？

對。以這個例子來說，設定 padding 或 margin 都可以在左右兩側加上留白，只要確認位置即可，看是 main 元素內側的留白（padding），還是外側的留白 (margin)。

設定下層網頁共用的頁尾區塊

STEP 1 在頁尾區塊顯示山脈背景圖

3 個網頁共用的頁尾（footer 元素）是顯示餐廳 LOGO 與山脈的背景圖。請用 **background** 設定背景圖，加入山脈的圖片，並使用 **margin** 與 **padding** 調整位置。

```
84 footer {
85   background: url(../images/footer_mt.svg) no-repeat right top/200px;
86   margin-top: 60px;
87   padding-top: 68px;
88 }
```

12章/step/03/css/04_subpagefooter_step1.css

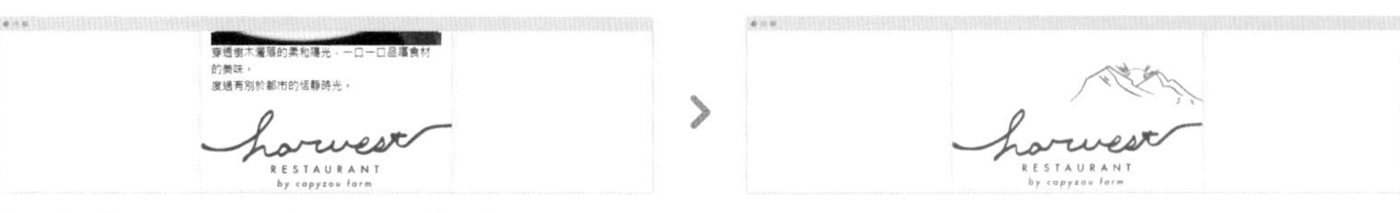

加入山脈背景圖後，要調整位置，目的是讓山脈顯示在區塊的右上方，避免與 LOGO 重疊。

Part 5

12

STEP 2 調整 LOGO 圖片的位置

接著要調整 LOGO 圖片（img 元素）的位置，請先設定圖片所在位置（p 元素）的背景色，再用 **width** 設定 LOGO 圖片的寬度，然後再使用 **transform 屬性**調整圖片的位置。

```
89 footer p {
90   background-color: #f5f5f5;
91 }
92 footer p img {
93   width: 188px;
94   transform: translateY(-28px);
95 }
```

12章/step/03/css/04_subpagefooter_step2.css

將 LOGO 縮小並且和背景圖重疊。

上一頁是用 margin 與 padding 調整山脈背景圖的位置，那為什麼這邊的 LOGO 卻是用 transform 來調整位置？

因為山脈是用 CSS（background 屬性）顯示的背景圖，而 LOGO 圖片則是以 HTML 的 img 標籤插入的圖片（img 元素），所以兩者調整位置的方法並不相同。

這裡要注意！ POINT

使用 <img> 標籤與「background-image」屬性加入圖片的差異

到目前為止已經學到兩種方式可以加入圖片，一種是在編寫 HTML 時使用標籤插入圖片，另一種方式是用 CSS 屬性顯示圖片。

要使用 HTML 插入圖片時，可以使用 **<img> 標籤**或 **<figure> 標籤**。如果要用 CSS 顯示圖片，則可以使用 **background-image 屬性**或是**虛擬元素（::before,::after）**。

原則上，文件結構中需要的圖片會以 HTML 插入，其餘圖片則以 CSS 顯示即可。

範例網站中的山脈背景圖是以裝飾為目的，在網頁文件中並非必要，所以用 CSS 顯示即可。而 LOGO 是包含店名的重要資訊，所以用 <img> 標籤插入。

剛開始製作時可能會覺得很難判斷，建議用「HTML 是否能清楚傳達訊息」為判斷基準。比方說，地圖或商品圖的重要性很高，通常會用 <img> 標籤。

設定「CONCEPT」網頁的內容樣式

共用元件設定好了，接下來要編寫控制其他元素（屬於 CONCEPT 網頁內容）的 CSS。

STEP 1 調整照片的大小

目前網頁中有多張直幅照片，用手機瀏覽時會很佔空間，因此設定 **height:180px;** 縮減高度。但是設定後，整張照片會縮小以維持長寬比，結果又變得寬度不足了。因此再將**寬度設定成 100%**，以符合設計圖的規劃。

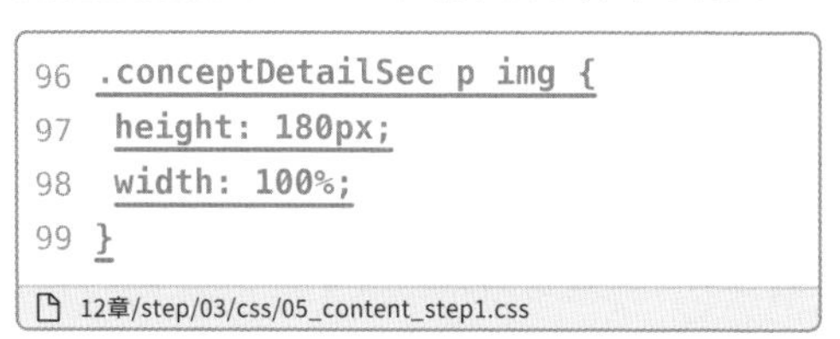

```
96 .conceptDetailSec p img {
97   height: 180px;
98   width: 100%;
99 }
```

12章/step/03/css/05_content_step1.css

照片的大小和設計圖相同，但是照片的內容都變形了。接下來就要處理內容變形的問題。

STEP 2 修正照片內容變形的問題（裁切照片）

設定符合區塊的屬性

object-fit:～;	設定在區塊顯示影像或影片的方法。 在值輸入 cover 等關鍵字。

設定區塊顯示位置的屬性

object-position:～;	針對區塊設定影像、影片等配置。 在值設定代表場所的關鍵字，或含有單位的數值。

前面在改變高度和寬度之後，照片的內容就變形了，所以要設定 **object-fit : cover;**，以修正照片的變形狀態。

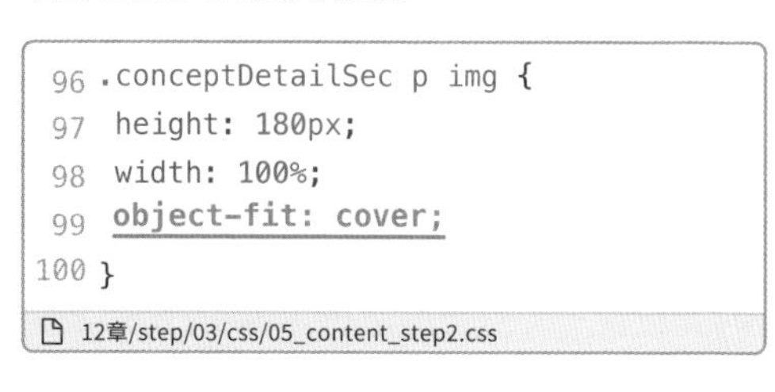

```
96 .conceptDetailSec p img {
97   height: 180px;
98   width: 100%;
99   object-fit: cover;
100 }
```

12章/step/03/css/05_content_step2.css

設定後，照片內容沒有變形，而是被裁切為設定的尺寸。

STEP 3 調整裁切後的照片顯示位置

雖然將照片裁成想要的大小也修正了變形，但是顯示的內容與完成的設計圖不同，所以再用 **object-position 屬性**調整顯示位置。

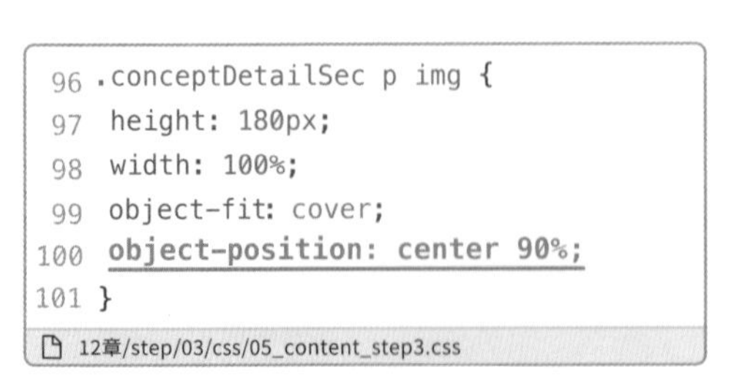

```
96 .conceptDetailSec p img {
97 height: 180px;
98 width: 100%;
99 object-fit: cover;
100 object-position: center 90%;
101 }
```

12章/step/03/css/05_content_step3.css

調整裁切框中的顯示位置，目前是顯示照片下方的區域。

這裡要徹底瞭解 LEARNING 使用「object-fit」屬性可依照指定的位置裁切圖片

根據不同的裝置螢幕比例，有時同一張圖片會需要不同的長寬比例。例如橫長型的電腦螢幕與縱長型的智慧型手機螢幕，就適合不同的圖片比例。雖然也可以為各種裝置準備符合的圖片來切換，但如果能善用 CSS 的 **object-fit 屬性**，就只需要準備一張圖片，即可因應各種需求去裁切（改變顯示比例）。

object-fit 屬性可以設定顯示區域（裁切尺寸）的大小，以及如何顯示。如果搭配 **object-position** 屬性一起使用，還能指定要顯示圖片中的哪個區域。

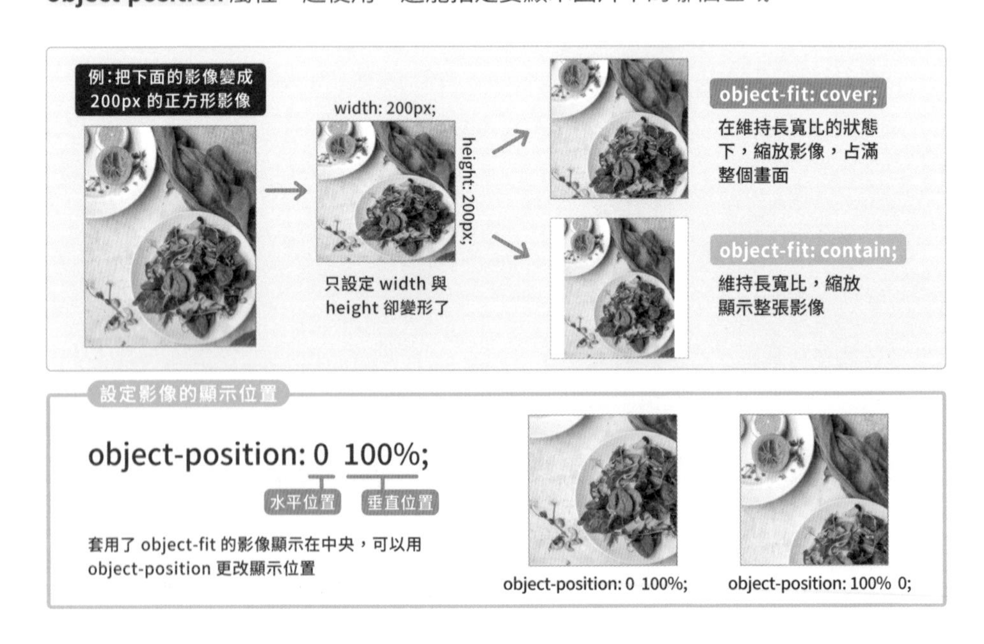

STEP 4

調整內文的樣式

接著再比照設計圖來縮小內文的文字大小。將文字縮小後，行距又變得太大，所以要再用 **line-height** 調整行高。

```
102 .conceptDetailSec .text {
103   font-size: 12px;
104   line-height: 1.78;
105 }
```

12章/step/03/css/05_content_step4.css

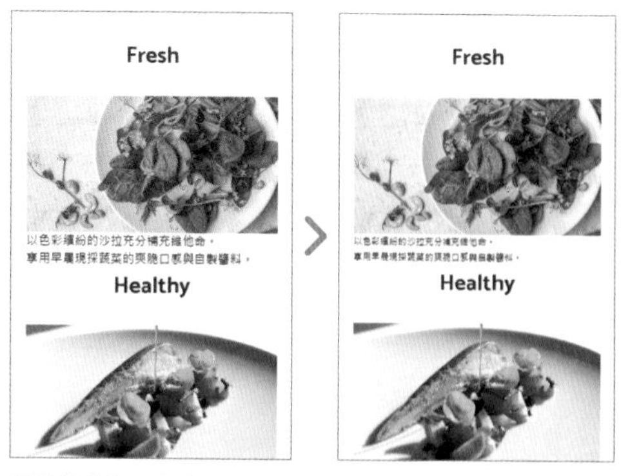

調整後的行距與文字大小變得更容易閱讀。

STEP 5

調整圖文之間的留白

分別設定 **margin-bottom**，讓照片與內文之間增加留白，同時也要拉開內文與下一個標題之間的距離。

```
106 .conceptDetailSec .photo {
107   margin-bottom: 14px;
108 }
109 .conceptDetailSec {
110   margin-bottom: 50px;
111 }
```

12章/step/03/css/05_content_step5.css

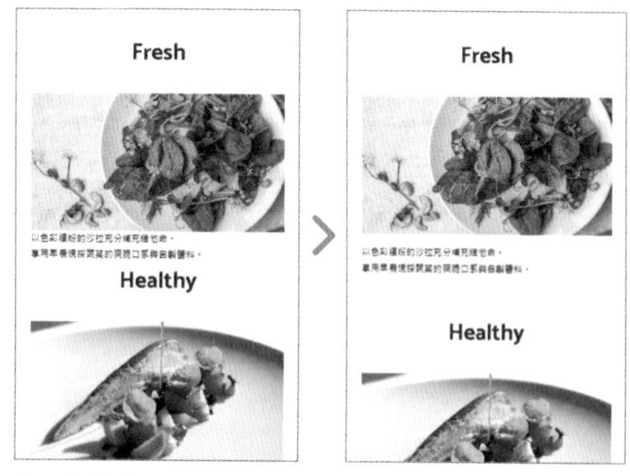

在內文的上下都加入留白間距。

到這邊就完成 CONCEPT 網頁的設計了！

編寫 MENU 網頁的程式碼

檢視 HTML 檔案

請使用 VS Code 開啟 **12 章 / 作業 / menu.html**，此檔案已經初步做完標記，你可以比對網站設計圖（**12 章 / 設計 / sp_menu.png**），以確認標記內容。

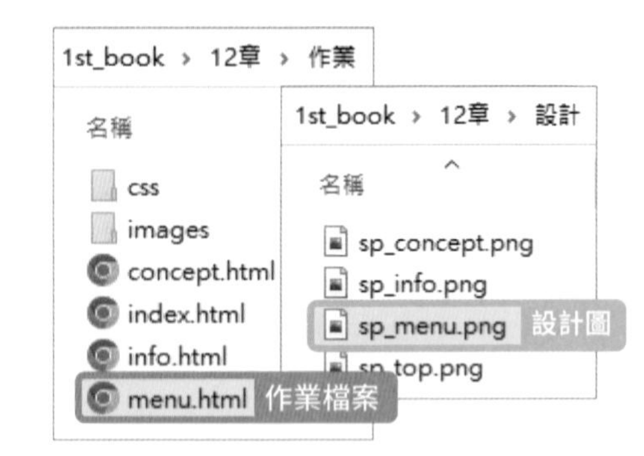

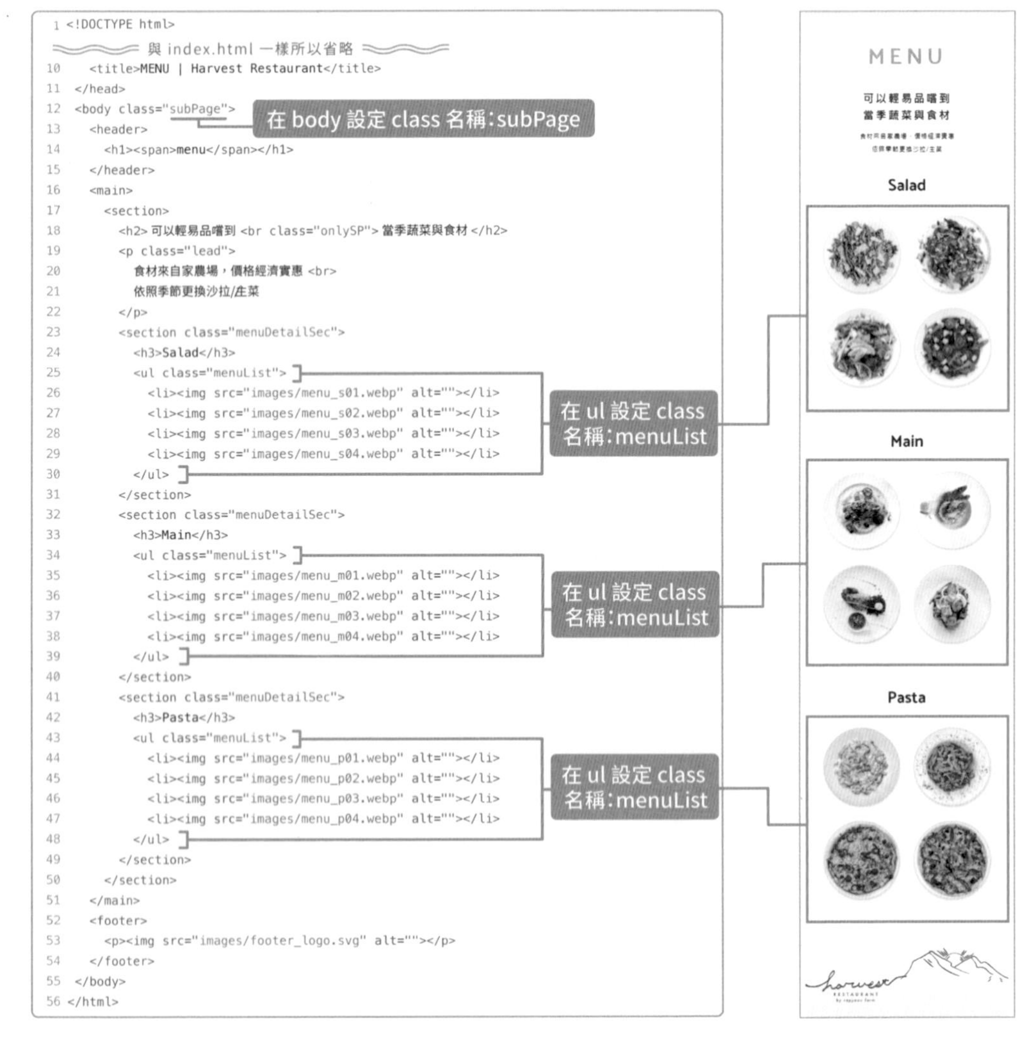

```
1 <!DOCTYPE html>
  與 index.html 一樣所以省略
10    <title>MENU | Harvest Restaurant</title>
11  </head>
12  <body class="subPage">
13    <header>
14      <h1><span>menu</span></h1>
15    </header>
16    <main>
17      <section>
18        <h2> 可以輕易品嚐到 <br class="onlySP"> 當季蔬菜與食材 </h2>
19        <p class="lead">
20          食材來自家農場，價格經濟實惠 <br>
21          依照季節更換沙拉/主菜
22        </p>
23        <section class="menuDetailSec">
24          <h3>Salad</h3>
25          <ul class="menuList">
26            <li><img src="images/menu_s01.webp" alt=""></li>
27            <li><img src="images/menu_s02.webp" alt=""></li>
28            <li><img src="images/menu_s03.webp" alt=""></li>
29            <li><img src="images/menu_s04.webp" alt=""></li>
30          </ul>
31        </section>
32        <section class="menuDetailSec">
33          <h3>Main</h3>
34          <ul class="menuList">
35            <li><img src="images/menu_m01.webp" alt=""></li>
36            <li><img src="images/menu_m02.webp" alt=""></li>
37            <li><img src="images/menu_m03.webp" alt=""></li>
38            <li><img src="images/menu_m04.webp" alt=""></li>
39          </ul>
40        </section>
41        <section class="menuDetailSec">
42          <h3>Pasta</h3>
43          <ul class="menuList">
44            <li><img src="images/menu_p01.webp" alt=""></li>
45            <li><img src="images/menu_p02.webp" alt=""></li>
46            <li><img src="images/menu_p03.webp" alt=""></li>
47            <li><img src="images/menu_p04.webp" alt=""></li>
48          </ul>
49        </section>
50      </section>
51    </main>
52    <footer>
53      <p><img src="images/footer_logo.svg" alt=""></p>
54    </footer>
55  </body>
56 </html>
```

在編寫 CSS 之前先確認共用元件

請使用瀏覽器開啟 **menu.html**，並切換成手機檢視模式（⇒ P.223），確認是否已經套用了共用元件。以下將開始編寫 MENU 網頁內容的 CSS。

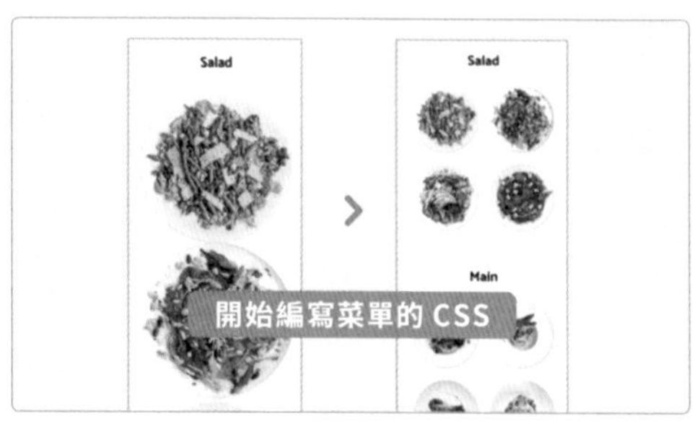

範例網站中的 concept、munu、info 這 3 個網頁具有共用的元件，並且設定了相同的 class，如果需要修改 CSS，只要改一次就會同步變更 3 個網頁 ，非常方便。

設定「MENU」網頁的內容樣式

請接續 P.241 的程式碼，繼續編寫**同一個 style.css**。設計圖可參考 **12 章 / 設計 / sp_menu.png**。請開啟瀏覽器，一邊確認 **menu.html** 的顯示結果，一邊練習操作。

STEP 1 讓餐點照片水平排列

目前要編輯的菜單網頁中，影像是垂直排列（單欄），請用 **display : flex;** 改成水平排列。

請注意，這裡要設定的選擇器是 ul 元素（.menuList），這是 li 元素的父元素。

請把 **.menuList** 設定為選擇器，則網頁中的 3 組菜單都會套用 CSS，變成水平排列。

```
112 .menuList {
113   display: flex;
114 }
```

12章/step/04/css/01_menulist_step1.css

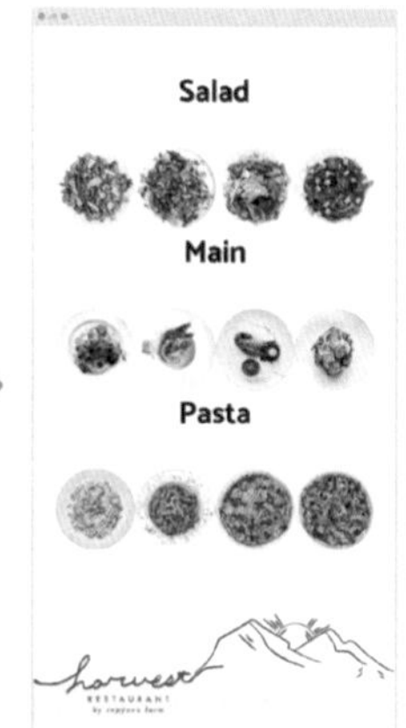

3 組菜單都變成水平排列了。

STEP 2 將菜單圖片改成兩欄顯示

在設定水平排列之後，一列就有 4 張圖片，感覺有點小，因此再改成一列放 2 張圖片。首先請把設定換行的 **flex-wrap** 屬性值設定為 **wrap**，可允許彈性項目自動換行。

允許換行後，圖片又變大了，再次變成一列只有一張圖片。這時請再設定 **flex-basis**，把彈性項目設定為 42%，就會顯示成一列兩張圖片了。

```
112 .menuList {
113   display: flex;
114   flex-wrap: wrap;
115 }
116 .menuList li {
117   flex-basis: 42%;
118 }
```

12章/step/04/css/01_menulist_step2.css

只設定 flex-wrap

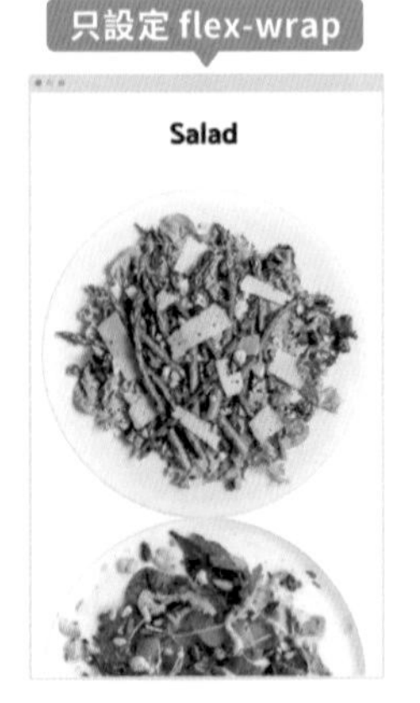

也設定了 flex-basis

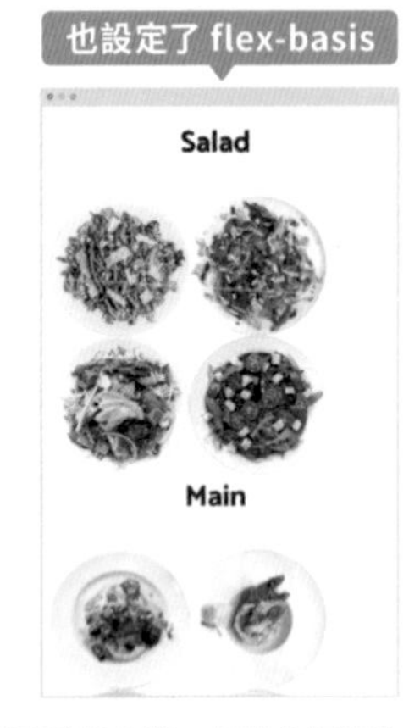

設定「flex-wrap:wrap;」允許自動換行後，圖片會恢復為原始大小，導致一列只能放入一張圖片。

因此再設定「flex-basis」指定彈性項目的寬度，只要控制彈性項目的大小，就能控制每一列的圖片數量。

想在一列裡面放多少個元素，取決於 **flex-basis** 的值，例如設定為 50% 可排列 2 個元素，設定為 33% 可排列 3 個元素。本例設定為 42%，是為了再加上 8% 的留白。

STEP 3 調整圖片之間的留白

目前同一列的兩張圖片會擠在一起，請設定 **justify-content : space-around;**，可以讓元素均分配置。再用 **margin-bottom** 調整圖片下方的留白。

```
112 .menuList {
113   display: flex;
114   flex-wrap: wrap;
115   justify-content: space-around;
116 }
117 .menuList li {
118   flex-basis: 42%;
119   margin-bottom: 28px;
120 }
```

12章/step/04/css/01_menulist_step3.css

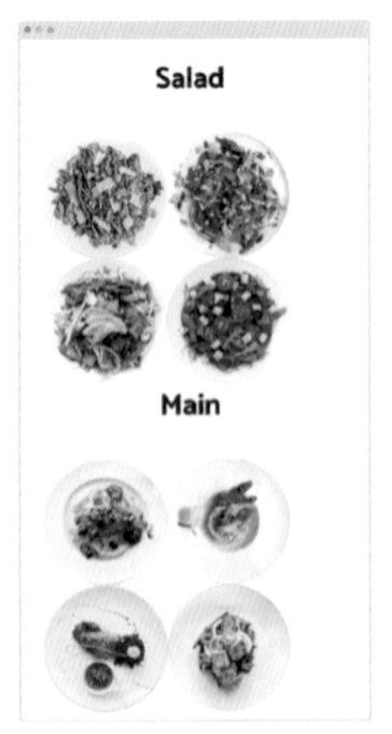

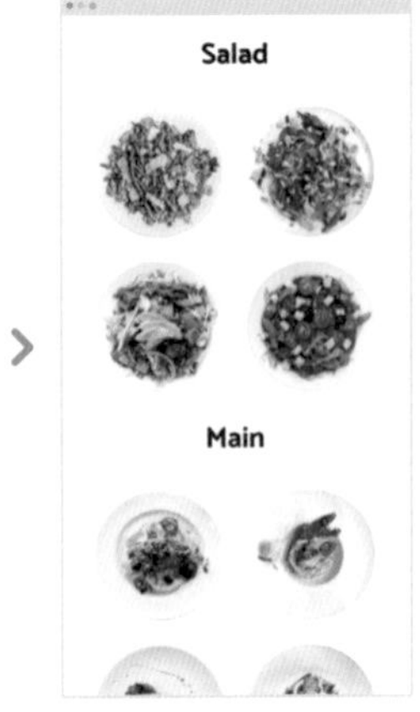

讓同一列的圖片均等配置，下方也有留白，視覺較不擁擠。

STEP 4 替餐點照片加上陰影（濾鏡）

為了提升立體感，用 **filter 屬性**設定 **drop-shadow**，替圖片（餐點照片）加上陰影。

```
121 .menuList li img {
122   filter: drop-shadow(1px 2px 3px #dddddd);
123 }
```

12章/step/04/css/01_menulist_step4.css

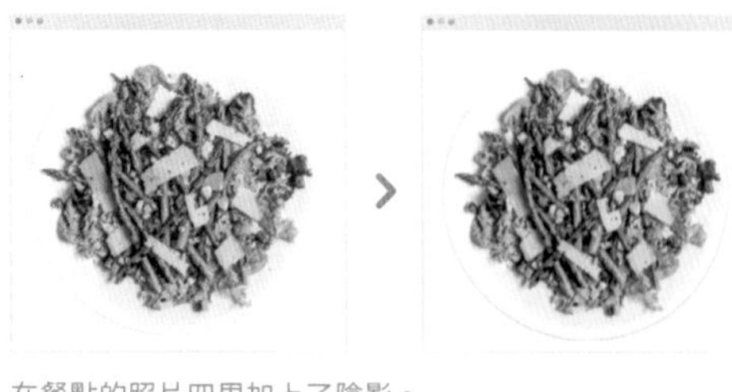

在餐點的照片四周加上了陰影。

以 box-shadow 與 filter 加上陰影的差異

前面學過用 **box-shadow 屬性**替元素加上陰影（⇒ P.125），這裡卻使用了 **filter 屬性**中的 **drop-shadow**。為什麼呢？

圖片中的餐盤其實是去背的圖片，若使用 box-shadow 會忽略透明部分，在矩形區域外圍加上陰影；而 **filter 可支援影像的透明部分**，因此會依照餐盤形狀加上陰影。由此可知，若要替去背（包含透明區域）的圖片添加陰影，建議使用 filter 來製作。

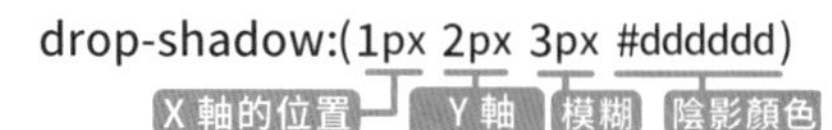

box-shadow 與 filter 的陰影差異

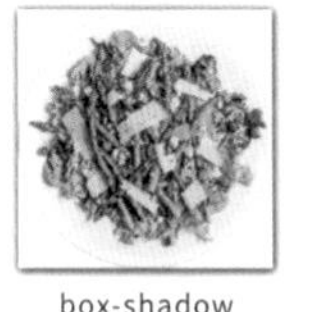

box-shadow

filter:drop-shadow();

STEP 5 在各個區段之間加上留白間距

接著再替各區段（**.menuDetailSec**）設定 **margin-bottm** 下方留白間距，以便區隔。

```
124 .menuDetailSec {
125   margin-bottom: 50px;
126 }
```

12章/step/04/css/01_menulist_step5.css

到這邊 MENU 網頁也完成了！

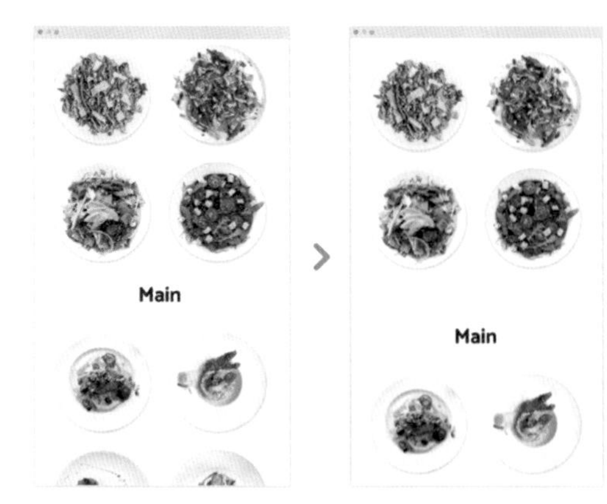

替菜單中不同類別的料理拉開距離。

編寫 INFO 網頁的程式碼

檢視 HTML 檔案

請使用 VS Code 開啟 12 章 / 作業 /info.html，此檔案已經初步做完標記，你可以比對網站設計圖（ 12 章 / 設計 /sp_info.png），以確認標記內容。

```
1  <!DOCTYPE html>
   和 index.html 一樣所以省略
10     <title>INFO | Harvest Restaurant</title>
11   </head>
12   <body class="subPage">
13     <header>
14       <h1><span>info</span></h1>
15     </header>
16     <main>
17       <section>
18         <h2> 悄悄隱藏在深山中的 <br class="onlySP"> 秘境餐廳 </h2>
19         <p class="lead">
20           雖然距離車站有點遠，<br>
21           不妨偶爾繞過來看看！
22         </p>
23         <section>
24           <h3>Access</h3>
25           <p class="map">
26             【在這裡插入 Google 地圖】<br>
27             Capybaland Mt.Sunny 1-2-3 in Capyzou farm <br>
28             「「陽光山站」開車 10 分鐘 <br>
29             [OPEN]10:00-22:00  [CLOSE]Monday
30           </p>
31         </section>
32         <section>
33           <h3>Garelly</h3>
34           <ul class="photoGarelly">
35             <li class="item01"><img src="images/info_g01.jpg" alt=""></li>
36             <li class="item02"><img src="images/info_g02.jpg" alt=""></li>
37             <li class="item03"><img src="images/info_g03.jpg" alt=""></li>
38             <li class="item04"><img src="images/info_g04.jpg" alt=""></li>
39             <li class="item05"><img src="images/info_g05.jpg" alt=""></li>
40             <li class="item06"><img src="images/info_g06.jpg" alt=""></li>
41             <li class="item07"><img src="images/info_g07.jpg" alt=""></li>
42           </ul>
43         </section>
44       </section>
45     </main>
46     <footer>
47       <p><img src="images/footer_logo.svg" alt=""></p>
48     </footer>
49   </body>
50 </html>
```

在編寫 CSS 之前先確認共用元件

請使用瀏覽器開啟 **info.html**，切換成手機檢視模式（⇒ P.223），和 MENU 一樣，共用元件已經套用了 CSS。

接下來要製作的部分，包括要在 HTML 的「Access」的標題下方嵌入「Google 地圖」，並且編寫該區的 CSS。此外還要使用「CSS 格線佈局」功能編排「Garelly」標題下方的照片集。

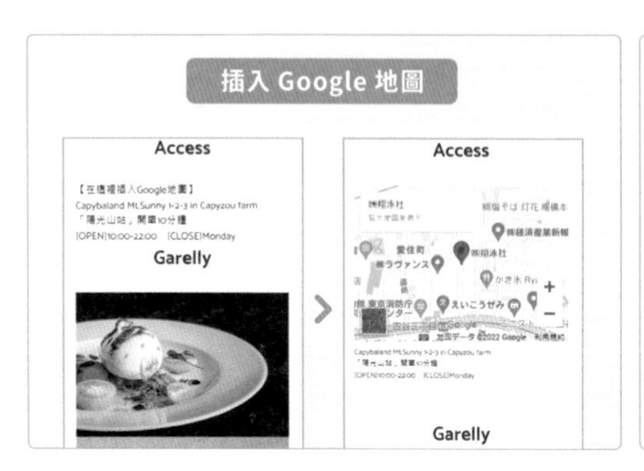

在「Access」標題下方嵌入 Google 地圖

Google Maps 是 Google 提供的地圖服務，為了向使用者傳達地理位置，通常會直接將 Google 地圖嵌入網站，讓使用者可以運用 Google Maps 的導航等服務確認地點。

STEP 1 到 Google Maps 網站取得指定地點的地圖程式碼

請連到 **Google Maps** 網站（https://www.google.com.tw/maps/），使用搜尋框尋找地點（本例是搜尋位於日本東京的「翔泳社」），找到地圖後請按「**分享**」鈕，點選「**嵌入地圖**」。

※ 由於範例網站是虛構的水豚餐廳，餐廳地址暫定為本書原作的出版社，也就是日本東京「翔泳社」的地址。

STEP 2 拷貝地圖的程式碼並嵌入網站

請按「複製 HTML」拷貝地圖的程式碼，後續要嵌入網站並且用 CSS 調整該地圖的樣式。

傳送連結	嵌入地圖	
中 ▾	<iframe src="https://www.google.com/maps/embed?pb=!1m18!1m12!1m3!1d	複製 HTML

STEP 3 貼上 HTML

載入其他網頁的標籤

<iframe> ～ </iframe>

載入 YouTube 影片或 Google 地圖等外部服務時，常使用這個標籤，在 src 屬性設定要載入的 URL。

請用 VS Code 開啟 **info.html**，刪除網頁中的【在這裡插入 Google 地圖】文字（包括
 標籤也要刪除），貼上拷貝的 HTML。

```
25  <p class="map">    ↓刪除
26    【在這裡插入 Google 地圖】 <br>
27    Capybaland Mt.Sunny 1-2-3 in Capyzou
```

```
25  <p class="map">  ↓貼上
26    <iframe src="https://www.google.co…
27    Capybaland Mt.Sunny 1-2-3 in Capyzou
```

12章/step/05/01_googlemaps_step3.html

上圖只顯示出部分程式碼，請將拷貝的程式碼全部貼上。

插入了 Google 地圖，但顯示為超出畫面的狀態。

這裡要注意！ POINT

請注意 Google Maps 的使用規範

上述的方法可以免費嵌入 Google Maps 的地圖。不過，假如你必須使用到更強大的地圖功能，例如要使用 API 的座標資料時，可以考慮選擇 Google Maps 的付費方案。

嵌入外部網站的服務時，內容可能會隨時變更，請務必先確認使用規範。

使用CSS調整 Google 地圖的外觀

Google 地圖的大小要用 CSS 調整，因此請回到 **style.css** 繼續編輯。參考設計圖為 **12 章 / 設計 /sp_info.png**。請使用瀏覽器一邊確認 **info.html**，一邊練習操作。

STEP 1 調整地圖大小

地圖的程式碼都寫在 <iframe> 中，因此請**設定 iframe 的 width 與 height**，讓地圖大小符合網頁寬高。同時也調整下方留白。

```
127  .map iframe {
128    width: 100%;
129    height: 240px;
130    margin-bottom: 8px;
131  }
```

12章/step/05/css/02_mapsize_step1.css

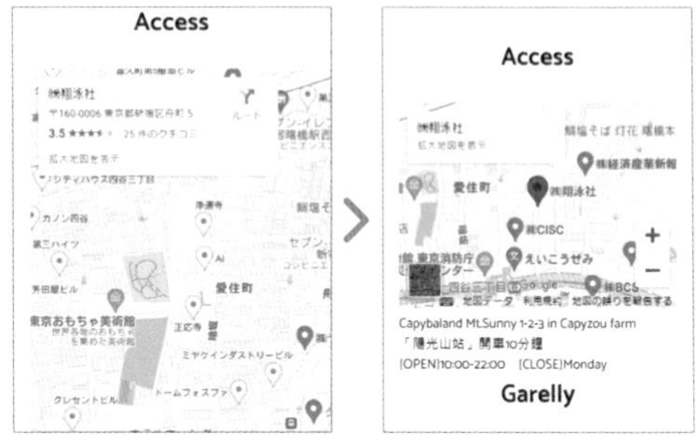

設定後，變更了 Google 地圖的大小。

STEP 2 調整文字大小

請參考完成的設計圖，將地圖下方的地址等說明文字縮小，並調整文字下方的留白。

```
132  .map {
133    font-size: 12px;
134    margin-bottom: 60px;
135  }
```

12章/step/05/css/02_mapsize_step2.css

將文字縮小並調整下方留白間距。

哇！沒想到我的餐廳網站也可以顯示 Google 地圖耶！

使用 CSS 格線佈局建立照片集（相簿）

最後要來製作 INFO 網頁下方的美食照片集，這種相簿可以用 **CSS 格線佈局**來編排。以下先說明 CSS 格線佈局的概念和用法。

什麼是 CSS 格線佈局（CSS Grid Layout）

在平面設計或排版的領域常提到「網格系統」，**CSS 格線佈局（CSS Grid Layout）**也是類似的觀念。此排版方式會將版面劃分成類似表格的眾多格線，格子大小可以自由決定。在格線佈局的範圍內，可隨意安排元素，只要對齊格線，看起來就會十分整齊。

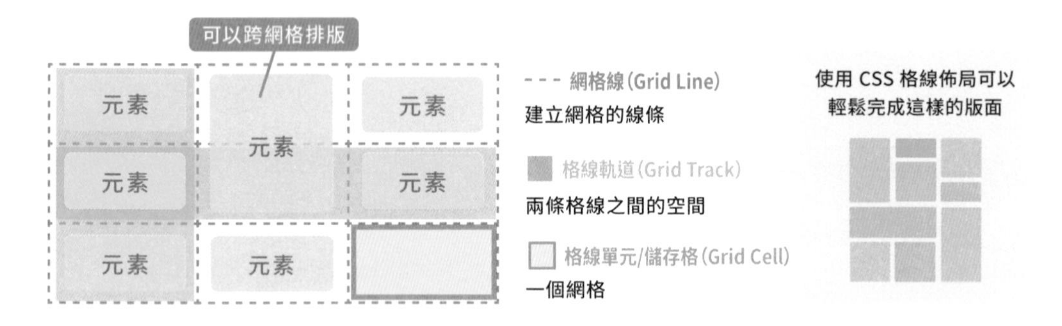

使用 CSS 格線佈局與 Flexbox 的比較

Flexbox 適合在橫列或直欄的單一方向排列元素，而 **CSS 格線佈局則可以雙向排版**，意思是可以往橫列與直欄兩個方向排版。此外，CSS 格線佈局排版不會受到 HTML 的順序影響，所以優點是**不會破壞 HTML 的結構**。

Flexbox 也可以寫成雙向排版，但是必須用到很多 <div> 標籤。

套用CSS 格線佈局的方法

前面的說明看起來很複雜，但其實只要三個步驟就能輕鬆完成 CSS 格線佈局排版。

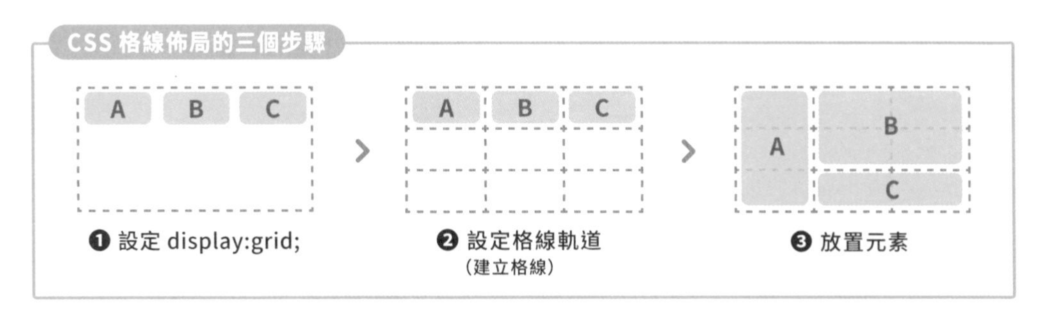

這裡呼叫套用了 **display:grid;** 的元素，如右圖所示。

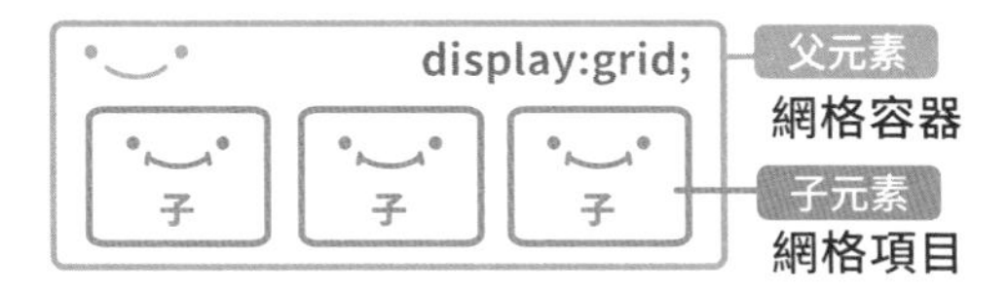

設定格線佈局、畫格線、放置元素，這樣就可以了嗎？
只要三個步驟，好像不難耶？感覺好像在玩拼圖喔！

練習設定 CSS 格線佈局

以下就請你一邊製作範例網站中的照片集，一邊練習 CSS 格線佈局的設定方法。

STEP 1 在父元素設定「display : grid;」

從 HTML 的結構可知，本例的照片都是置放在 <li> 元素中，為了把 <li> 變成儲存格，要針對其父元素 <ul class="photoGarelly"> 設定 **display:grid;**。

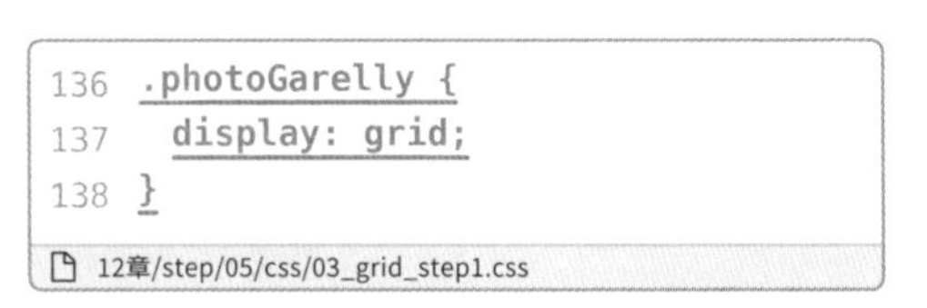

```
136 .photoGarelly {
137   display: grid;
138 }
```

12章/step/05/css/03_grid_step1.css

剛設定時，外觀還看不出變化。

STEP 2 設定格線軌道

設定格線軌道的屬性

grid-template-rows: ～ ;	設定列的格線軌道，決定垂直分割的數量。 在值輸入含有單位的數值（成為儲存格的高度）。
grid-template-columns: ～ ;	設定欄的格線軌道，決定水平分割的數量。 在值輸入含有單位的數值（成為儲存格的寬度）。

接著用 **grid-template-rows 屬性**設定列（row）的格線軌道，用 **grid-template-columns 屬性**設定欄（column）的格線軌道。整個版面將會依照輸入的值增加列數或欄數。

```
136 .photoGarelly {
137   display: grid;
138   grid-template-rows: 40vw 30vw 30vw 40vw 40vw;
139   grid-template-columns: 50% 50%;
140 }
```

12章/step/05/css/03_grid_step2.css

依照完成設計的照片配置設定網格軌道

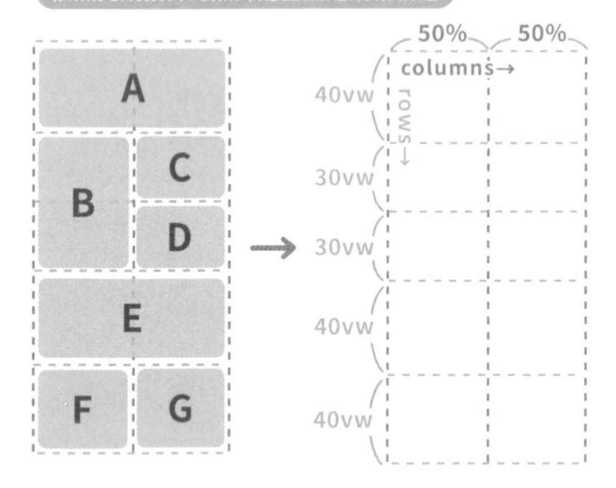

在開發人員工具中，把游標停在 ul 元素上，
可以瞭解已經設定了格線

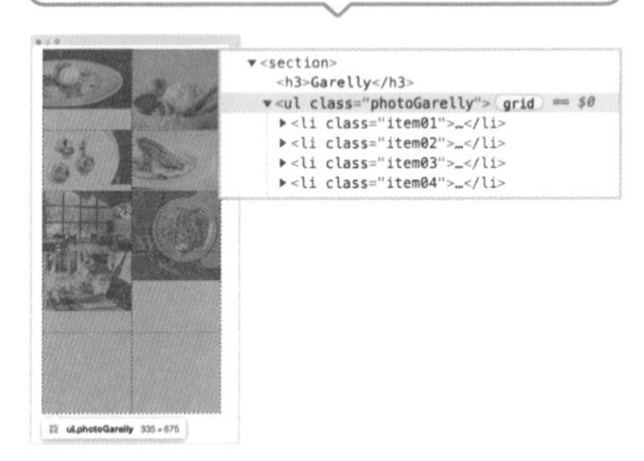

本例設定 **grid-template-rows** 的值時，單位都是 **vw**（視區寬度的基準單位），這是因為要依照裝置的寬度，按比例決定儲存格的高度。這樣就可以維持照片的長寬比。

建立格線時，不妨想成「畫線」，這樣可能會比「建立空間」更容易理解。

STEP 3

在格線佈局中放置元素

配置網格項目的屬性

grid-row(column)-start: ～;

grid-row(column)-end: ～;

可以設定置入網格項目的場所。
start 是開始位置，end 是結束位置。
在值輸入格線編號。

畫好格線佈局後，就開始置入照片。第一張照片要放在 STEP 2 設定的 A 區。第一張照片加上了 item01 的 class 屬性，所以設定樣式時的選擇器就是 **.item01**。

在 A 區放入第一張照片

```
141  .item01 {
142    grid-row-start: 1;
143    grid-row-end: 2;
144    grid-column-start: 1;
145    grid-column-end: 3;
146  }
```

row 與 column 的後面不加「s」

12章/step/05/css/03_grid_step3.css

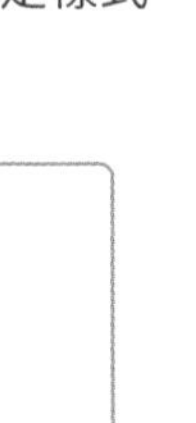

欸？開始的位置是 1，結束位置是 2，奇怪？哪邊是垂直方向？

這裡要徹底瞭解 LEARNING

格線佈局中所有項目的配置方法

設定格線軌道時，每條格線都會依序加上編號，如右圖所示。此編號可以利用 **gridrow(column)-start** 與 **grid-row(column)-end** 來設定、配置元素。

當我們將第一張照片置入 A 區時，希望**列（row）**的部分要包含格線 1 到格線 2 之間，所以 start 是 1，end 是 2。

欄（column）的部分則想要包含格線 1 到 3 的兩個儲存格，所以 start 是 1，end 是 3。

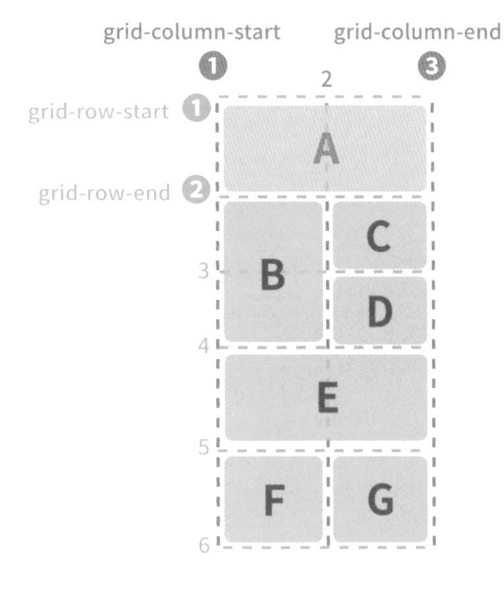

Part 5

12

STEP 4 以簡寫安排網格項目

配置網格項目時，也可以使用簡寫。從第二張照片開始，就示範用簡寫編排網格項目。比照上個步驟一樣，要設定從幾號開始到幾號結束。

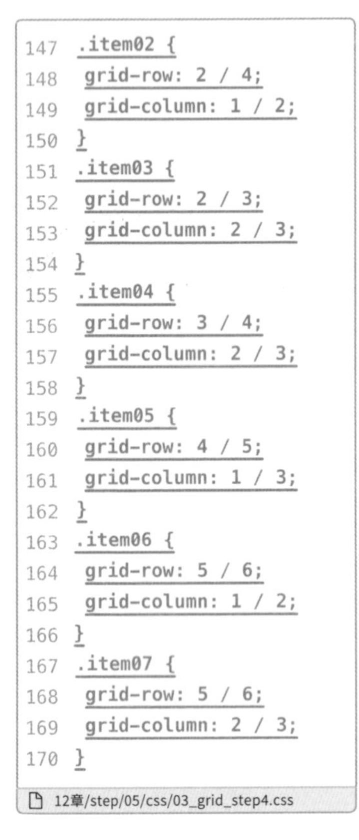

```css
147 .item02 {
148   grid-row: 2 / 4;
149   grid-column: 1 / 2;
150 }
151 .item03 {
152   grid-row: 2 / 3;
153   grid-column: 2 / 3;
154 }
155 .item04 {
156   grid-row: 3 / 4;
157   grid-column: 2 / 3;
158 }
159 .item05 {
160   grid-row: 4 / 5;
161   grid-column: 1 / 3;
162 }
163 .item06 {
164   grid-row: 5 / 6;
165   grid-column: 1 / 2;
166 }
167 .item07 {
168   grid-row: 5 / 6;
169   grid-column: 2 / 3;
170 }
```

12章/step/05/css/03_grid_step4.css

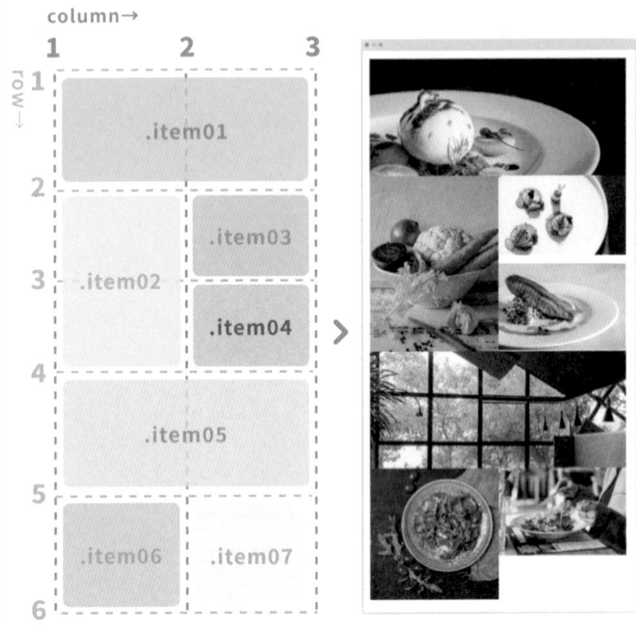

這個版面如果要用 Flexbox 排版，結構會非常複雜，必須在 HTML 中遇到版面衝突的地方新增更多 <div> 標籤來調整。簡言之，想用 Flexbox 排出此照片集，得將 HTML 改寫成複雜的結構，改用 CSS 格線佈局的話，不用調整 HTML 的結構就能完成了。

原來如此～！不用增加 HTML 就能做出來，真的很方便呢！

STEP 5 設定格線佈局中的照片大小

目前的格線結構中，儲存格與照片的長寬比不一致，導致有些儲存格的照片寬度不夠，所以請**將照片的寬度與高度設定為 100%**。

如果只設定高度，照片的長寬比會以高度為基準，因此必須同時設定寬度與高度。

```
171 .photoGarelly li img {
172  width: 100%;
173  height: 100%;
174 }
```

12章/step/05/css/03_grid_step5.css

設定後，照片都變形了。

▶ 只設定高度時會變成這樣

STEP 6 調整變形的照片

前面已經學過如何修改變形的照片，請設定**object-fit:cover;**，即可將因改變長寬比而變形的照片恢復正常。

```
171 .photoGarelly li img {
172  width: 100%;
173  height: 100%;
174  object-fit: cover;
175 }
```

12章/step/05/css/03_grid_step6.css

解決了變形問題，讓照片正常顯示。

到這邊智慧型手機版的程式碼編寫工作就全部完成了！大家辛苦了！

PART 5

13 章

編寫餐廳網站的 CSS（電腦版）

本章要替前面完成的手機版網站編寫電腦版的程式碼
在練習的過程中，可以比較看看先製作電腦版網站與先製作手機版網站的差異

其實不論是先做電腦版，還是先做手機版，步驟都大同小異。

我適合從哪種開始製作呢……。

編寫 TOP 網頁的程式碼（電腦版）

檢視作業檔案

請使用 VS Code 開啟 **13 章 / 作業 /css/style.css**，此檔案已經套用上一章完成的操作狀態。
接著請使用瀏覽器開啟 **13 章 / 作業 /index.html**，確認是否已經套用了 CSS。
同時也一併開啟範例網站設計圖 **13 章 / 設計 / pc_top.png** 來對照練習。

到底要先做電腦版網站？還是要先做手機版網站？

Part 4 是先做電腦版的網站，之後再製作智慧型手機的版本，但是 Part 5 卻是先做手機版網站。到底哪一種順序比較適合？

其實這兩種順序並沒有高下之分。不過隨著智慧型手機使用者年年增加，愈來愈多使用者習慣以手機上網，表示將會有更多機會適合優先編寫手機版的 CSS。

另一方面，手機版網站需要寫的程式碼也比較少，因為電腦螢幕與手機螢幕的畫面尺寸不同。電腦版畫面較寬，通常會用 Flexbox 排成橫式版面；之後要寫手機版的 CSS 時，由於手機畫面較窄，就需要先取消 Flexbox，這會導致要寫更多程式碼。

上面只是舉出幾個例子，並不代表「必須先寫手機版網站的 CSS」，製作時還是請你依照網站的特性及專案規劃來做選擇。

比較手機版網站與電腦版的網頁設計

編寫電腦版網站的媒體查詢

Part 5 的電腦版網站，要在 920px 設定一個斷點（可參考 P.196 複習媒體查詢）。

STEP 1 編寫媒體查詢的 CSS

Part 4 將電腦版改寫成手機版時，媒體查詢是用「**max-width**（當畫面寬度小於●● px 時套用）」。Part 5 則是相反，將手機版改成電腦版時，CSS 媒體查詢要用「**min-width**（當畫面寬度大於●● px 套用）」。

```
176  @media screen and (min-width: 920px) {
177                              畫面寬度超過 920px 以上套用
178  }
```

13章/step/01/css/01_mediaqueries_step1.css

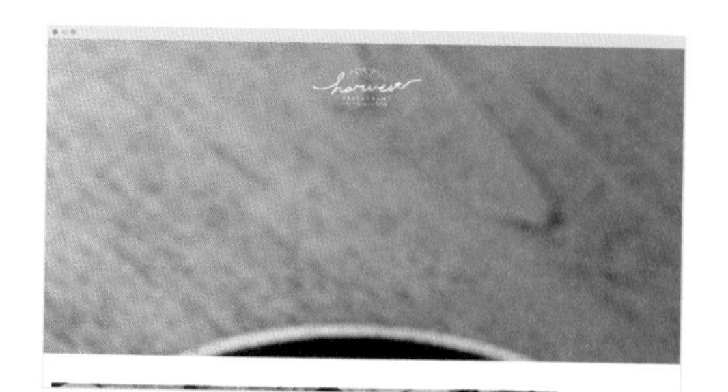

這是用瀏覽器開啟並檢視目前網頁的狀態。由於尚未撰寫電腦版的 CSS 描述，所以會呈現這種狀態。

Part 5

13

將手機版網頁改為電腦版的兩欄式排版

STEP 1 使用彈性盒子（Flexbox）將版面變成兩欄式

電腦版寬度較大，因此要讓 header 元素與 main 元素水平排列，改造成兩欄式版面。請在兩個父元素 <body> 標籤中，把 class 名稱 **.topPage** 設定為 **display : flex;**，並以 **flex-basis** 屬性設定左右欄的寬度比例。

```
177   .topPage {
178     display: flex;
179   }
180   .topPage header {
181     flex-basis: 38%;
182   }
183   .topPage main {
184     flex-basis: 62%;
185   }
186 }
```

13章/step/01/css/02_flex_step1.css

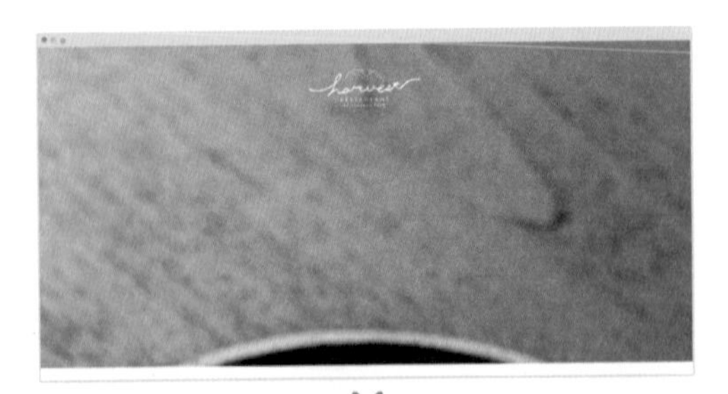

將 header 元素與 main 元素水平排列，並指定寬度比例。

這裡要使用「%」來設定 flex-basis 的值（而不是固定像素），會比較有彈性。即使使用者任意改變瀏覽器的寬度，左右欄仍會保持同樣的寬度比例。

調整連結到各網頁的圖片選單

STEP 1 將圖片選單水平排列

網站原本有垂直排列的選單（li 元素），要改成水平排列。請在父元素 <ul> 標籤中將 class 名稱 **.linkList** 設定為 **display : flex;**。

```
186   .linkList {
187     display: flex;
188   }
189 }
```

13章/step/01/css/03_linklist_step1.css

手機版網站的 main 元素中原本有垂直排列的圖片選單，為了適應電腦版的寬螢幕畫面，將選單變成水平排列。

STEP 2 將圖片選單變成兩欄

修改後變成三張圖片擠在一起，因此把彈性項目設定換行的 **flex-wrap** 改成 **wrap**，可讓圖片選單由三欄變成兩欄。接著再利用 **flex-basis** 將各 **li 元素**的寬度設定為 47%，「INFORMATION」連結會因為超過 100% 範圍而跑到下一列，讓選單變成兩欄。

```
186  .linkList {
187    display: flex;
188    flex-wrap: wrap;
189  }
190  .linkList li {
191    flex-basis: 47%;
192  }
193 }
```

13章/step/01/css/03_linklist_step2.css

設定後，各項目的寬度都變成 47%，「INFORMATION」會因為超出範圍而自動跑到下一列，讓連結選單變成兩欄。

STEP 3 在電腦版網站上顯示 LOGO 影像

請參考完成的設計圖，圖片選單的排列方式是兩欄，同時「左上方置入餐廳 LOGO」。目前 HTML 中並未置入選單左上方的 LOGO 圖片，接著就要使用 **ul 元素的虛擬元素**來顯示它。前面已經學過虛擬元素（⇒ P.174），可以用 **content 屬性**設定圖片，但是會無法更改圖片大小。若想調整尺寸，請設定成 **content："";** 讓內容變成空的值，再用 **background-image** 設定圖片大小。這裡的寬度要和前面的 li 元素一樣，都設定為 47%。

```
193  .linkList::before {
194   content: "";
195   width: 47%;
196   background: url(../images/top_pclogo.svg) no-repeat center center/72%;
197  }
198 }
```

13章/step/01/css/03_linklist_step3.css

右邊的 LOGO 圖片只有切換成電腦版網站時才會顯示。

STEP 4 調整圖片選單的對齊方式和留白間距

接著要設定 **max-width** 與 **margin**，可以讓圖片選單顯示在右欄的中央，並且要設定 **justify-content : space-around;**，讓畫面均分配置。目前圖片下方的留白間距太大，所以再將 **margin-bottom** 設定為 20px。

設定後，ul 元素會在寬度為 800px 的右欄中置中對齊，並且每個 li 項目都均分配置。

```
186  .linkList {
187    display: flex;
188    flex-wrap: wrap;
189    max-width: 800px;
190    margin: 0 auto;
191    justify-content: space-around;
192  }
193  .linkList li {
194    flex-basis: 47%;
195    margin-bottom: 20px;
196  }
197  .linkList::before {
```

13章/step/01/css/03_linklist_step4.css

可以跳過 RANK UP 要用 width 還是 max-width 來設定寬度？

max-width 是用來設定「**最大寬度**」的屬性。如果設定 max-width，不論瀏覽器的寬度有多寬，元素寬度都不會大於此設定值；如果將瀏覽器縮小時，則會以符合瀏覽器的寬度縮小。因此，如果你的需求是**「放大瀏覽器時，不希望元素大於指定寬度」且「縮小瀏覽器時，希望能符合瀏覽器的寬度」**，這時就適合用 max-width。

另一方面，如果是用 px 來設定 width 的值時，元素的寬度就會固定，不論瀏覽器放大或縮小，元素的寬度都不會改變。

如果你把第 189 行的 max-width 改成 width，並試著縮放瀏覽器的寬度，應該就可以瞭解兩者的差異。

STEP 5 讓圖片選單上下左右置中對齊

接著要將圖片選單改成上下左右置中對齊。最方便的方式是用 Flexbox 的屬性來設定。本例要讓 ul 元素上下左右都置中，所以在父元素 **main 元素**設定 **display:flex;**。

不過，如果用 main 當作選擇器，會影響到下層網頁，所以將選擇器改成「**.topPage main**」，可以只套用在首頁的 main 元素。

請把設定彈性項目垂直方向配置的 **align-items** 設定為 **center**，圖片選單就變成上下左右置中對齊了。

```
202  .topPage main {
203    display: flex;
204    align-items: center;
205  }
206 }
```

13章/step/01/css/03_linklist_step5.css

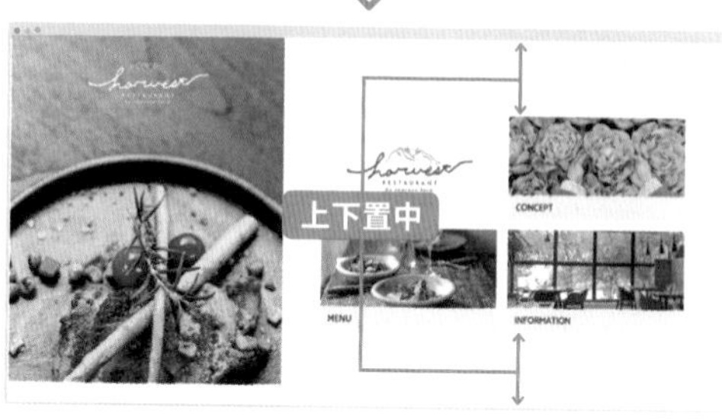

右欄的圖片選單（ul 元素）原本是靠上對齊，修改之後，就變成上下左右置中對齊。

配合電腦版網站修改頁首區域的高度

STEP 1 讓主視覺的高度顯示為全螢幕

手機版的頁首區域高度（height）是設定成 90vh，而且下方有留白 64px（⇒ P.226）。切換到電腦版時，首先請將高度調整成 **100vh**，讓主視覺占滿整個畫面的高度。

接著再來處理主視覺下方的留白，在此要將 **margin-bottom** 改成 0px。

```
206  .topPage header {
207    height: 100vh;
208    margin-bottom: 0;
209  }
210 }
```

13章/step/01/css/04_header_step1.css

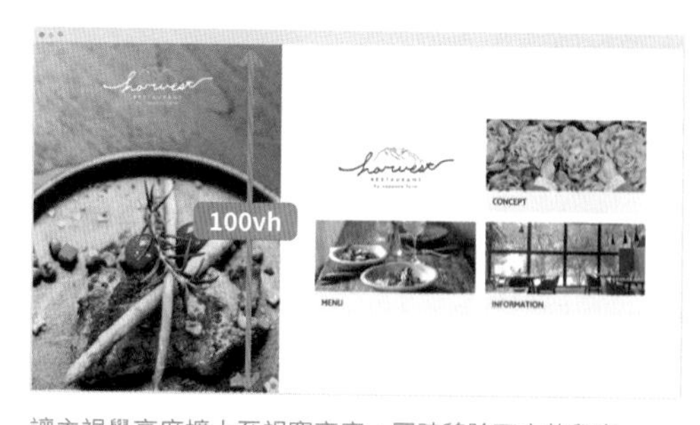

讓主視覺高度擴大至視窗高度，同時移除下方的留白。

到這邊，電腦版的 TOP 網頁就全部完成了！

Part 5

13

編寫 CONCEPT 網頁的程式碼(電腦版)

比較手機版與電腦版的網頁設計

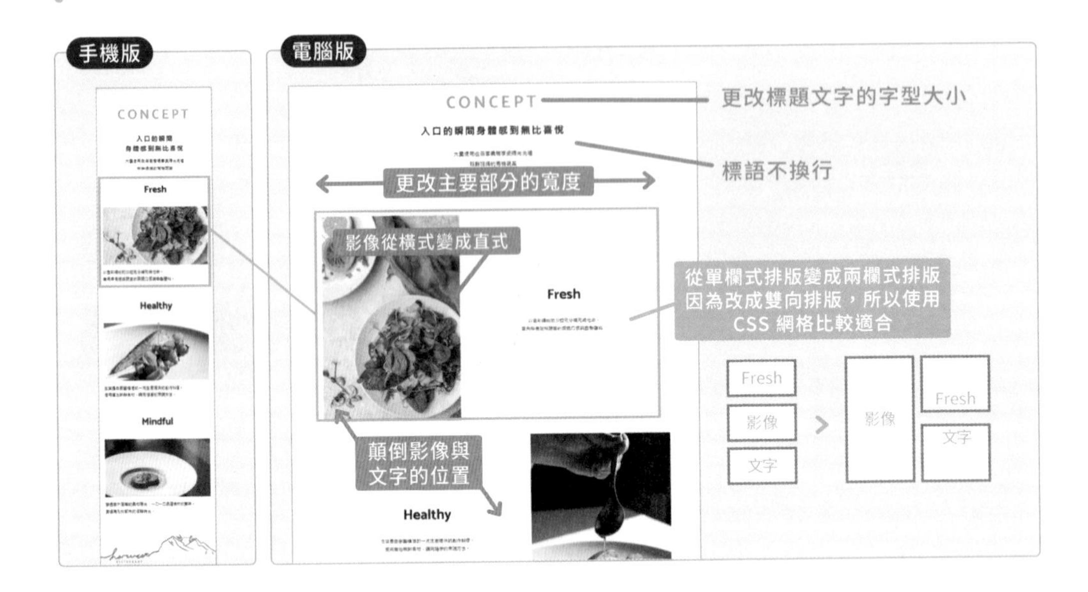

配合電腦版的寬度調整 main 區塊樣式

以下要接續 P.261 的內容，繼續編輯**同一個 style.css**。請參考範例網站設計圖 **pc_concept.png**，並使用瀏覽器開啟 **concept.html**，一邊確認結果一邊練習操作。

STEP 1 修改電腦版的 main 區塊寬度

請參考完成設計圖，將網頁的最大寬度設定為 **max-width:1280px**，可讓寬度延伸至整個畫面。同時請設定 **margin:0 auto;**，讓內容置中對齊。

```
210  .subPage main {
211    max-width: 1280px;
212    margin: 0 auto;
213  }
214 }
```

13章/step/02/css/01_main_step1.css

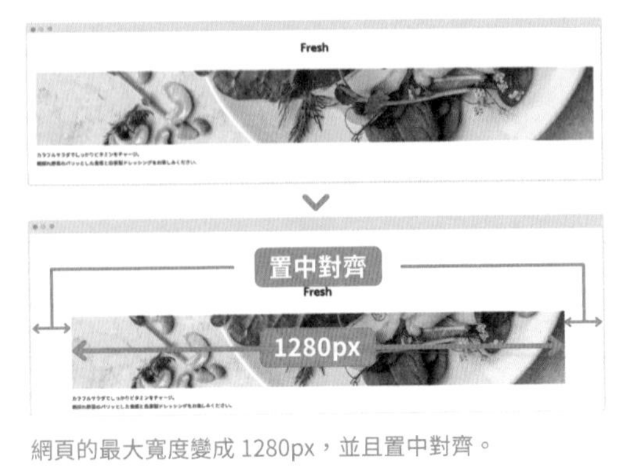

網頁的最大寬度變成 1280px，並且置中對齊。

把網頁上方的共用元件改成電腦版

STEP 1 改變頁首的標題文字大小

雖然很難一眼就看出來，設計圖中的電腦版網頁其實有將標題文字放大。請利用 **font-size** 更改頁首區域中 **h1** 的文字大小。

```
214  .subPage header h1 {
215    font-size: 60px;
216  }
217 }
```

13章/step/02/css/02_subpageheader_step1.css

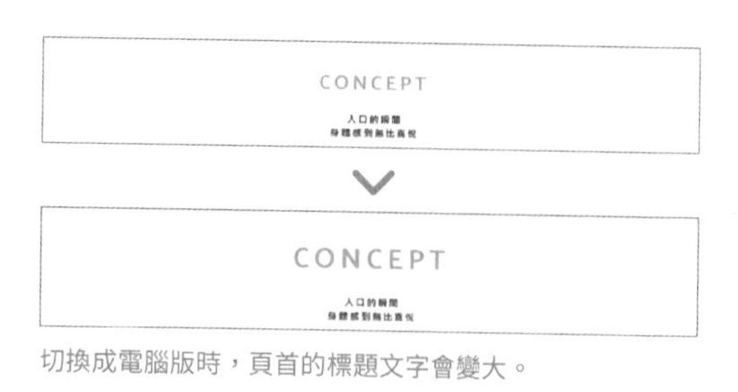

切換成電腦版時，頁首的標題文字會變大。

變更電腦版的標語樣式

STEP 1 讓標語在手機版換行、電腦版不換行的設定方法

手機版首頁寬度不夠，因此將標語排成兩行，在「入口的瞬間」後面換行。電腦版因為版面夠寬，本例想排成一行，但如果改寫 HTML（移除換行的
 標籤），會導致手機版的換行也失效。因此要利用**媒體查詢**來設定，**在電腦版上用 CSS 隱藏
 標籤**。

本例已在
 標籤上添加了 class 名稱「**onlySP**」，所以在寫電腦版的媒體查詢時，只要把該 class 的 **display** 屬性值改成 **none**，切換成電腦版時就會隱藏
（因此不會換行）。

```
217  .onlySP {   SP 是大寫
218    display: none;
219  }
220 }
```

13章/step/02/css/03_subpageheading_step1.css

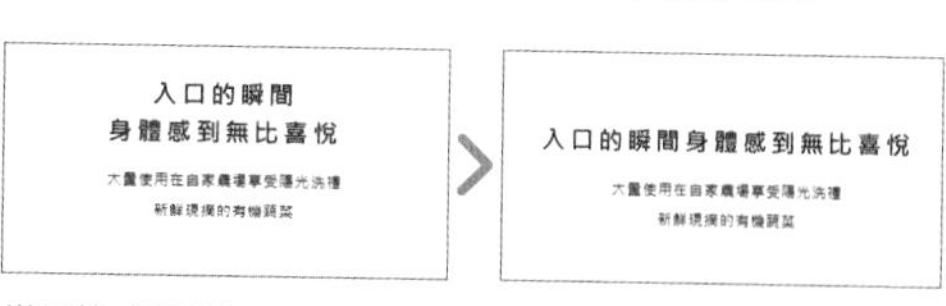

當切換成電腦版時，會隱藏「入口的瞬間」後面的
，因此就不會換行，讓標語變成一行。

為了在
 標籤套用 CSS，範例中已經替 HTML 的
 標籤加上 class，如下所示。

```
<section>
  <h2> 入口的瞬間 <br class="onlySP"> 身體感到無比喜悅 </h2>
  <p class="lead">
    大量使用在自家農場享受陽光洗禮 <br>
```

在
 加上了 class

Part 5

13

善用「媒體查詢」功能讓元素顯示或隱藏

只要妥善組合**媒體查詢**與 **display 屬性**，就能控制某個元素是否要在裝置上顯示。

```
/* 手機版 */
.onlyPC {display: none;}

/* 電腦版（畫面寬度 920px 以上使用的 CSS）*/
@media screen and (min-width: 920px) {
  .onlyPC {display: block;}
  .onlySP {display: none;}
}
```

加上這個 class 之後，不會顯示在手機版（只在電腦版顯示）

加上這個 class 之後，不會顯示在電腦版

在元素加上 class="onlyPC" 之後，要等寬度超過 920px 才會顯示對吧！

沒錯！這裡的 class 名稱可以隨意命名，只要取個容易瞭解的名稱即可，如 .show-PC、.no-sp、.hide-pc 等。

STEP 2 調整下層網頁共用元件的標題樣式

接著繼續參考完成的設計圖，設定電腦版上的 h2、h3 等每組標題文字的大小與留白。

```
220  .subPage h2 {
221    font-size: 34px;
222    margin-bottom: 36px;
223  }
224  .subPage .lead {
225    font-size: 18px;
226    margin-bottom: 160px;
227  }
228  .subPage h3 {
229    font-size: 50px;
230    margin-bottom: 40px;
231  }
232 }
```

13章/step/02/css/03_subpageheading_step2.css

下層網頁共用元件的標題與引言設計都變成電腦版。

運用格線佈局調整電腦版的版面

前面已經學過 CSS 格線佈局（⇒ P.250），下面就要活用格線佈局來調整版面。

STEP 1 建立 CSS 格線佈局

在 **.conceptDetailSec** 設定 **display:grid;**，建立網格容器。設定兩列（都是 360px）與兩欄（分別為 40% 與 60%）的**格線軌道**。

```
232   .conceptDetailSec {
233     display: grid;
234     grid-template-rows: 360px 360px;
235     grid-template-columns: 40% 60%;
236   }
237 }
```

13章/step/02/css/04_concept_step1.css

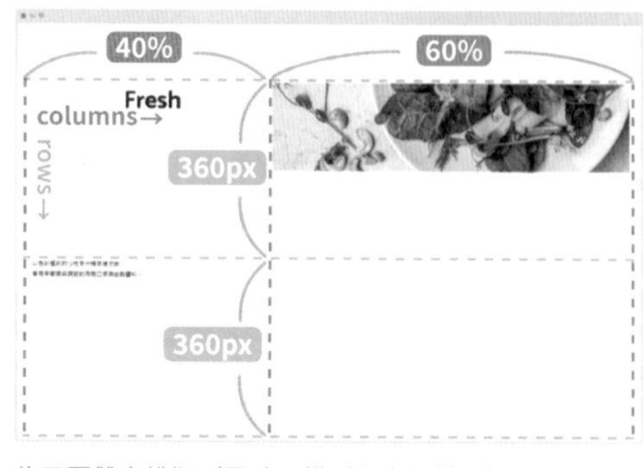

為了要雙向排版（同時用橫列和直欄排版），而採用 CSS 格線佈局，首先建立出格線軌道。

STEP 2 在格線佈局中置入元素

我們想將標題（h3）放在 B 區，所以將 **row** 設定 1 到 2，**column** 設定 2 到 3。接著想讓照片（.photo）覆蓋 A 與 C 區，所以 **row** 從 1 到 3，**column** 從 1 到 2。想把文字（.text）放在 D 區，所以 **row** 設定 2 到 3，**column** 也設定 2 到 3。

```
237   .conceptDetailSec h3 {
238     grid-row: 1 / 2;
239     grid-column: 2 / 3;
240   }
241   .conceptDetailSec .photo {
242     grid-row: 1 / 3;
243     grid-column: 1 / 2;
244   }
245   .conceptDetailSec .text {
246     grid-row: 2 / 3;
247     grid-column: 2 / 3;
248   }
249 }
```

13章/step/02/css/04_concept_step2.css

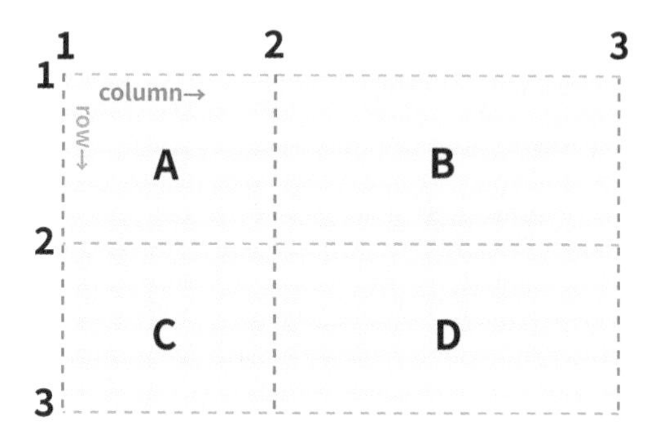

在特定區域（儲存格）中配置元素。由於照片本身已經有設定高度（180px），所以沒有覆蓋 A 區與 C 區。

STEP 3 調整照片的大小

之前在手機版上有利用 CSS 將照片的高度設定為 180px，因此無法覆蓋 A 與 C 區。在電腦版則要將 **height** 重新設定為 720px。

```
249  .conceptDetailSec .photo img {
250    height: 720px;
251  }
252 }
```

13章/step/02/css/04_concept_step3.css

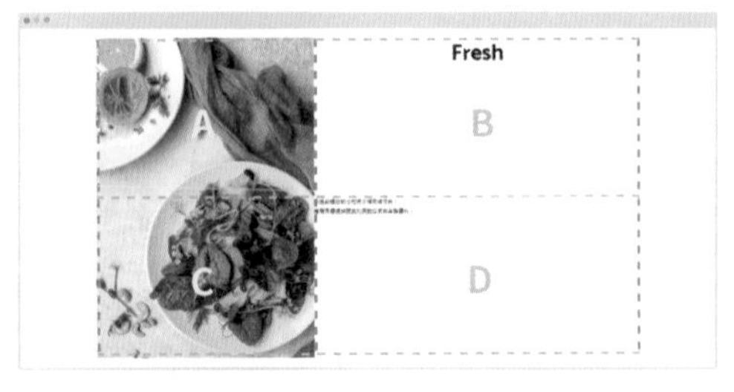

將照片高度重設為 720px，即可覆蓋 A 區與 C 區。

STEP 4 調整 h3 標題的配置

設定項目本身垂直位置的屬性

align-self: ～ ;

在值輸入代表位置的關鍵字，如 start、end 等。
可以直接在子元素內設定。

接著置入 h3 標題，設定 **align-self:end;**，可將 h3 放在比照完成設計圖的位置。這個屬性是在 P.115 學過的 Flexbox 相關屬性，這裡也可以使用格線項目來製作。

```
252  .conceptDetailSec h3 {
253    align-self: end;
254  }
255 }
```

13章/step/02/css/04_concept_step4.css

將 h3 標題放在 B 區的最下方。

STEP 5 調整內文的外觀

接著再調整文字外觀，設定 **text-align** 將 text（.text）置中對齊，文字大小改成 16px。

```
255  .conceptDetailSec .text {
256    text-align: center;
257    font-size: 16px;
258  }
259 }
```

13章/step/02/css/04_concept_step5.css

設定後讓內文置中對齊並放大。這樣就完成此頁的排版了。

STEP 6 讓電腦版的內容與手機版左右相反

在完成的網頁設計圖中，「healthy」區段的「照片 / 文字位置」與前後區段都不同，左右是相反的。此效果在電腦版上才會出現，以下繼續撰寫這個部分。

接下來這個「左右相反」的 CSS 屬性只會套用在「Healthy」區段，因此設定一個新的 class 屬性，命名為 **reverse**。接著在此 class 中修改 STEP 1 設定的格線軌道欄寬。

```
259   .reverse {
260     grid-template-columns: 60% 40%;
261   }
262 }
```

13章/step/02/css/04_concept_step6.css

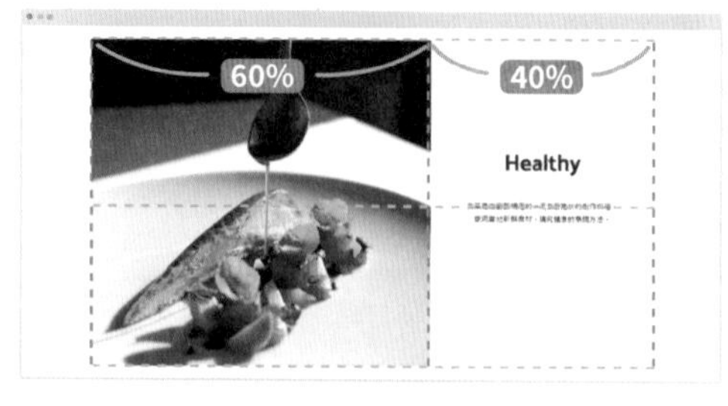

原本的格線軌道欄寬是 40%、60%，設定左右相反就變成 60%、40%。同時一併改變內容大小。

STEP 7 安排網格項目

接著請比照前面的步驟，將標題（h3）放在 A 區，並將照片（.photo）覆蓋 B 與 D 區，文字（.text）則要放在 C 區。這裡要用後代選擇器，單獨套用在含有 **.reverse** 的區段。

```
262   .reverse h3 {
263     grid-row: 1 / 2;
264     grid-column: 1 / 2;
265   }
266   .reverse .photo {
267     grid-row: 1 / 3;
268     grid-column: 2 / 3;
269   }
270   .reverse .text {
271     grid-row: 2 / 3;
272     grid-column: 1 / 2;
273   }
274 }
```

13章/step/02/css/04_concept_step7.css

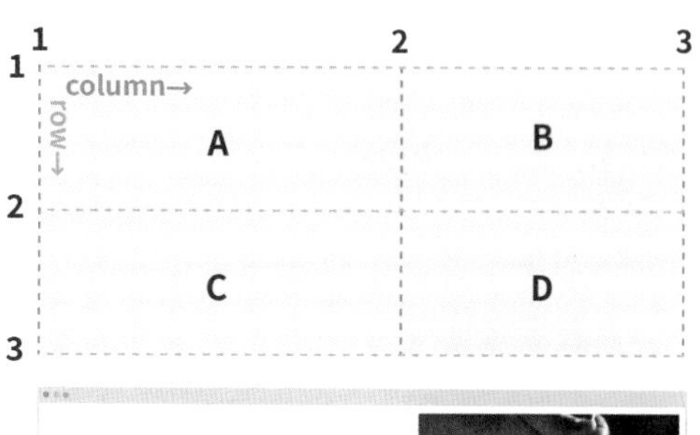

此區變成右側放照片、左側放文字，配置和前後區段相反。

到這邊就完成電腦版的「CONCEPT」網頁了！

編寫 MENU 網頁的程式碼（電腦版）

比較手機版與電腦版的網頁設計

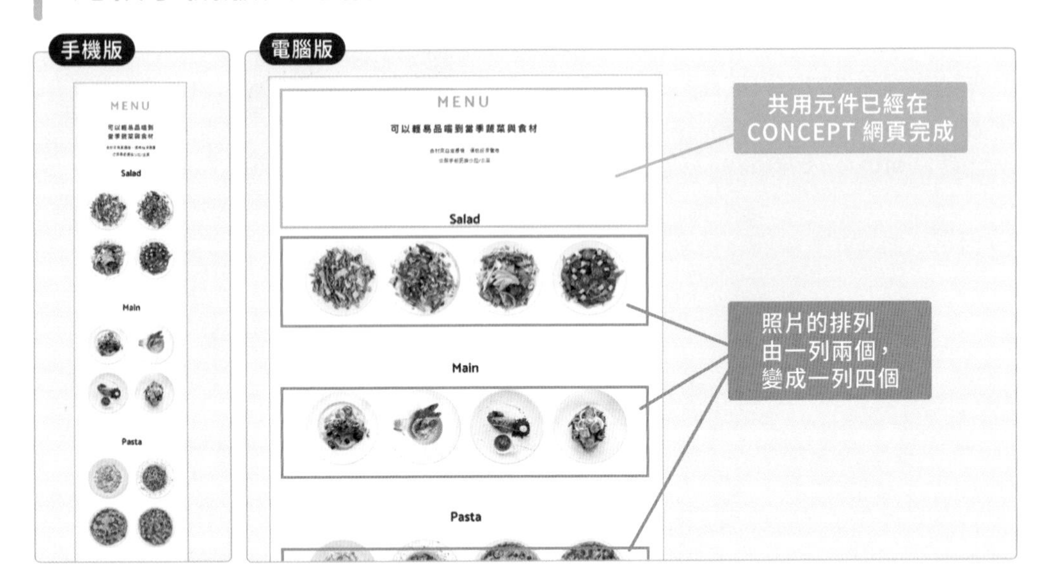

變更餐點照片的排列方式

以下要接續 P.267 的內容，繼續編輯**同一個 style.css**。請參考範例網站的設計圖 **pc_menu.png**，並使用瀏覽器開啟 **menu.html**，請一邊確認狀態，一邊練習操作。

STEP 1 將 2 張照片並排的版面改為 4 張照片並排

手機版上因為版面窄，設定每列 2 張照片；電腦版則比較寬，因此要修改並排的數量，請將 **flex-basis** 從 42% 改成 22%。此外，前面用來讓照片下方出現留白間距而設定的 **margin-bottom** 也要改成 0px。

```
274   .menuList li {
275     flex-basis: 22%;
276     margin-bottom: 0;
277   }
278 }
```

13章/step/03/css/01_menulist_step1.css

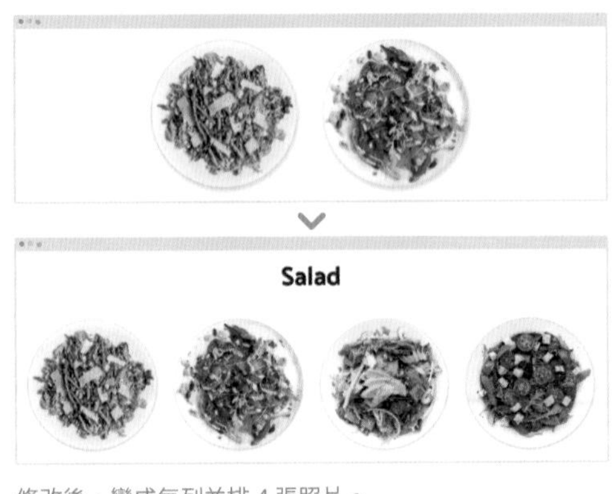

修改後，變成每列並排 4 張照片。

STEP 2 調整不同類別之間的留白間距

「MENU」網頁中的餐點照片可分成 3 類，分別是「Salad」、「Main」、「Pasta」，設定 4 張照片並排之後，由於類別的區隔不大，版面看起來很擁擠。

因此我們要擴大不同類別之間的留白間距，請在 section 元素（**.menuDetailSec**）設定 **margin-bottom：160px**。

```
278   .menuDetailSec {
279     margin-bottom: 160px;
280   }
281 }
```

13章/step/03/css/01_menulist_step2.css

前面已修改共用元件的 CSS，所以做到 MENU 網頁時，只要兩個步驟就改成電腦版了！

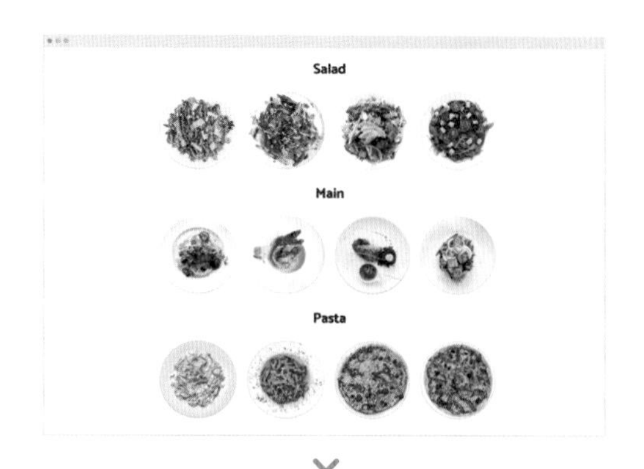

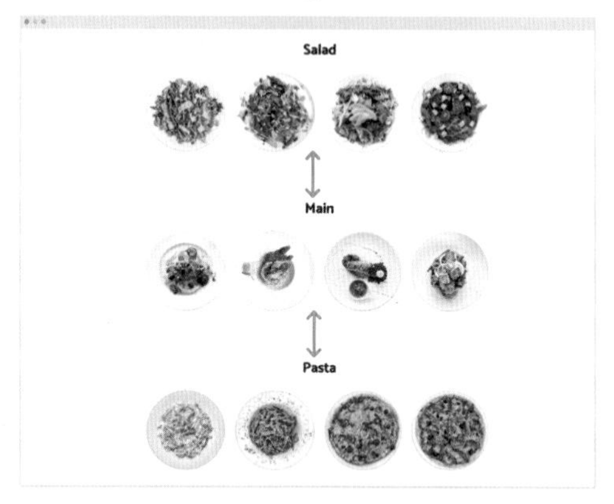

擴大留白間距後，版面不再擁擠，餐點的分類更明確。

Part 5

13

編寫 INFO 網頁的程式碼(電腦版)

編寫 CSS 之前的確認事項

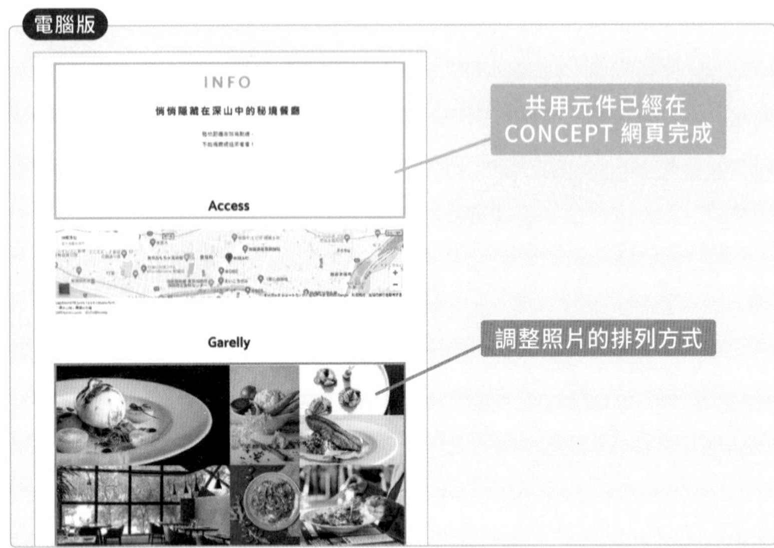

更改照片集的排列方式

以下要接續 P.269 的內容，繼續編輯**同一個 style.css**。請參考範例網站的設計圖 **pc_info.png**，並使用瀏覽器開啟 **info.html**，請一邊確認狀態，一邊練習操作。

STEP 1 更改格線軌道

電腦版寬度不同，因此要變更照片的排列方式，請依照右圖的完成狀態調整格線軌道。

```
281   .photoGarelly {
282      grid-template-rows: 175px 175px 290px;
283      grid-template-columns: 50% 20% 30%;
284   }
285 }
```

13章/step/04/css/01_photogarelly_step1.css

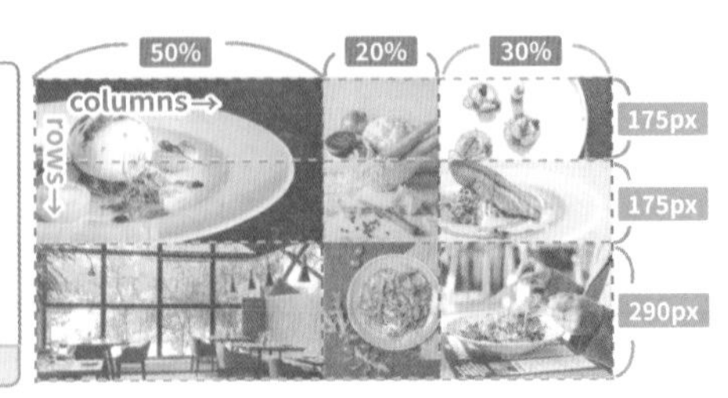

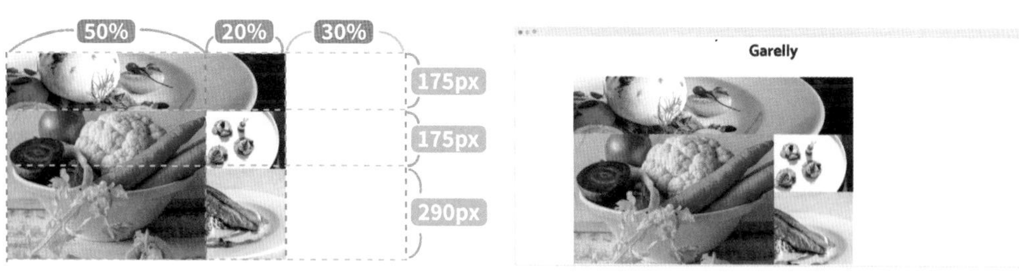

重新設定了格線軌道，如左圖所示。但是照片的排列方式仍維持手機版的狀態，如右圖所示。

STEP 2 重新排列格線佈局中的照片

接著請依照前面學過的方法，參考完成的設計，重新安排格線佈局中的照片。

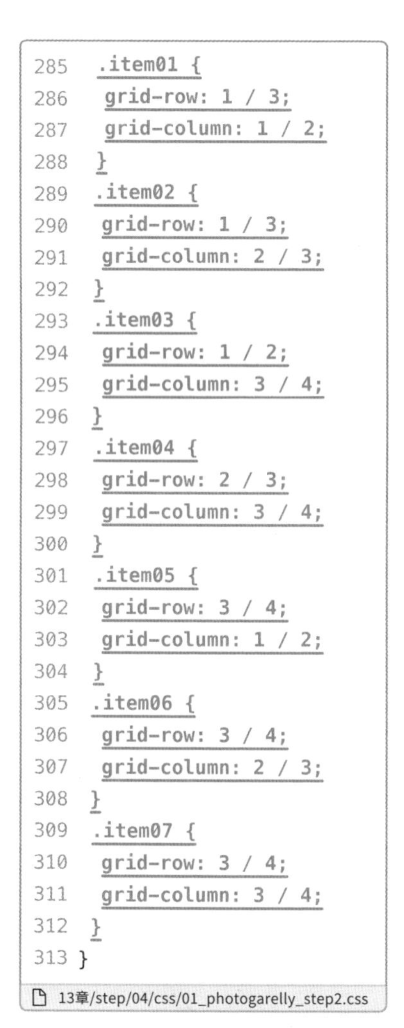

```
285  .item01 {
286    grid-row: 1 / 3;
287    grid-column: 1 / 2;
288  }
289  .item02 {
290    grid-row: 1 / 3;
291    grid-column: 2 / 3;
292  }
293  .item03 {
294    grid-row: 1 / 2;
295    grid-column: 3 / 4;
296  }
297  .item04 {
298    grid-row: 2 / 3;
299    grid-column: 3 / 4;
300  }
301  .item05 {
302    grid-row: 3 / 4;
303    grid-column: 1 / 2;
304  }
305  .item06 {
306    grid-row: 3 / 4;
307    grid-column: 2 / 3;
308  }
309  .item07 {
310    grid-row: 3 / 4;
311    grid-column: 3 / 4;
312  }
313 }
```

13章/step/04/css/01_photogarelly_step2.css

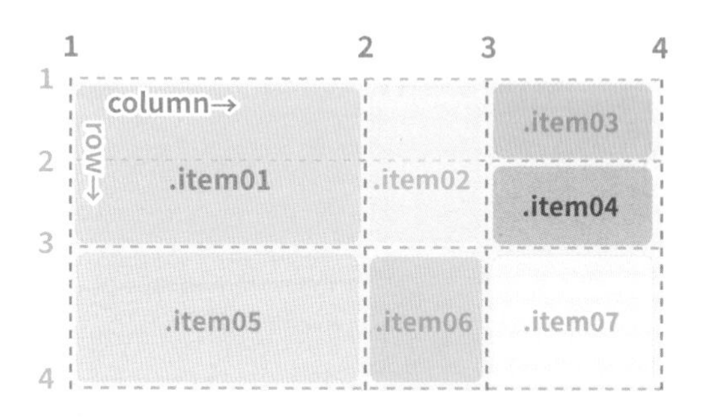

依照電腦版的完成設計圖排列照片

運用網路資源製作 CSS 漢堡選單

遇到不會寫的功能，就上網找範本吧！本章將以熱門的「漢堡選單」為例，教你善用網路資源來製作。學會善用網路資源，可以讓日後的學習更順利

遇到不會寫的功能該怎麼辦？網路上有許多大神提供的程式碼範本，只要懂得修改，就可以使用了。

原來有這麼棒的資源，趕快帶我去看看！

SECTION 1 善用網路資源來學習新功能

培養自主學習的精神

網頁設計的技術日新月異，我們很難全部都學會，但是不用擔心，隨時都可以上網找救兵。當你遇到不知道該怎麼做的功能，只要上網搜尋，就可以找到許多好用的資源，例如現成的程式碼範本。身為網頁設計者，這種自主學習、善用資訊的能力是很重要的關鍵。

本章就以「加上可以開關的漢堡選單」為例，示範上網搜尋資源和活用的方法。

即使是專業的工程師也會經常參考別人寫好的程式碼，學習更好的寫法。

檢視範例完成圖（手機版的漢堡選單）

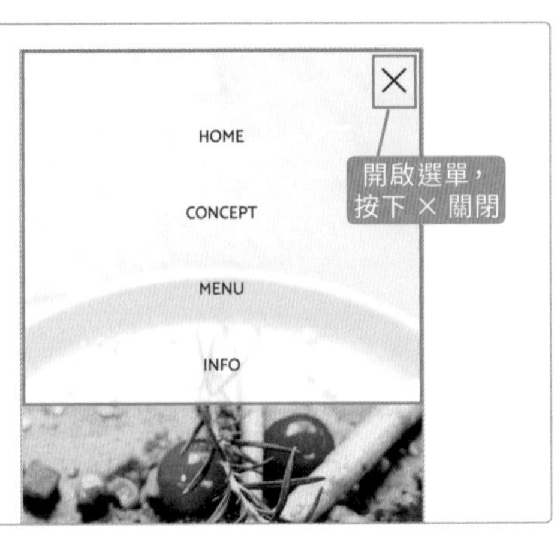

尋找參考資源的重點與步驟

STEP 1 搜尋想做的功能關鍵字

要開始搜尋之前，先確認想做的功能關鍵字。本例想做的功能稱為「漢堡選單（hamburger menu)」。但我們想要只用 CSS 就做出選單，所以關鍵字要下「只用 CSS 做漢堡選單」。

搜尋時的重點技巧

如果你一直找不到想要的內容，請調整關鍵字，重新搜尋看看。例如「只用 CSS 做響應式選單」、「手機＋漢堡選單＋ CSS」等關鍵字。重點是要知道搜尋什麼關鍵字。

CSS 指令原文都是英文，所以我也常常用英文單字來搜尋。以這個範例來說，使用「pure css menu tutorial」關鍵字搜尋，也可以找到許多參考網站喔。

※ 編註：想參考別人的程式碼寫法時，除了上網搜尋，也可以活用最新的「ChatGPT」技術來詢問對話機器人，同樣可以獲得現成的範本。以本章為例，如果詢問「CSS 漢堡選單怎麼寫」，即可得到一段現成的 CSS 程式碼。善用「ChatGPT」的好處，是可以直接用中文問問題，在獲得範本後，亦可參考以下的教學來置入網站。

STEP 2 選擇要使用的範本程式碼

為了示範「如何使用網路搜尋到的程式碼」，我們為你準備了一個範本網頁，請使用瀏覽器開啟 **14 章 /reference /index.html**，把它當作「搜尋到的網站」使用。在這個網頁中，有針對範本程式碼提供說明，對初學者來說比較容易改寫和運用。

選擇範本時，請留意以下重點。

- 設計是否接近實際的示意圖
- HTML/CSS 是否簡單
- 可以確認 DEMO(完成狀態)嗎
- 是否支援各個瀏覽器
- 資料是否太舊(以 2、3 年內為基準)

SECTION 2 在網站中嵌入範本程式碼

檢視作業檔案

請使用 VS Code 開啟 14 章 / 作業 /index.html 與 14 章 / 作業 /css/style.css。這些檔案已經套用了到上一章為止的設定。同時也請用瀏覽器開啟上一頁的參考網站 14 章 / reference /index.html 來對照操作。

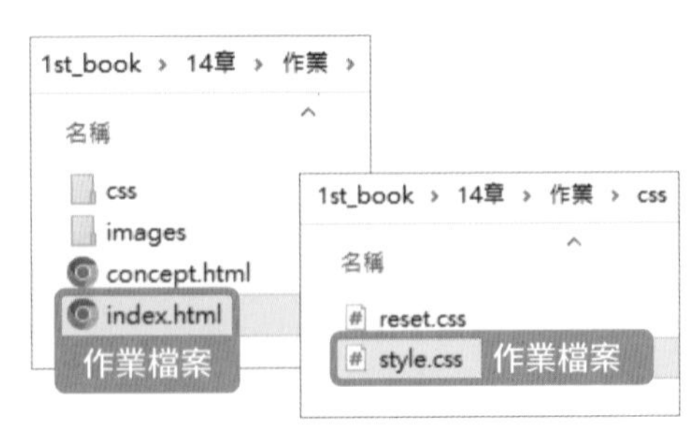

實際製作網站時，必須替所有網頁加上選單，本例僅為示範，只在範例網站的首頁 (index.html) 加上選單，並說明操作步驟。讀者可自行練習幫所有網頁加上選單。

STEP 1 從參考網站拷貝 & 貼上 HTML

請從參考用的網頁拷貝「**HTML 的描述**」，貼到範例網站 **index.html** 的 **</h1>** 標籤與 **</header>** 標籤之間。

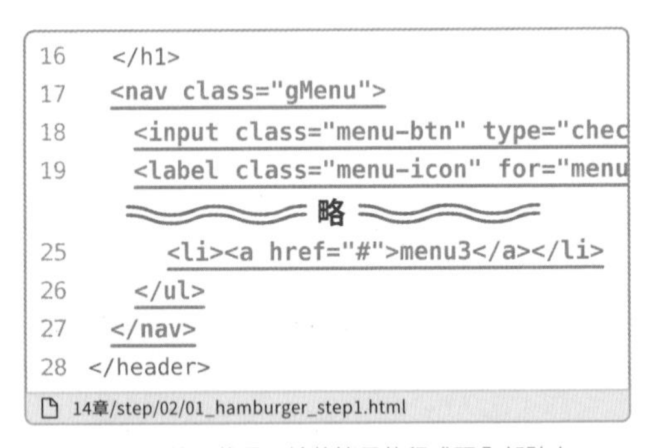

```
16  </h1>
17    <nav class="gMenu">
18      <input class="menu-btn" type="chec
19      <label class="menu-icon" for="menu
              略
25        <li><a href="#">menu3</a></li>
26      </ul>
27    </nav>
28  </header>
```

14章/step/02/01_hamburger_step1.html

上圖因空間不夠而截圖，請將拷貝的程式碼全部貼上。

目前只貼上 HTML，會呈現這種狀態。需要再用 CSS 調整。

這裡要注意！ POINT 貼上的程式碼無法順利執行？

有時候光是拷貝 & 貼上別人的 HTML/CSS 程式碼，可能會碰到無法順利執行的情況。你可以解析範本程式碼，再依照你製作的網站改寫，藉此提升自己的能力。如果依舊無法順利執行，也可以搜尋其他的參考網站。

STEP 2 修改範本 HTML 的內容

請根據你的網站需求，將範本中的選單名稱與超連結目標改成需要的內容。

```
22 <ul class="menu">
23  <li><a href="index.html"> home </li>
24  <li><a href="concpet.html"> concept</li>
25  <li><a href="menu.html"> menu </li>
26  <li><a href="info.html">info</a></li>
27 </ul>
```

14章/step/02/01_hamburger_step2.html

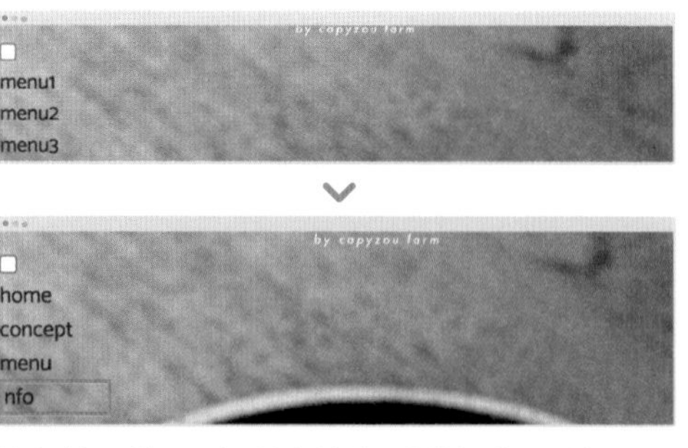

修改成想要的項目名稱與超連結，並增加「info」這個項目。

STEP 3 從參考網站拷貝＆貼上 CSS

接著回到參考網站，請拷貝「CSS 的描述」所有的程式碼，貼至 **style.css** 第 314 行的註解文字（⇒ P.071）後面。

```
314   /* 在以下貼上參考網站的選單CSS */
315   /* 選單固定顯示在畫面上方 */
316   .gMenu {
317     right: 0;
         略
390   .gMenu .menu-btn:checked ~ .menu-ic
```

14章/step/02/css/01_hamburger_step3.css

當畫面右上方顯示三條線（漢堡選單）就表示成功了。

STEP 4 自訂漢堡選單的 CSS

目前的選單外觀（三條線）色調與設計都和網頁不搭，只要更改顏色並調整位置即可。

```
391   /* 依網站自訂 */
392   .gMenu .menu-icon {
393     top: 26px;
394   }
395   .gMenu .menu-icon .navicon,
396   .gMenu .menu-icon .navicon::before,
397   .gMenu .menu-icon .navicon::after {
398     background: #333333;
399   }
```

14章/step/02/css/01_hamburger_step4.css

修改後，三條線的位置與顏色都更加符合需求。

哇～完成了耶－！沒想到連我也能做出這麼難的選單！

PART 5

15 章

網站上線前的準備工作

網站內容都做完了之後，就要開始準備上線前的設定工作
這個階段包括設定網站圖標以及要準備顯示在社群網站的資料，很重要喔！

終於學到本書的最後一章啦！
請再堅持一下吧－！

哇！快要完成了～！

設定網站圖標

什麼是網站圖標？

網站圖標（Favicon）是指在瀏覽器標籤，或是「我的最愛」書籤中，出現在網站名稱前面的小圖示。各家瀏覽器需要的圖示尺寸都不一樣，最小可以顯示 16px。

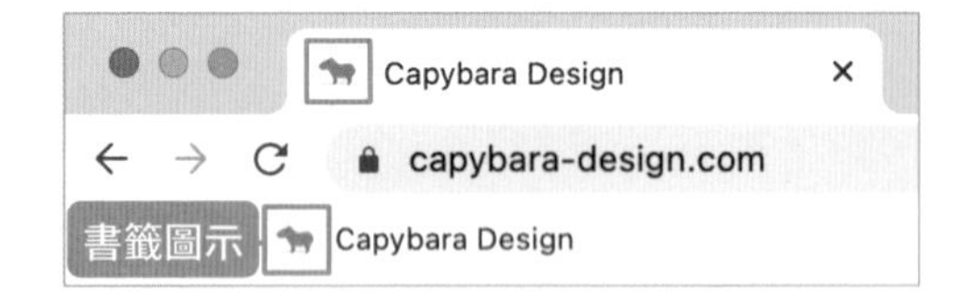

製作網站圖標的重點

網站圖標非常小，如果你的 LOGO 太過精緻或複雜，做成圖標可能會變形或是看不清楚。因此建議和下圖一樣，先把 LOGO 簡化，再設定成網站圖標。

由於顯示尺寸較小，因此簡化成只顯示第一個字母

- 盡量簡化
- 製作成正方形尺寸
- 適合使用縮小也不會模糊的 SVG 格式

一般在製作圖標時，會使用 ICO 格式檔案（副檔名是 .ico），此格式可在一個檔案中包含多種影像尺寸。不過，近年來也有許多網站是直接使用 SVG 格式的檔案。

檢視作業檔案

請使用 VS Code 開啟 **15 章 / 作業 /index.html**，這個檔案已套用目前為止的操作狀態。

本書只會示範將網站圖標新增至 index.html，其實「設定網站圖標」與下一頁解說的「設定 OGP」都應該描述在所有網頁中。

STEP 1 把 SVG 格式影像變成網站圖標

在 HTML 的 **<head> 標籤**內，就可以使用 **link 屬性**設定網站圖標。

```
9  <link rel="stylesheet" href="css/style.css">
10 <link rel="icon" href="images/favicon.svg" type="image/svg+xml">
11 <title>Harvest Restaurant</title>
```

15章/step/01/01_favicon_step1.html

例如 Google Chrome 等多數瀏覽器，都能支援在網頁標籤中顯示網站圖標。

STEP 2 設定無法支援 SVG 格式的瀏覽器要顯示的網站圖標

使用圖標時，要預先準備當瀏覽器無法支援 SVG 格式時所需的備案。本例是指定在瀏覽器無法支援 SVG 格式時，就要改成顯示 PNG 格式的圖片。

```
10 <link rel="icon" href="images/favicon.svg" type="images/svg+xml">
11 <link rel="icon alternate" href="images/favicon.png" type="image/png">
12 <title>Harvest Restaurant</title>
```

15章/step/01/01_favicon_step2.html

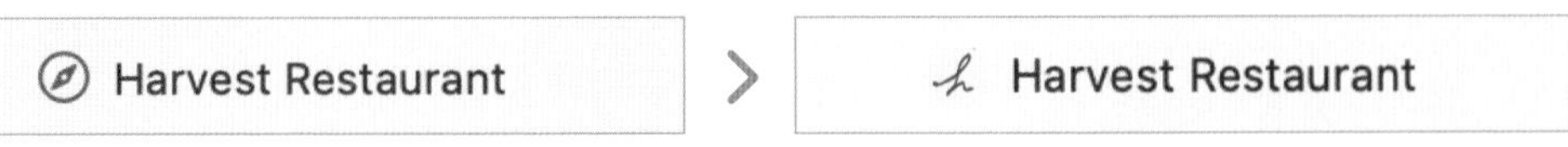

設定完成後，在某些無法支援用 SVG 圖片當作網站圖標的瀏覽器（例如 Safari），也能正常顯示出網站圖標。

Safari 在網站還未上傳到伺服器的狀態下，無法確認網站圖標，所以各位的 Safari 中應該沒辦法確認變化。

設定分享至社群網站時顯示的 OGP 影像

什麼是 OGP？

OGP 就是 **Open Graph Protocol（開放社交關係圖）**的縮寫，是指在將網站連結分享到 Facebook、Twitter 或 LINE 等社群工具時要顯示的簡介資訊（包含文字或圖片）。

設定 OGP 顯示的影像等

設定 OGP

STEP 1 設定 OGP 要顯示的資料

```
11 <link rel="icon alternate" href="images/favicon.png" type="images/png">
12 <meta property="og:type" content="website">  網頁種類
13 <meta property="og:url" content="https://example.com/">  網址
14 <meta property="og:site_name" content="Harvest Restaurant">  網頁所屬的網站名稱
15 <meta property="og:title" content="Harvest Restaurant">  網頁標題
16 <meta property="og:description" content="悄悄隱藏在深山中的秘境餐廳">  網頁概要
17 <meta property="og:image" content="https://example.com/images/ogp.png">  顯示影像
18 <meta property="og:image:alt" content="Harvest Restaurant">  影像的替代文字
19 <meta property="og:image:width" content="1200">  影像寬度
20 <meta property="og:image:height" content="630">  影像高度
```

15章/step/02/01_ogp_step1.html

設定「網頁種類」的 content 值時，如果是首頁，可輸入「**website**」；如果是下層的網頁，則輸入「**article**」。「網頁概要」可以輸入約 100 個字左右的簡介。

等到網站實際上線之後才能確認 OGP 的效果。上線的步驟請參考本書的超值附錄。

可確認 OGP 效果的工具

將網站上傳後就能實際測試 OGP 效果，Facebook、Twitter 都有提供測試工具，可以分別確認分享網頁時會顯示的預覽內容。只要輸入網址即可測試。

▶ **Facebook**

https://developers.facebook.com/tools/debug/

▶ **Twitter**

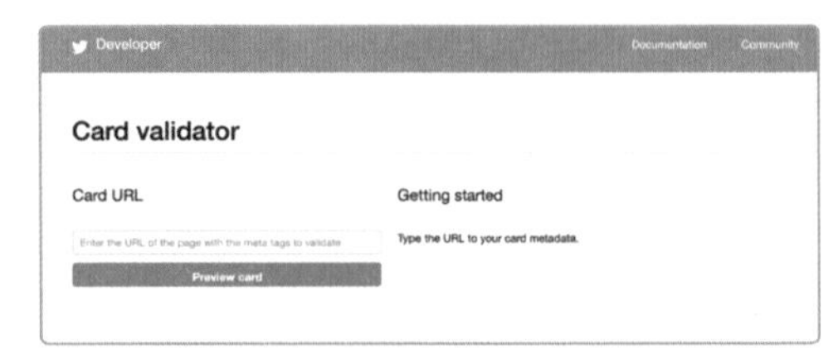

https://cards-dev.twitter.com/validator

Facebook 與 Twitter 都有各自的 OGP 項目。使用基本設定，就可以正常顯示。如果想要做更詳細的設定，建議參考官方的說明。

到這邊網站就完成了對吧！真是太好啦！

為什麼我更新了 OGP 的資料，測試時卻沒有變化？

如果更新了 OGP 資料，測試時卻沒有變化，這可能是**網頁快取 (cache)** 造成的。

「網頁快取」是指網頁的暫存檔案。在我們第一次造訪網站時，瀏覽器就會暫時儲存載入的檔案，這樣一來，等到再次造訪時，就可以縮短載入的時間。瀏覽網站時，都會利用快取來提升網頁的顯示速度。

雖然快取功能對網頁的使用者來說很方便，但是對網頁製作者來說可能會很困擾。即使修改了網頁內容，卻可能因為瀏覽器的快取機制而看不到更新後的內容。假如你測試時確定程式沒有寫錯，卻無法反映設定結果，問題可能就是出在快取上。

使用 Chrome 瀏覽器時，可以利用 Ctrl ＋ Shift ＋ R（Mac 是 Command ＋ Shift ＋ R 等快速鍵來刪除快取，重新載入新資料。

OGP 可以利用上面介紹的 OGP 確認工具刪除快取。

看完本書之後的學習方式

首先恭喜你看完了這本書，關於未來該如何繼續學習，我們在此提供一些建議。繼續學習網頁知識的選項當然很多，如果以下建議對你有參考價值，我們會感到很榮幸。

深化對 HTML 和 CSS 的理解

光是把這本書讀完，輸入量應該就非常大，建議再透過輸出（撰寫程式），加深理解。

▶ 把這本書看第二次

- 活用超值附錄提供的「本書範例網站設計檔案」，練習自行取出數值以及導出素材
- 盡量不看書上的範本，試試看自行編寫程式碼
- 重新閱讀第一次看時因為太難而先跳過的「Selfwork」與「Rankup」等專欄

▶ 練習從頭開始編寫程式

- 請搜尋可當作目標的網站或教材，模仿該網站的架構來編寫程式
- 練習製作範例網站，可以選擇你個人有興趣的主題或是虛擬客戶的網站

增加 HTML 和 CSS 的知識

網頁技術日新月異，本書並未介紹所有的 CSS 屬性及 HTML 標籤，其他的標籤或是新功能有待你去探索。正如前面所說的，自主學習、善用資訊的能力很重要。

▶ 閱讀其他相關書籍

每位作者都有獨特的觀點和教學方式，多閱讀其他相關書籍除了可以增加網頁知識和技巧，也可以看到其他人以不同觀點來說明相同主題的內容，可藉此加深理解。

▶ 利用網頁設計教學網站

近年來線上學習的環境更加成熟，服務種類也很多元，有付費課程，也有免費講座，你可以選擇適合自己的服務，透過線上課程或教學網站提升自己的網頁設計能力。

▶ 善用社群媒體資源

許多業界人士也會在自己的社群媒體帳號隨時分享相關的技術心得。你可以追蹤他們的 Twitter、Instagram、YouTube 等有興趣的帳號以獲得新知。

Part 5

15

INDEX

HTML 標籤

記號與數字索引

A / B / C

D/E/F

G/H/I

J / L / M / N

O / P / R

S / T / U

V / W / Z

PROFILE

竹内 直人

Takeuchi Naoto

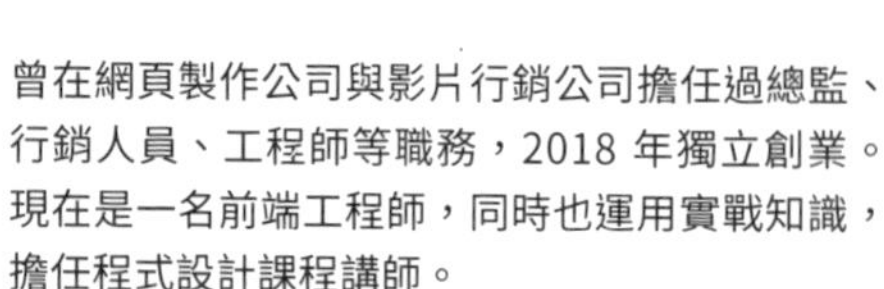

曾在網頁製作公司與影片行銷公司擔任過總監、行銷人員、工程師等職務，2018 年獨立創業。現在是一名前端工程師，同時也運用實戰知識，擔任程式設計課程講師。

竹内 瑠美

Takeuchi Rumi

擅長包含 UI/UX 與行銷觀點的全方位視覺設計。擁有和許多創投公司合作的經驗，目前擔任新創企業的合作設計師。

公司網站：Capybara Design
這是由夫婦兩人組成的設計團隊，負責為各企業規劃與製作網站。
公司名稱的由來，就是想和水豚（capibara）一起生活。
https://capybara-design.com/

社群帳號：每天一分鐘學會 HTML 與 CSS（1日1分で学べるHTMLとCSS）
Instagram：@html_css_webdesign
Twitter：@html_css_1min

原文書製作團隊

照片素材來源

Pixabay（https://pixabay.com/ja/）
Unsplash（https://unsplash.com/）
Freepik（https://jp.freepik.com/）

內容 Credit

漫畫美術指導：
杉野 郁（中野漫畫學校 美術講師）

裝幀與內文版型設計：宮嶋 章文
DTP：シンクス（THINKS 股份有限公司）